职业院校"十四五"系列教材

零件CAM 软件编程
——CAXA制造工程师

主　编　杜立波
副主编　甘志军
参　编　贺陈挺　洪俊杰

机械工业出版社

本书以 CAXA 制造工程师 2022 软件为载体，系统介绍了零件 CAM 软件编程的基础知识和操作技能。本书内容突出产教融合、工学一体的特点，以工作流程为主线，采用任务驱动模式，将企业典型工作任务转化为学习任务，选取机械制造企业的 5 个产品加工实例，通过分析图样、绘图、加工工艺设计和 CAM 软件编程，详细、透彻地阐释了 CAM 软件的编程过程，深入浅出、循序渐进、图文并茂地引导学生自主完成学习，强调零件 CAM 软件编程的工艺分析，突出编程功能的活学活用。

本书可作为职业院校和技工院校机电类专业教材，也可作为职业技能培训教材，还可作为工程技术人员和技能人才学习数控加工、模具制造等技术技能的参考书。

图书在版编目（CIP）数据

零件 CAM 软件编程：CAXA 制造工程师／杜立波主编．北京：机械工业出版社，2025.1. --（职业院校"十四五"系列教材）． -- ISBN 978-7-111-77570-6

Ⅰ．TH13-39

中国国家版本馆 CIP 数据核字第 20258A1E99 号

机械工业出版社（北京市百万庄大街 22 号　邮政编码 100037）
策划编辑：王晓洁　　　　　　　责任编辑：王晓洁　许　爽
责任校对：郑　婕　张　薇　　　封面设计：马精明
责任印制：单爱军
北京虎彩文化传播有限公司印刷
2025 年 5 月第 1 版第 1 次印刷
184mm×260mm・9.75 印张・236 千字
标准书号：ISBN 978-7-111-77570-6
定价：49.80 元

电话服务　　　　　　　　　　　网络服务
客服电话：010-88361066　　　　机　工　官　网：www.cmpbook.com
　　　　　010-88379833　　　　机　工　官　博：weibo.com/cmp1952
　　　　　010-68326294　　　　金　书　网：www.golden-book.com
封底无防伪标均为盗版　　　　　机工教育服务网：www.cmpedu.com

前言 | PREFACE

本书全面落实党的二十大报告关于"实施科教兴国战略，强化现代化建设人才支撑"和"深入实施人才强国战略"的重要论述，明确把培养大国工匠和高技能人才作为重要目标，大力弘扬劳模精神、劳动精神和工匠精神。深入推进产教融合、校企合作，为全面建设技能型社会提供有力人才保障。

本书依据现行的《国家职业技能标准》，以 CAXA 制造工程师 2022 软件为载体，参照工学一体化教学模式设计学习任务，以企业实际工作任务为实操情景，导入零件 CAM 软件编程的知识点和技能点，按照工作过程阐述 CAM 软件编程应用实例，可用作工学一体化教学典型教材。本书包括 CAXA 制造工程师 2022 软件功能认知、盖板绘图、盖板加工、底板加工、角度定位套加工、侧板加工和壳体加工 7 个学习任务，选用机械制造企业的 5 个产品实例，通过分析图样、绘图、加工工艺设计和 CAM 软件编程，按照操作步骤详实、透彻地阐释 CAM 软件编程过程，图文并茂地引导学生自主完成学习。本书具有以下特点：

1）任务源自企业实际案例。本书选用的实例均源于实际的产品，经转化后用于教学。

2）标准对接世界技能大赛。采用现行制图标准，同时引入世界技能大赛数控铣项目评价标准。

3）以综合职业能力为导向。内容突出培养学生的综合职业能力，注重自学能力、解决问题能力和创新能力的培养。

4）内容编写独特。采用大量图示、按钮和对话框介绍软件的绘图、加工等功能，并配有详细的工艺介绍，以图表形式直观地呈现加工工艺过程，大大提高学习效率。

5）突出方法能力的培养。采用多种方案进行零件的绘图与建模，突出软件功能命令的使用，以及绘图与建模的技巧和构思。采用多种加工刀路对比同一加工内容，突出方法能力和运用能力的培养。

本书由宁波技师学院杜立波任主编，甘志军任副主编，参加编写的还有贺陈挺、洪俊杰，具体编写分工如下：任务一、任务二由甘志军编写，任务三由洪俊杰编写，任务四、任务五由贺陈挺编写，任务六、任务七由杜立波编写。

由于编者水平有限，书中难免有疏漏之处，望广大读者给予指正。我们真诚地希望能与您携手，共同打造职业教育精品教材。

编　者

CONTENTS | 目 录

前言

任务一 CAXA 制造工程师 2022 软件功能认知 1
   【能力目标】 1
   【任务说明】 1
   【任务实施】 1
      一、软件的安装 1
      二、软件的界面 2
      三、软件的基本功能模块 7
   【任务注意事项】 9
   【知识广角】 9
   【任务巩固】 10

任务二 盖板绘图 11
   【能力目标】 11
   【任务说明】 11
   【任务实施】 12
      一、任务分析 12
      二、实施方案 12
      三、实施过程 34
   【任务注意事项】 36
   【知识广角】 37
   【任务巩固】 38

任务三 盖板加工 39
   【能力目标】 39
   【任务说明】 39
   【任务实施】 40

一、任务分析 ··· 40
　　二、实施方案 ··· 40
　　三、实施过程 ··· 42
【任务注意事项】 ··· 57
【知识广角】 ··· 57
【任务巩固】 ··· 58

任务四　底板加工 ··· 59

【能力目标】 ··· 59
【任务说明】 ··· 59
【任务实施】 ··· 60
　　一、任务分析 ··· 60
　　二、实施方案 ··· 60
　　三、实施过程 ··· 64
【任务注意事项】 ··· 80
【知识广角】 ··· 81
【任务巩固】 ··· 81

任务五　角度定位套加工 ··· 83

【能力目标】 ··· 83
【任务说明】 ··· 83
【任务实施】 ··· 84
　　一、任务分析 ··· 84
　　二、实施方案 ··· 84
　　三、实施过程 ··· 87
【任务注意事项】 ··· 99
【知识广角】 ··· 99
【任务巩固】 ··· 100

任务六　侧板加工 ··· 101

【能力目标】 ··· 101
【任务说明】 ··· 101
【任务实施】 ··· 102
　　一、任务分析 ··· 102
　　二、实施方案 ··· 102
　　三、实施过程 ··· 107
【任务注意事项】 ··· 119
【知识广角】 ··· 120
【任务巩固】 ··· 121

任务七　壳体加工 …… 122

　【能力目标】 …… 122
　【任务说明】 …… 122
　【任务实施】 …… 123
　　一、任务分析 …… 123
　　二、实施方案 …… 123
　　三、实施过程 …… 131
　【任务注意事项】 …… 144
　【知识广角】 …… 145
　【任务巩固】 …… 146

参考文献 …… 147

任务一
CAXA制造工程师2022软件功能认知

【能力目标】

1. 能独立完成 CAXA 制造工程师 2022 的安装和参数设置。
2. 了解 CAXA 制造工程师 2022 的软件界面和功能模块。
3. 能简单操作 CAXA 制造工程师 2022。
4. 能应用计算机操作知识和技能解决简单的软件故障。
5. 掌握 CAXA 制造工程师 2022 的绘图功能。
6. 掌握 CAXA 制造工程师 2022 的造型功能。
7. 掌握 CAXA 制造工程师 2022 的加工刀路功能。

【任务说明】

企业数控生产车间新购买了一台计算机用于计算机辅助制造（CAM），使用的软件为 CAXA 制造工程师 2022，现需要学生完成该软件的安装、界面设置和通信设置等，并掌握该软件的主要功能。

【任务实施】

一、软件的安装

1. CAXA 制造工程师软件简介

CAXA 制造工程师是北京北航海尔软件有限公司研制开发的一款面向数控铣床和加工中心的全中文三维 CAD/CAM 软件。CAXA 制造工程师是基于计算机平台，采用原创 Windows 菜单和交互方式，集 3D 造型、零件加工和仿真功能于一体的软件，其全中文界面便于学习和操作。CAXA 制造工程师可以生成 3~5 轴的加工代码，可用于加工具有复杂三维曲面的零件。

CAXA 制造工程师 2022 SP0（多轴）有 32 位和 64 位两个版本。

2. 安装环境

（1）**最低要求** 英特尔奔腾 4 处理器 2.4GHz，512MB 内存，10GB 硬盘。
（2）**推荐配置** 英特尔至强 4 处理器 2.6GHz 以上 CPU，1GB 以上内存，20GB 硬盘。
可运行于 Windows7、Windows10 和 OS X10.10 等系统之上。

3. 安装步骤

（1）**运行安装程序** 打开安装包文件，选择 AutoRun 应用程序，右击以管理员身份运行。

（2）**选择安装产品** 在安装产品选择界面（图 1-1）单击"制造工程师 64 位版本安

装",进入安装程序。

(3)选择安装路径 根据"安装向导"依次同意"许可证协议",选择"安装路径",单击"安装"按钮,进入安装。

(4)完成安装 安装结束后,单击"完成安装",退出"安装向导"。

二、软件的界面

1. 用户界面模式

软件提供了两种用户界面模式,分别为创新模式与工程模式,用户可以根据自己的需要进行选择。使用鼠标在选项卡或工具条放置区域右击,在弹出的快捷菜单中选择"切换用户界面",如图1-2所示,或者按下快捷键<Ctrl+Shift+F9>进行切换。

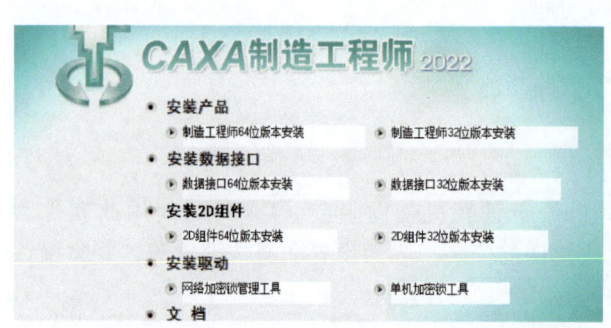

图1-1 CAXA制造工程师2022安装产品选择界面

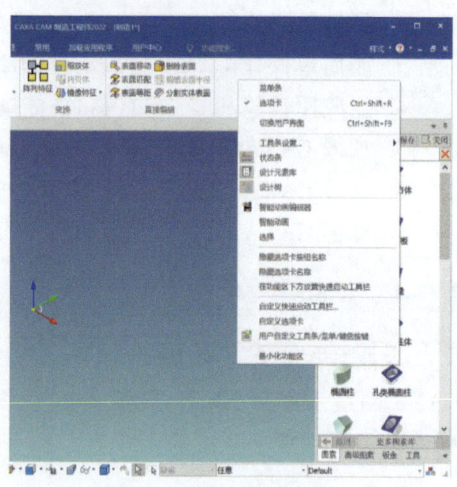

图1-2 切换用户界面

(1)创新模式 创新模式用户界面(图1-3)将可视化的自由设计与精确化设计结合在一起,初始界面中隐藏了菜单栏,增加了选项卡和快速启动栏,使产品设计跨越了传统参数化造型CAD软件的限制,用户能轻松开展产品创新工作。创新模式是CAXA 3D实体设计特有的设计模式,具有灵活、简单、直接和快速的特点。在创新

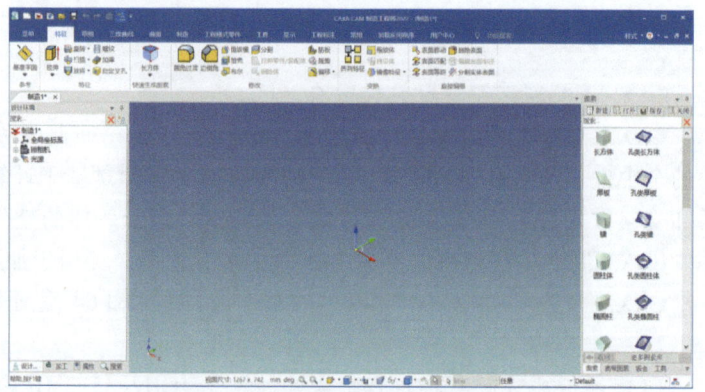

图1-3 创新模式用户界面

模式下,特征之间相互独立,删除已有特征时不会影响新特征,可以任意改变新特征的位置,还可以任意调整特征生成的先后顺序,所以创新模式适合零件的概念设计阶段。

在创新模式下,快速启动栏在软件界面的左上方,包括用户经常使用的新建、打开、取消操作、重复操作、三维球和显示设计树等功能按钮,如图1-4所示。用户可以根据自己的

使用习惯对"快速启动栏"进行自定义设置，将鼠标移动至快速启动栏，右击选择"自定义快速启动栏"选项，弹出如图1-5所示的对话框，即可进行选择。

图1-4 快速启动栏

（2）工程模式（图1-6） 工程模式为传统3D软件普遍采用的全参数化设计模式（即工程模式），初始化界面中显示了大量的工具条，如二维绘图、二维编辑和特征生成等，符合大多数3D软件的操作习惯和设计思想，可以在数据之间建立严格的逻辑关系，便于设计修改。

2. 软件界面区域划分

软件界面由绘图区、菜单栏、管理树、状态栏、工具条和设计元素库构成，其区域划分如图1-7所示。

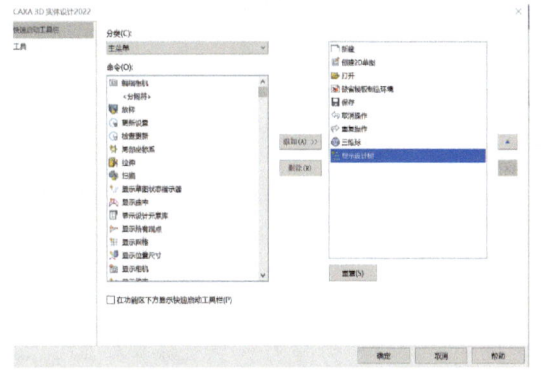

图1-5 自定义快速启动栏

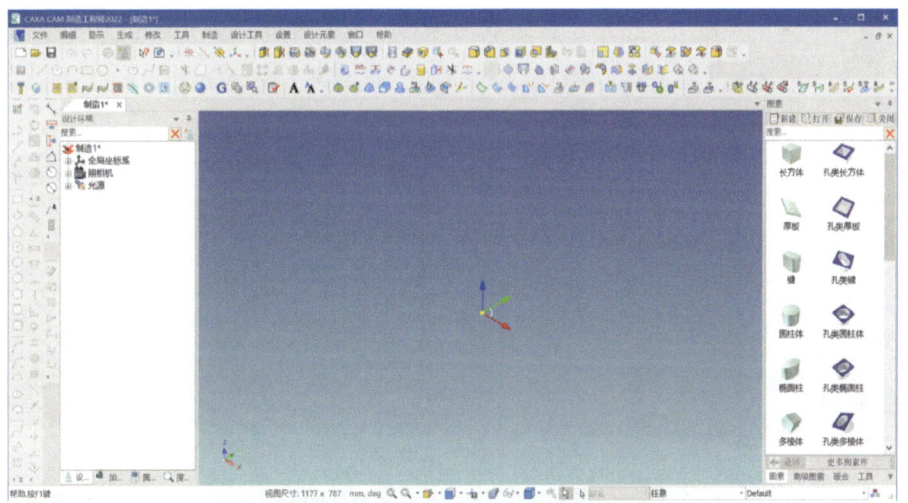

图1-6 工程模式用户界面

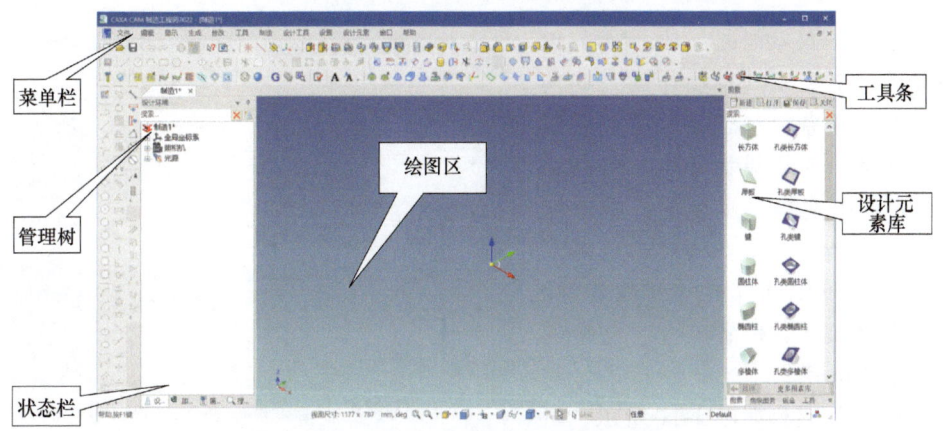

图1-7 软件界面区域划分

(1) 绘图区 绘图区位于软件界面的中心，它是进行绘图（造型）设计和加工设计的工作区域。绘图区是一个三维空间，以笛卡儿直角坐标系为基准，其坐标系原点为(0.0000, 0.0000, 0.0000)，该坐标系又被称为世界坐标系，在设计和操作过程中，所有的坐标系均以此坐标系为准。在默认的三维坐标系统中，红色坐标轴为 X 轴，绿色坐标轴为 Y 轴，蓝色坐标轴为 Z 轴，主要显示绘图、实体和刀路等。绘图区可以通过显示菜单中的"视向设置"（或状态栏的工具条 ）转换视图，也可以通过按下快捷键<F5>（XOY 平面）、<F6>（YOZ 平面）、<F7>（ZOX 平面）和<F8>（XYZ 轴测视图）进行切换。

(2) 管理树 管理树位于软件界面的左侧，可以浮动，也可以停驻在此位置上，分为设计环境、加工、属性和搜索四个管理树，用于管理不同的功能。

(3) 菜单栏 菜单栏位于软件界面的最顶端（图 1-7），包括文件、编辑、显示、生成、修改、工具、制造、设计工具、设置、设计元素、窗口和帮助 12 个主菜单。在创新模式用户界面中，菜单栏折叠为一个"菜单"栏，如图 1-8a 所示。

1) "文件"菜单如图 1-8 所示，包括新文件、打开文件、关闭、新的设计环境、新的图纸环境、保存、另存为、打印设置、打印预览、打印、插入、输入、输出、发送、属性和退出等。

2) "编辑"菜单如图 1-9 所示，包括取消操作、重复操作、剪切、拷贝、粘贴、删除、全选、取消全选和对象等。

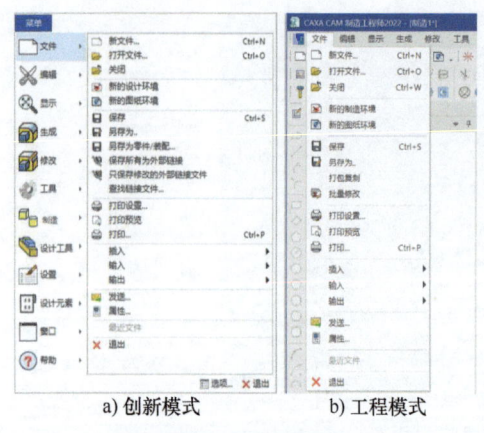

图 1-8 "文件"菜单 a) 创新模式 b) 工程模式

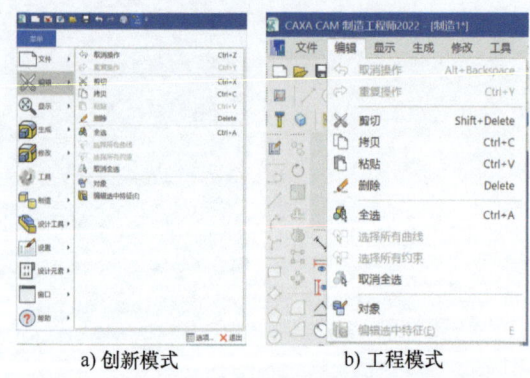

图 1-9 "编辑"菜单 a) 创新模式 b) 工程模式

3) "显示"菜单如图 1-10 所示，包括有关设计环境元素查看操作的一些功能选项，如工具条、状态条、设计元素库和设计树等。对于设计环境，可以在"显示"菜单中选择显示光源、显示相机、附着点和坐标系等。同样，也可以在"显示"菜单中选择显示智能标注、约束、包围盒尺寸、位置尺寸、链接的实例和约束标识等。

4) "生成"菜单如图 1-11 所示，可以通过特征操作生成自定义智能图素、

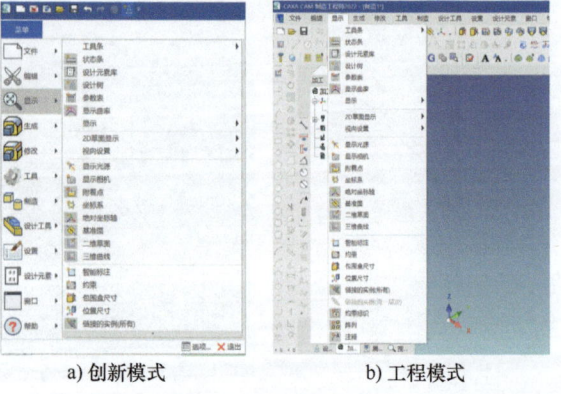

图 1-10 "显示"菜单 a) 创新模式 b) 工程模式

二维草图和三维曲线,也可以添加文字、生成曲面和插入新的光源或视向。附加选项包括智能渲染、文字、文字注释、修饰螺纹和智能标注等。

5)"修改"菜单如图 1-12 所示,主要用于对图素或零件模型进行编辑修改,包括圆角过渡、边倒角、布尔(运算)、抽壳、偏移、包裹偏移和分割等选项。

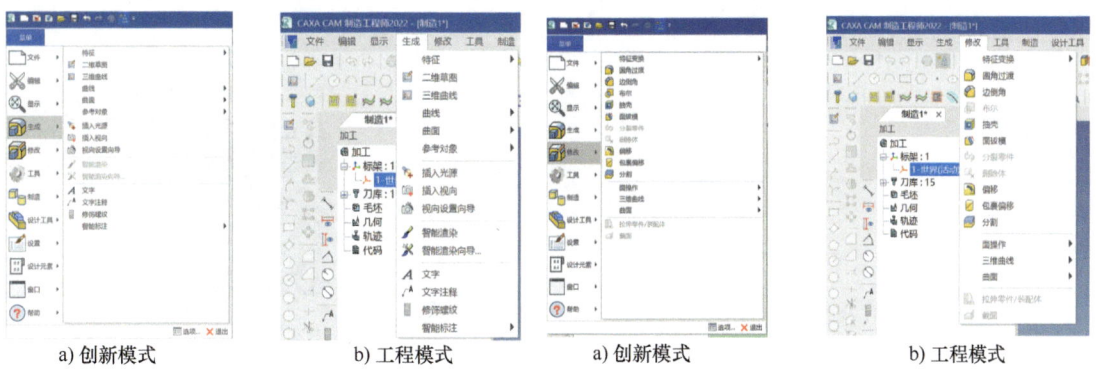

图 1-11 "生成"菜单　　　　　　　　　图 1-12 "修改"菜单

6)"工具"菜单如图 1-13 所示,包括三维球、无约束装配和定位约束等工具,还可分析对象进行物性计算、显示统计信息和检查干涉。对于钣金设计,该菜单中包括钣金展开、展开复原、切割钣金件、创建放样钣金、成形工具和从实体展开等操作。本菜单中的"选项"提供了多种属性表,在这些属性表中可定义设计环境及其组件等多方面的参数,也包括自定义工具条和自定义菜单选项,还包括添加新的工具和利用 Visual Basic 编辑器生成自定义宏。本菜单中包括"焊接符号",可以在此通过草图快速生成钢结构件的三维模型,然后通过剪裁/延伸功能处理结构件的端部形状,之后在三维模型上添加焊接符号。

7)"制造"菜单如图 1-14 所示,包括常用的创建坐标系、创建刀具、创建毛坯、创建点集、创建边界、二轴(加工)、三轴(加工)、多轴(加工)、孔加工、图像加工、车削加工、知识加工、轨迹变换、实体仿真、线框仿真和后置处理等操作。

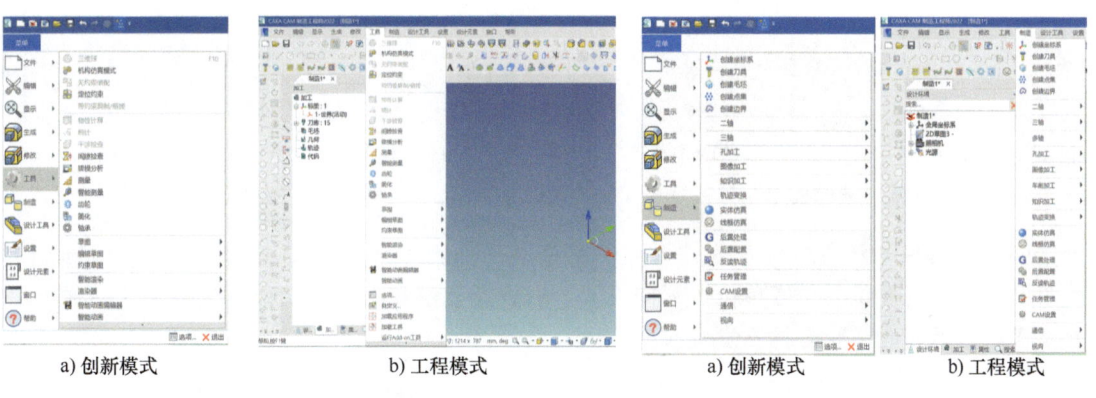

图 1-13 "工具"菜单　　　　　　　　　图 1-14 "制造"菜单

8)"设计工具"菜单如图 1-15 所示,可对选定的图素、零件模型或装配件进行组合操作。应用"面转换为智能图素"功能可将选定的面转换为新的"智能图素"。应用"转换成实体"功能可将对象转换成实体模型。此菜单还包括体另存为零件、斑马纹等功能。

9)"设置"菜单如图 1-16 所示,包括操作柄捕捉、坐标系、缺省尺寸和密度、背景、真实感、渲染及显示等功能。单击"背景""真实感"和"渲染"等功能,均可打开"设计环境属性"对话框,在该对话框中可设置相应参数。

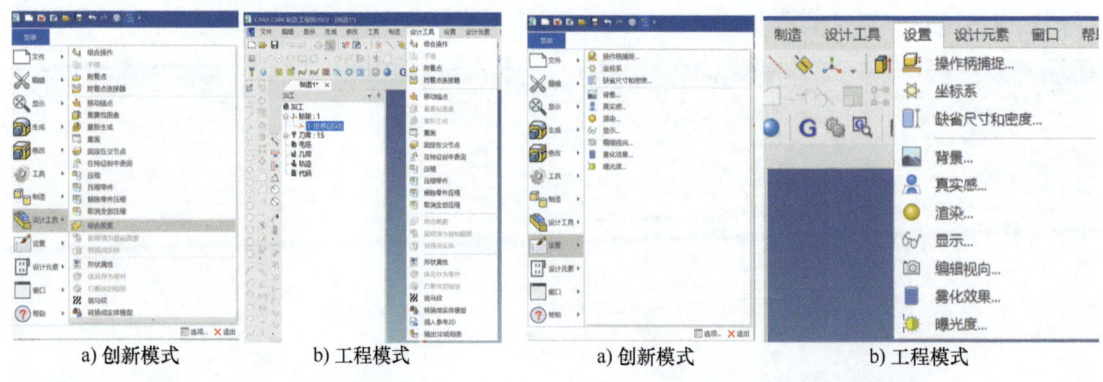

a) 创新模式　　　　b) 工程模式　　　　　a) 创新模式　　　　b) 工程模式

图 1-15 "设计工具"菜单　　　　　　图 1-16 "设置"菜单

10)"设计元素"菜单如图 1-17 所示。该菜单提供了设计元素的新建、打开、关闭、保存、另存为和重新生成等功能选项,还能激活或关闭设计元素库的自动隐藏功能。

11)"窗口"菜单如图 1-18 所示,包括新建窗口、层叠(窗口)、平铺(窗口)和排列图标等窗口选项。本菜单底部可显示所有已打开的 CAXA 3D 实体设计中设计环境/绘图文件的文件名,可在当前显示的设计环境/绘图文件处勾选需要显示文件前的复选框。

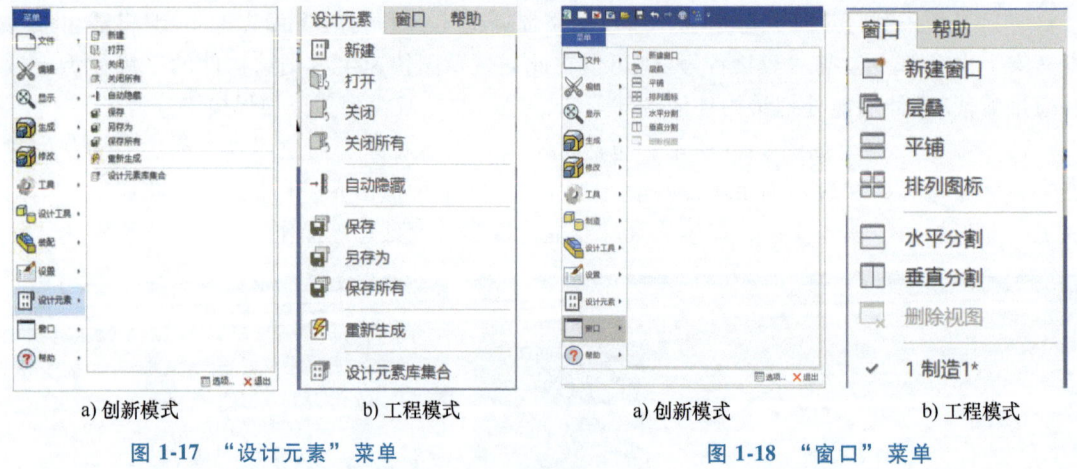

a) 创新模式　　　　b) 工程模式　　　　　a) 创新模式　　　　b) 工程模式

图 1-17 "设计元素"菜单　　　　　　图 1-18 "窗口"菜单

(4)状态栏　状态栏位于软件界面的最底端,如图 1-19 所示,这里提供了操作提示、视图尺寸、长度单位、角度单位、视向设置、透视及显示和隐藏等功能。切换创新模式与工程模式用户界面时,状态栏不发生改变。

图 1-19 状态栏

用户进行操作时,应注意状态栏左边的操作提示,可依据此提示进行下一步操作。视图尺寸主要显示目前绘图区的长、宽尺寸。长度单位显示目前设置的单位。视向设置可通过各种视向工具调整绘图区中零件的显示大小、位置和方向,单击下拉按钮可显示其余调整视向的工具。可以单击拾取过滤器功能的下拉按钮，选择拾取时的选择层次，从而实现快速拾取，如图 1-20 所示。

可通过单击"显示"菜单的"状态条" 状态条按钮开启或关闭状态栏。

（5）**工具条** 工具条可以悬浮在绘图区，也可以被固定在软件界面的四周边框处。工具条主要包括 2D 显示、3D 曲线、CAM 二\三轴加工、CAM 常用、二维约束、二维绘图、二维编辑、二维辅助线、几何参考、变型设计、布尔操作、文字格式、智能标注和智能渲染等。在工具条功能区的空白处单击鼠标右键，弹出菜单，如图 1-21 所示，可以在"工具条设置"中选取需要显示的工具条。

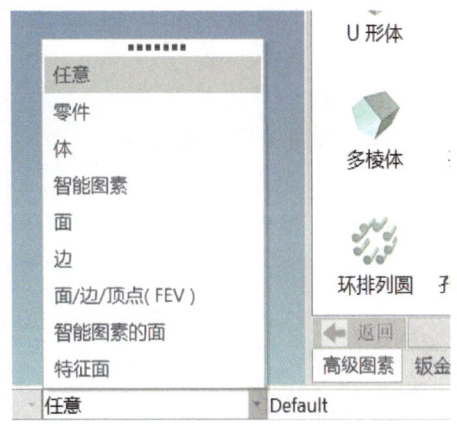

图 1-20 状态栏的拾取过滤器

（6）**设计元素库** 设计元素库位于软件界面的右侧，如图 1-22 所示。设计元素库可以为使用者提供很多现成的设计元素，包含图素、高级图素、钣金、工具和动画等，其中有多种专用的标准件和设计工具，可以直接拖放进设计环境中利用，也可生成自定义图素，方便用户在设计过程中进行调用。

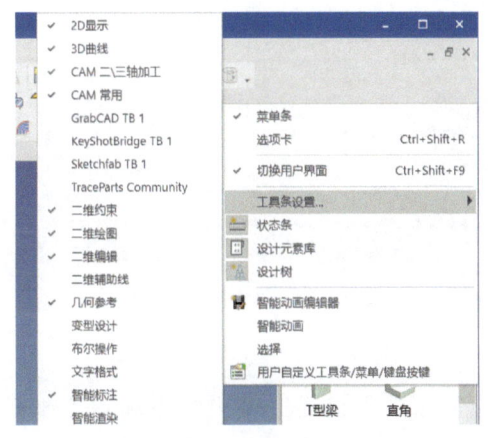

图 1-21 工具条设置

图 1-22 设计元素库

三、软件的基本功能模块

1. 显示功能

通过单击"显示"菜单中的工具条、状态条、设计元素库、设计树、参数表和显示曲率等功能，可实现其相应界面的显示与隐藏，如图 1-23 所示。图形显示功能主要包括平移、动态旋转、前后缩放、任意视向、动态缩放、局部放大、显示放大选中图素、指定面、指定视向点、显示全部、定制视向、保存视向、自定义视向管理和透视等。

2. 管理树

管理树位于软件界面的左侧，由设计环境、加工、属性和搜索四个管理树构成，每个管理树是一个独立的标签页，如图 1-24 所示。四个标签页堆叠在一起，单击下方相应的名称条即可将所选管理树显示在当前位置,也可长按鼠标左键拖出所选管理树,将其设置为浮动标签页。以加工管理树为例,单击管理树下方的"加工"图标,即可打开加工管理树,管理树上会显示当前文档中的标架、刀库、毛坯、几何、轨迹和代码。使用者可以方便地在管理树上浏览这些信息,并执行相关操作。

a) 创新模式

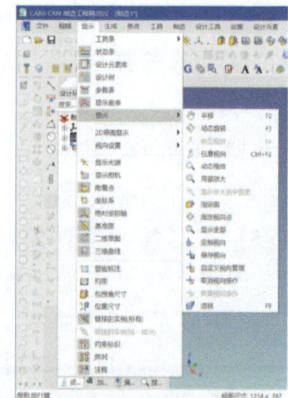
b) 工程模式

图 1-23　显示功能

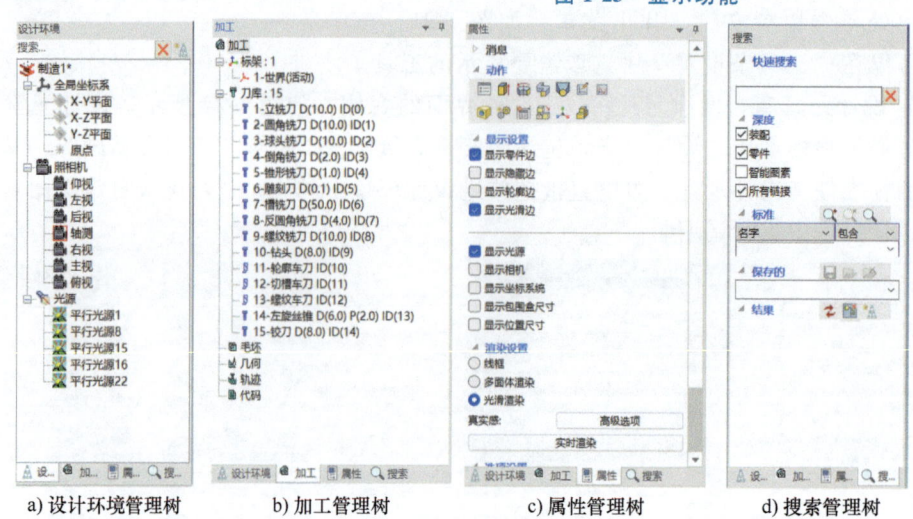

a) 设计环境管理树　　b) 加工管理树　　c) 属性管理树　　d) 搜索管理树

图 1-24　管理树

3. 坐标系

软件提供了强大的坐标系统,统一的世界坐标系中包括造型坐标系和加工坐标系。造型坐标系是软件造型时使用的坐标系,软件中显示为"局部坐标系",可以通过"设置"菜单栏下的"坐标系"选项建立局部坐标系,也可以通过"特征"选项卡下的"参考"选项建立局部坐标系统,如图 1-25 所示。建立完成的局部坐标系统显示在"设计环境"管理树中,将鼠标移动至相应坐标系,右击即可激活或者删除已建立的局部坐标系。

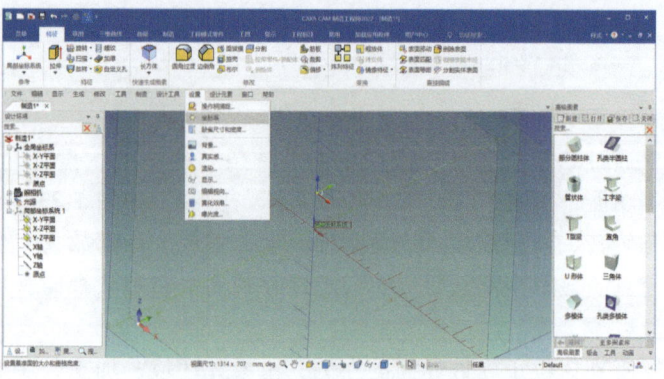

图 1-25　建立局部坐标系统

创建加工文档时，系统会自动生成一个世界坐标系并将其激活，此时所有加工功能将默认在世界坐标系下生成轨迹。用户也可以使用坐标系功能，通过定义新坐标系的名称、原点坐标和 X/Y/Z 轴矢量等参数创建用户加工坐标系，如图 1-26 所示。新生成的坐标系将自动被激活，成为后续加工功能的默认坐标系。

【任务注意事项】

1）安装地址最好选择系统盘。
2）安装时在杀毒软件中添加授信，或暂时关闭杀毒软件，以免杀毒软件将安装程序识别为危险文件，阻止安装。
3）自定义设计环境模板保存在软件安装目录下 template\scene 下的相应文件夹中。

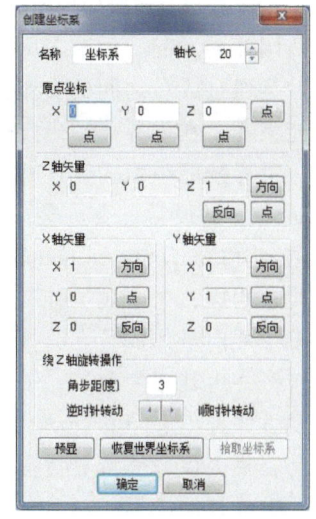

图 1-26　创建用户加工坐标系

【知识广角】

世界技能大赛

世界技能大赛由世界技能组织举办，被誉为技能领域的"奥林匹克"。大赛每两年举办一次，截至 2024 年，世界技能大赛共举办了 47 届。

第 41 届世界技能大赛于 2011 年 10 月 5 日至 8 日在英国伦敦举办，我国首次派出代表团参赛，6 名选手参加了 6 个项目的比赛，获得了 1 银和 5 优胜的成绩。

第 42 届世界技能大赛于 2013 年 7 月 2 日至 7 日在德国莱比锡举行，我国 26 名选手参加了 22 个项目的比赛，获得了 1 银、3 铜和 13 优胜的可喜成绩。

第 43 届世界技能大赛于 2015 年 8 月 11 日至 16 日在巴西圣保罗举行，我国 32 名选手参加了 29 个项目的比赛，获得了 5 金、6 银、3 铜和 12 优胜的优异成绩。

第 44 届世界技能大赛于 2017 年 10 月 14 日至 19 日在阿联酋阿布扎比举行，我国 52 名选手参加了 47 个项目的比赛，获得了 15 枚金牌、7 枚银牌、8 枚铜牌和 12 个优胜奖，取得金牌榜、奖牌榜和平均奖牌点第一，并首次获得"阿尔伯特·维达大奖"。

第 45 届世界技能大赛于 2019 年 8 月 22 日至 27 日在俄罗斯喀山举行，我国 63 名选手参加全部 56 个项目的比赛，获得了 16 枚金牌、14 枚银牌、5 枚铜牌和 17 个优胜奖，再次荣登金牌榜、奖牌榜和团体总分第一。

第 46 届世界技能大赛原定于 2021 年 9 月在中国上海举行，因疫情延迟至 2022 年 10 月，又因新冠疫情而取消，改为 2022 年世界技能大赛特别赛，于 2022 年 9 月至 11 月分散在 15 个国家和地区举行，我国只参加了 62 个竞赛项目中的 34 个项目，获得了 21 枚金牌、3 枚银牌、4 枚铜牌和 5 个优胜奖，第三次获得金牌榜、奖牌榜和团体总分第一的优异成绩。

第 47 届世界技能大赛于 2024 年 9 月 10 日至 15 日在法国里昂举行。我国 68 名选手参加全部 59 个项目的比赛，获得了 36 枚金牌、9 枚银牌、4 枚铜牌和 8 个优胜奖，第四次荣登金牌榜、奖牌榜和团体总分第一，并再次荣膺"阿尔伯特·维达"大奖。

第 48 届世界技能大赛将于 2026 年在中国上海举行。

世界技能组织的前身是"国际职业技能训练组织",成立于1950年,由西班牙和葡萄牙两国共同发起,后改名为"世界技能组织"(WorldSkills International)。世界技能组织的宗旨是通过成员之间的交流合作,促进青年人和培训师职业技能水平的提升;通过举办世界技能大赛,在世界范围内宣传技能对经济社会发展的贡献,鼓励青年投身技能事业。

世界技能组织的管理机构是全体成员大会(General Assembly)和董事会(Board of Directors),并设常务委员会,包括战略发展委员会(Strategy Development Committee)和竞赛委员会(Competition Committee)。全体成员大会拥有最高权力,由成员组织的官方代表和技术代表构成,每个成员拥有一票,由两名代表中任何一名代表投票。董事会管理本组织的日常事务并向全体成员大会报告。战略发展委员会由官方代表组成,由负责战略事务的副主席主管,并由其召集会议,委员会应根据以上确定的方针,对实施本组织目的和目标可能的战略和方式提出思考和行动。竞赛委员会由技术代表组成,由主管技术事务的副主席主管,并由其召集会议,委员会负责处理与竞赛相关的所有技术和组织事务。

世界技能大赛的项目分为运输与物流、结构与建筑技术、制造与工程技术、信息与通信技术、创意艺术与时尚、社会与个人服务六大类。其中,制造与工程技术类包括数控铣、数控车、CAD机械设计和制造团队挑战赛等赛项,这几个赛项均会对选手的CAD/CAM能力进行考核。

【任务巩固】

某企业开展新员工技能培训,要求员工能独立打开零件工程图和模型,设置显示用户界面、主要的工具条和绘图背景,能进行基本的界面操作。

任务二
盖板绘图

【能力目标】

1. 能根据盖板零件图应用 CAXA 制造工程师 2022 的二维绘图功能进行二维绘图。
2. 能根据盖板零件图应用 CAXA 制造工程师 2022 的智能标注功能验证二维图中尺寸的准确性。
3. 能使用 CAXA 制造工程师 2022 绘制盖板等简单零件图。

【任务说明】

盖板零件图如图 2-1 所示,零件材料为 2A12,毛坯尺寸为 100mm×100mm×20mm,加工

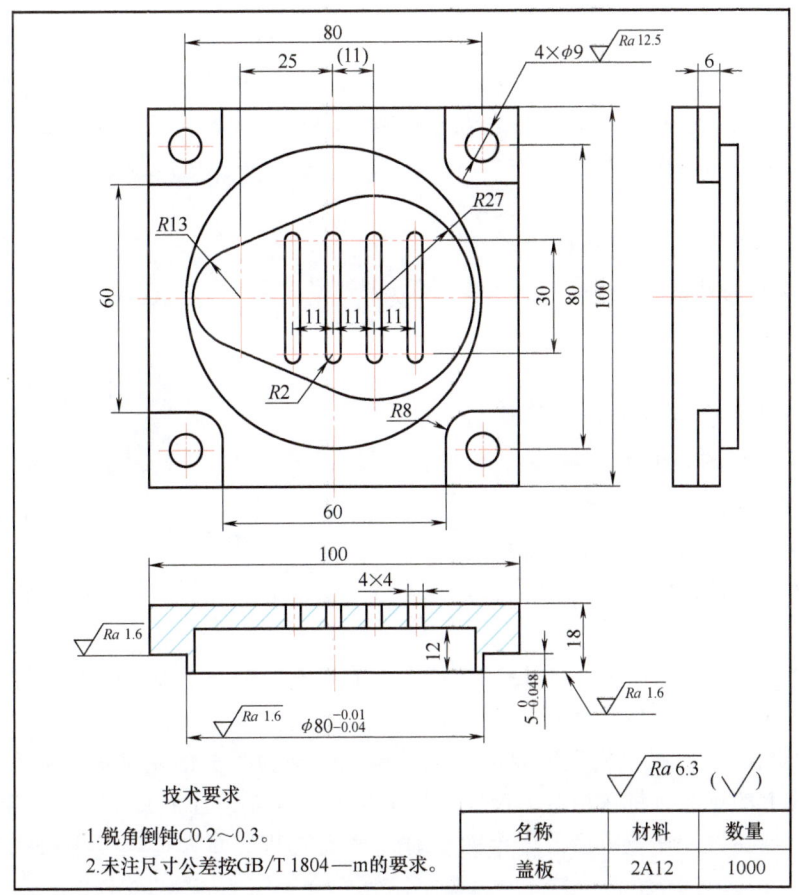

图 2-1 盖板零件图

数量为 1000 件。本任务要求在 CAXA 制造工程师 2022 中完成盖板零件图的绘制，为下一步 CAM 加工做准备。

【任务实施】

一、任务分析

1. 功能分析

盖板零件的主要特征包括内外轮廓、孔和槽，结构相对比较简单。其材料为 2A12 铝合金，易加工。4 个 $\phi 9$mm 的孔主要用于 M8 螺栓固定端盖，$\phi 80_{-0.04}^{-0.01}$mm 外圆与箱体等零部件配合。

2. 绘图分析

图形主要由直线、圆和圆弧等几何元素组成，零件外形尺寸为 100mm×100mm×18mm，俯视图外形采用"矩形"工具绘制，5 个圆均采用"圆心+半径"工具绘制，可以先绘制出 1 个键槽，再采用"线性阵列"工具绘制出其他 3 个键槽。

二、实施方案

1. 绘图功能及策略

(1) 创建草图（绘图）平面 CAXA 制造工程师 2022 提供了强大的曲线绘制功能，包括二维曲线（平面图形）和空间曲线绘制。二维曲线既可用于三维建模的草图，也可用于加工和零件图绘制。绘制二维曲线前先要选择确定草图平面，包括 XOY、ZOX、YOZ 等平面。创建草图平面的操作步骤如下：

1）打开软件后，单击"生成"菜单中的"二维草图"按钮，或者单击"二维绘图"工具条的第一个图标，启动草图平面创建命令，如图 2-2 所示。

2）按照"属性"管理树的命令管理栏中的提示，选择合适的方式定位草图平面，如图 2-3 所示。单击"确定"按钮 ✓，即可开始绘制二维草图。

2D 草图放置包括点、三点平面和过点与面平行等 10 种放置类型，具体介绍如下：

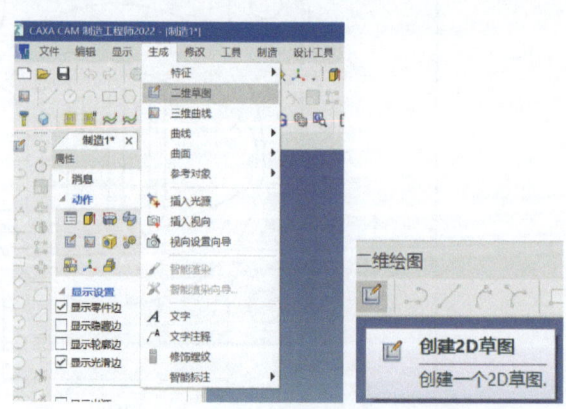

图 2-2 启动草图平面创建命令

① 点：当设计环境为空时，在设计环境中选取一点，则会生成一个默认与 XOY 平面平行的草图基准面。当设计环境中存在实体时，系统将在生成基准面前提示"选择一个点确定 2D 草图的定位点"，拾取面上需要的某点，则该面即为生成的基准面。当在设计环境中拾取三维曲线上的点时，将在相应的拾取位置上生成基准面，且生成的基准面与曲线在该点的切线垂直。当在设计环境中拾取二维曲线时，生成的基准面为过该二维曲线端点的 XOY 平面。

② 三点平面：拾取三点建立基准面，生成的基准面原点为拾取的第一个点。这三个点

可以是实体上的点或三维曲线上的点。如果是二维曲线，则可以利用鼠标右键功能中的"生成三维曲线"来实现二维曲线到三维曲线的转换。

③ 过点与面平行：生成的基准面与已知平面平行并且过已知点。拾取的平面可以是实体的表面和曲面，拾取的点可以是实体上的点或三维曲线上的点。如果是二维曲线，则可以利用鼠标右键功能中的"生成三维曲线"来实现二维曲线到三维曲线的转换。

④ 等距面：生成的基准面由已知平面法向平移给定的距离而得到。拾取的平面可以是实体上的面和曲面，生成基准面的方向由输入距离的正、负来决定。

⑤ 过线与已知面成夹角：生成的基准面与已知平面成给定夹角并且过已知直线。此处拾取的线和面必须是实体的棱边和面。

⑥ 过点与柱面相切：生成的基准面与柱面相切，并且过空间一点。此处的柱面可以是曲面或实体的表面，空间一点可以是三维曲线或实体棱边上的点。如果是二维曲线，则可以利用鼠标右键功能中的"生成三维曲线"来实现二维曲线到三维曲线的转换。

⑦ 二线、圆、圆弧、椭圆确定面：若两条直线、圆、圆弧或椭圆都可以唯一地确定一个平面，那么直接拾取它们就可以生成所需要的基准面。这两条直线、圆、圆弧和椭圆必须是三维曲线或实体上的棱边。如果是二维曲线，则可以利用鼠标右键功能中的"生成三维曲线"来实现二维曲线到三维曲线的转换。

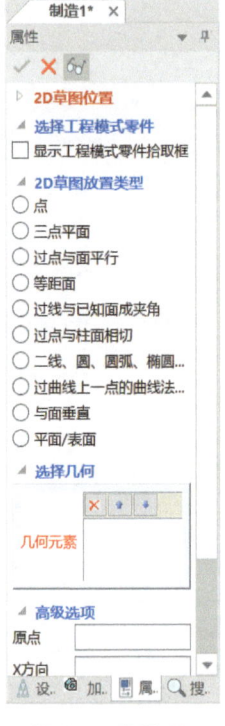

图2-3 设置2D草图位置

⑧ 过曲线上一点的曲线法平面：选择曲线上的任意一点，所得到的基准面与曲线上这一点的切线方向垂直。使用最多的是选择曲线的端点，此处的曲线可以是三维曲线、曲面的边或实体的棱边。若必须使用二维曲线，则可以利用鼠标右键功能中的"生成三维曲线"来实现二维曲线到三维曲线的转换。

⑨ 与面垂直：选择一点，再选择一个表面，即可得到通过此点且与该表面垂直的基准面。

⑩ 平面/表面：选择一个平面或表面，所得到的基准面就在这个平面或表面上。

单击"二维草图"按钮下方的下拉箭头，就会出现如图2-4所示的基准面选择选项，可以选择直接在X-Y、Y-Z或Z-X基准面内新建草图。

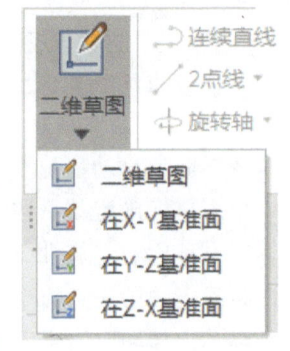

图2-4 基准面选择

3）进入草图平面，直接在草图平面上绘制草图，如图2-5所示。

"编辑草图截面"对话框，如图2-6所示。草图绘制完成后，单击"完成特征"按钮，即可生成一个二维草图。

（2）二维绘图功能　CAXA制造工程师2022的草图功能提供了连续直线、两点线、矩形、多边形、圆、圆弧、椭圆、样条曲线、切线和其他二维几何图形，"二维绘图"工具条如图2-7所示。

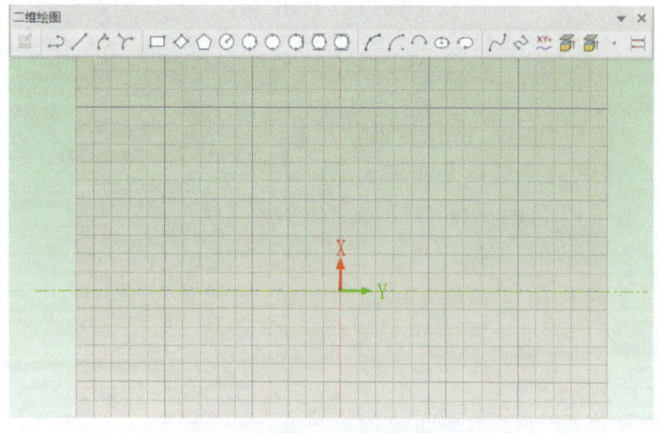

图2-5 草图平面　　　　　　　　　图2-6 "编辑草图截面"对话框

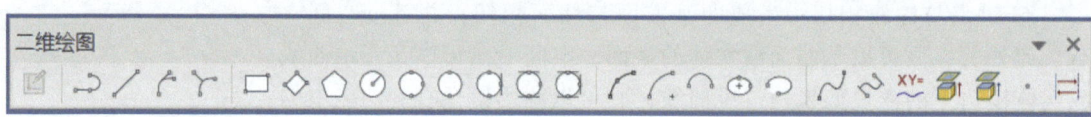

图2-7 "二维绘图"工具条

所有二维几何图形的绘制，可以通过单击鼠标可视化确定，也可以通过右击鼠标后输入精确数值确定，还可以在左侧"属性"管理树的命令管理栏中输入精确数值确定。

1）连续直线 。如图2-8所示，使用"连续直线"工具可以在草图平面上绘制多条首尾相连的直线，步骤如下：

① 单击"二维绘图"工具条上的"连续直线"图标。

② 开始绘制多条连续直线时，在草图平面上自动捕捉直线的第一点，单击鼠标确定第一点位置。此时，在设计树的"属性"节点中显

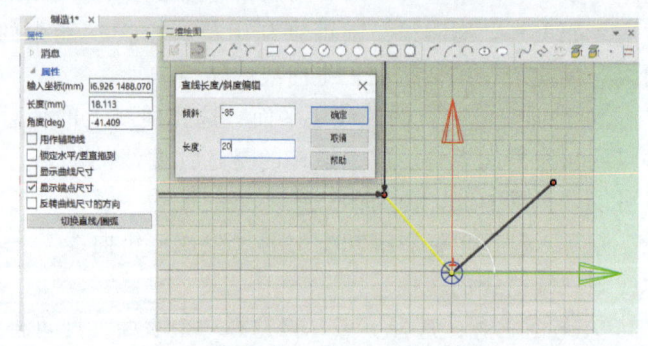

图2-8 绘制连续直线

示即将确定的第二点的输入坐标、长度和角度等属性信息，如图2-8所示。且当光标在绘图区坐标系内移动时，相应属性值也随之变化。

③ 将光标移动至第一条直线段的端点位置，单击鼠标确定该直线段的第二个端点。

④ 将光标移动至第二条直线段合适的端点位置并单击鼠标，即可定义该直线段的第二个端点和下一条直线段的第一个端点。

⑤ 继续绘制直线，直至生成所需的轮廓。

⑥ 单击鼠标中键，或按<ESC>键，或单击"连续直线"图标，退出该命令。

在步骤②后，也可以单击鼠标右键并从弹出的对话框中指定精确的长度和倾斜角度，单击"确定"按钮，如图2-8所示。此外，在确定直线第二点坐标位置时，还可以在"属性"管理树中的输入坐标、长度和角度文本框内直接输入数值，按<Enter>键确定。使用以上两

种方法也可以确定第二个端点及以后的各个端点。

绘制连续直线时还可以在直线与圆弧间切换。当需要将"连续直线"切换为"圆弧"时，只需要按住鼠标左键（不放松）向前延伸即可切换，也可以通过单击"属性"管理树中的"切换直线/圆弧"选项实现切换，如图2-8所示。默认连续圆弧是与已有曲线相切的，如果想切换圆弧与已有曲线的位置关系，只需将光标移回已有曲线端点，向另外一个方向移动即可。然后该工具将恢复为"连续直线"，可再次按住鼠标左键向前延伸切换为"圆弧"来绘制连续相切的圆弧。

2）两点线 ╱。使用"两点线"工具可以在草图平面的任意方向上画一条直线或一系列相交的直线，步骤如下：

① 进入草图平面以后，单击"二维绘图"工具条上的"两点线"图标。

② 在草图平面上单击所要生成直线的两个端点，或者在"属性"管理树中输入点的坐标，如图2-9所示。绘制第二个端点时，将光标移动至该点位置，单击鼠标右键，弹出对话框，输入直线长度和与X轴夹角的度数，单击"确定"按钮，完成两点线的绘制。

③ 直线绘制完毕，单击鼠标中键，或按<ESC>键，或单击"两点线"图标退出该命令。

在确定直线等二维几何图形的端点时，软件提供了捕捉等辅助功能，以绿色虚线或者符号（图2-9）帮助用户快速确定端点坐标，如端点位置与已绘制好的图形相切、垂直或平行，端点位置与已绘制好的端点水平或竖直平齐等。利用"两点线"工具可以按需要任意绘制水平线、垂直线和对角线。在这种情况下，可以看到一些表示直线与坐标轴之间平行或垂直关系的深蓝色符号。

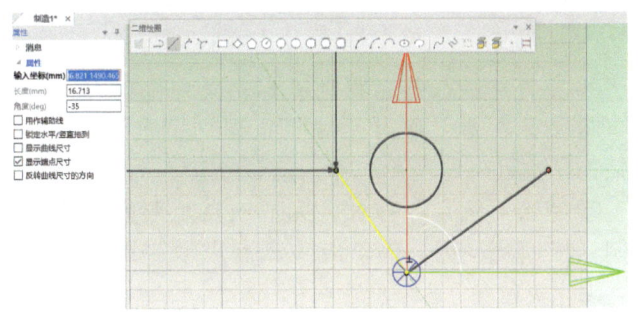

图2-9 绘制两点线

3）矩形 ▭。利用"矩形"工具可以快速地绘制矩形，步骤如下：

① 单击"二维绘图"工具条上的"矩形"图标。

② 在草图平面中移动光标，单击选定矩形起始角点的位置。

③ 将光标移动至该角点对角线另一端的角点位置并单击鼠标左键，完成矩形的绘制。

④ 单击鼠标中键，或按<ESC>键，或单击"矩形"图标退出该命令。

也可以在"属性"管理树命令管理栏中输入坐标来确定矩形的两个角点，如图2-10所示。

还可以使用"右键绘制"方法，在步骤③中，单击鼠标右键，弹出"编辑长方形"对话框，如图2-11所示，输入指定的矩形长度及宽度并单击"确定"按钮即可。

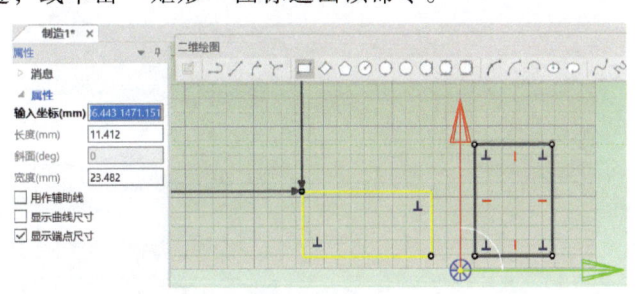

图2-10 绘制矩形

4）三点矩形◇。利用"三点矩形"工具可以快速地生成各种斜置矩形，步骤如下：

① 单击"二维绘图"工具条上的"三点矩形"图标。

② 在草图平面中移动光标，单击选定矩形的起始角点。

③ 移动光标到某一位置后单击鼠标右键，弹出"编辑矩形的第一条边"对话框，如图2-12所示，输入矩形的第一条边的长度和倾斜角度。

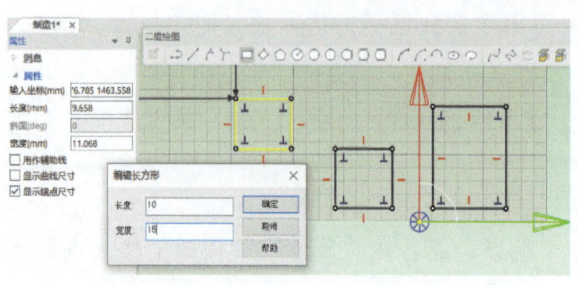

图2-11 "编辑长方形"对话框

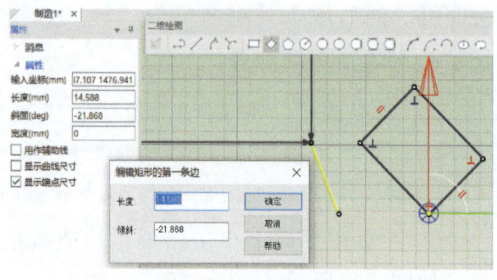

图2-12 "编辑矩形的第一条边"对话框

④ 垂直于该倾斜角移动光标到某一位置后单击鼠标右键，弹出"编辑矩形的宽度"对话框，如图2-13所示，输入矩形的宽度。

⑤ 单击"确定"按钮，完成三点矩形的绘制，按<ESC>键，或单击"三点矩形"图标，退出该命令。

5）多边形⬡。利用"多边形"工具可以快速地绘制不同边数的多边形，步骤如下：

① 单击"二维绘图"工具条上的"多边形"图标。

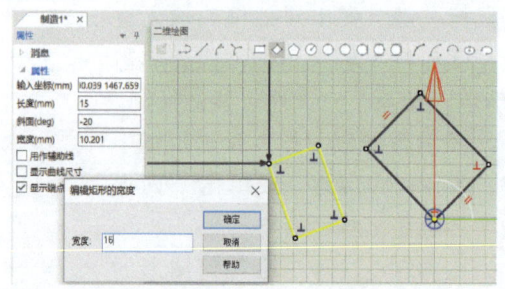

图2-13 "编辑矩形的宽度"对话框

② 在草图上某一位置单击确定一点，设为多边形的中心点。

③ 通过"属性"管理树中的命令管理栏，修改边数、半径和角度等参数，按<Tab>键实现内接/外接的切换，按<Enter>键确定，完成多边形的绘制。

也可以在步骤②后，在草图空白区域，单击鼠标右键，弹出"编辑多边形"对话框，如图2-14所示，设定多边形的参数，进行精确绘制。

6）圆 ⊙○○○○○。此命令包括圆心+半径、三点圆、两点圆、一切点+两点、两切点+一点和三切点6种工具。图2-15所示为圆的命令图标。

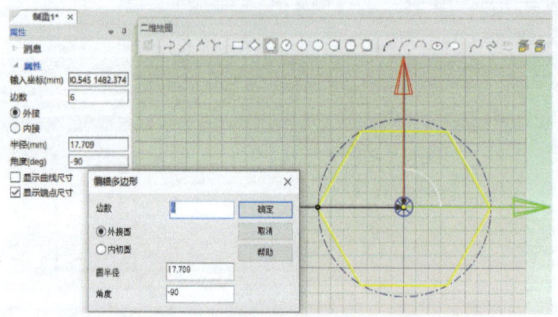

图2-14 "编辑多边形"对话框

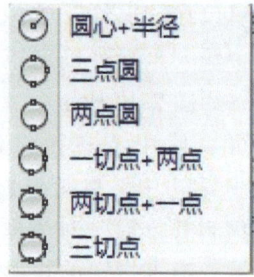

图2-15 圆的命令图标

① 圆心+半径 。使用"圆心+半径"工具可以根据确定的圆心和半径绘制圆形,步骤如下:

a. 进入草图平面,单击"二维绘图"工具条上的"圆心+半径"图标。

b. 在栅格上单击鼠标左键,确定一点作为圆心,或在"属性"管理树的命令管理栏中输入圆心坐标。

c. 单击鼠标左键,确定在圆上的一点(用于确定半径),或在"属性"管理树的命令管理栏中输入圆上另外一点的坐标或者圆的半径值,如图 2-16 所示,完成圆心+半径圆的绘制。

d. 单击鼠标中键,或按<ESC>键,或单击"二维绘图"工具条上的"圆心+半径"图标,退出该命令。

选定该圆,单击鼠标右键,选择"曲线属性",可以修改圆的属性,如图 2-17 所示。

② 三点圆 。使用"三点圆"工具可以指定圆周上的三个点来画圆,步骤如下:

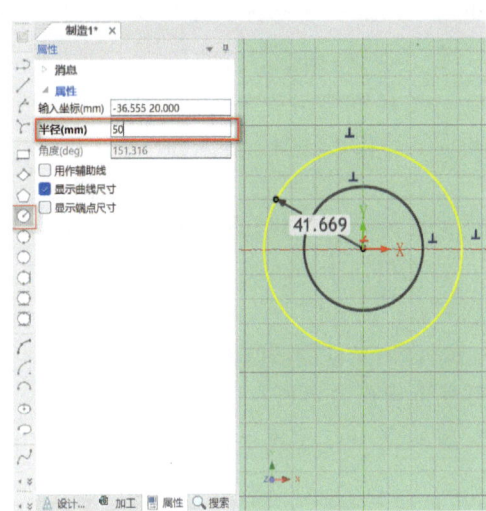

图 2-16 圆心+半径绘制圆

a. 进入草图平面,单击"二维绘图"工具条上的"三点圆"图标。

b. 在栅格上单击一点作为圆的第一点,或者输入点的坐标值。

c. 在栅格上单击第二点,或者输入点的坐标值。

d. 移动光标至新圆的圆周上将包含的第三个点。移动光标时,将拉出一个包含前两个点和光标当前位置所在点的圆。

e. 单击鼠标左键,确定第三点,完成三点圆的绘制,如图 2-18 所示。

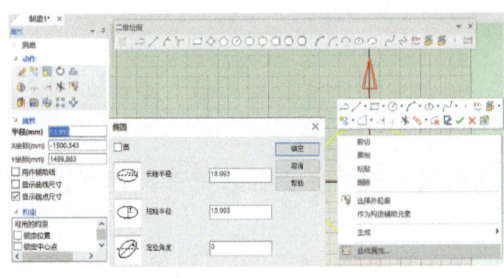

图 2-17 曲线属性

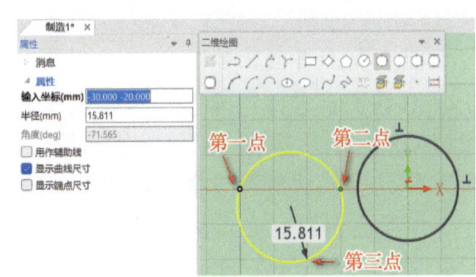

图 2-18 三点绘制圆

f. 单击鼠标中键,或按<ESC>键,或单击"三点圆"图标,退出该命令。

③ 两点圆 。使用"两点圆"工具可以通过指定圆周上的两点并以这两点间的线段长度为直径来画圆,步骤如下:

a. 进入草图平面,单击"二维绘图"工具条上的"两点圆"图标。

b. 在栅格上单击一点,或者在"属性"管理树的命令管理栏中输入点的坐标值,作为圆周上的第一点。

c. 在栅格上单击另一点,或者在"属性"管理树的命令管理栏中输入另一点的坐标值,作为圆周上的第二点，完成两点圆的绘制，如图 2-19 所示。

d. 单击鼠标中键，或按<ESC>键，或单击"两点圆"图标，退出该命令。

④ 一切点+两点。使用"一切点+两点"工具可绘制一个与圆、圆弧、圆角和直线等相切的圆，步骤如下：

a. 进入草图平面，单击"二维绘图"工具条上的"两点+一切点"图标。

b. 在栅格上单击已知圆的圆周上的任意一点，已知圆上的选定点处将出现一个黄色标记，表示新生成的圆将与该点相切。

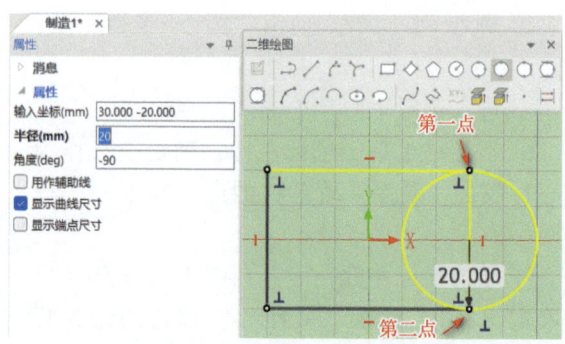

图 2-19　两点绘制圆

c. 移动光标至新圆圆周将包含的一个点上并单击鼠标左键，新圆将在已知圆上的选定点和光标当前位置所在的点之间拉伸，此时还缺少一点或者半径值用于定义新圆。

d. 移动光标至新圆圆周将包含的第二点处并单击鼠标左键，即可完成新圆的绘制。也可以单击鼠标右键，弹出"编辑半径"对话框，输入半径值，确定新圆，如图 2-20 所示。

e. 单击鼠标中键，或按<ESC>键，或单击"一切点+两点"图标，退出该命令。

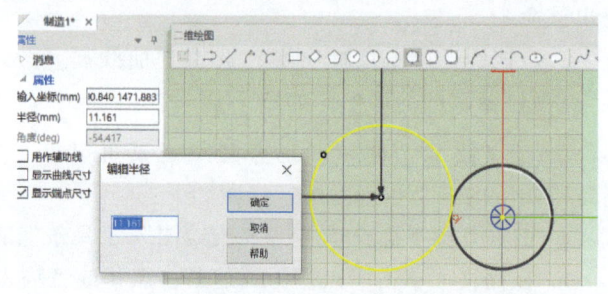

图 2-20　一切点+两点绘制圆

⑤ 两切点+一点。使用"两切点+一点"工具可以绘制一个与两个已知圆、圆弧、圆角或直线相切的圆，步骤如下：

a. 进入草图平面，单击"二维绘图"工具条上的"两切点+一点"图标。

b. 在其中一个已知圆（圆弧、圆角或直线）上单击鼠标左键选择一点，出现一个深蓝色相切标记，表示新圆将与该元素相切。

c. 将光标移动至第二个已知圆（圆弧、圆角或直线）的某一点上并单击鼠标左键，出现一个深蓝色相切标记，表示新圆将与该元素相切。

d. 移动光标至第三个点并单击鼠标左键，即可完成新圆的绘制。也可以单击鼠标右键，弹出"编辑半径"对话框，输入半径值，确定新圆，如图 2-21 所示。

e. 单击鼠标中键，或按<ESC>键，或单击"两切点+一点"图标，退出该命令。

⑥ 三切点。"三切点"工具完全依赖于已有的几何图形，使用"三切点"工具绘制出的是一个与三个已

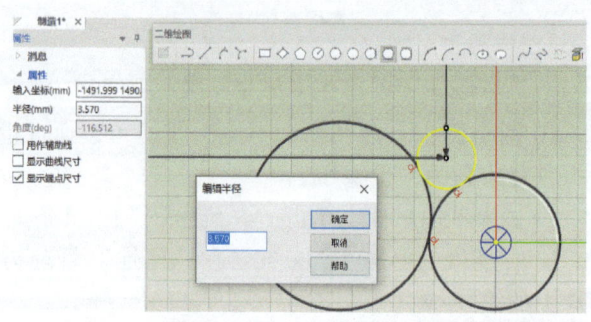

图 2-21　两切点+一点绘制圆

知圆、圆弧、圆角或直线相切的圆,步骤如下:

a. 进入草图平面,单击"二维绘图"工具条上的"三切点"图标。

b. 单击第一个已知圆、圆弧、圆角或直线上的一点(该点应尽量靠近实际相切点)。

c. 单击第二个已知圆、圆弧、圆角或直线上的一点(该点应尽量靠近实际相切点)。

d. 将光标移动至第三个已知圆、圆弧、圆角或直线上的一点。

e. 当光标定位到生成所需的圆的位置时,单击鼠标左键即可绘制一个新圆,如图 2-22 所示。

f. 单击鼠标中键,或按<ESC>键,或单击"三切点"图标,退出该命令。

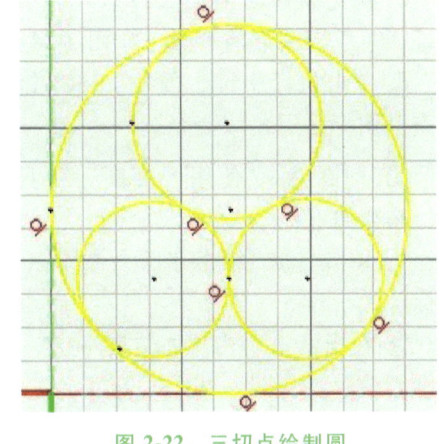

图 2-22 三切点绘制圆

7) 圆弧。

① 用三点。利用"用三点"工具可根据指定的三点绘制圆弧,步骤如下:

a. 单击"二维绘图"工具条上的"用三点"图标。

b. 单击鼠标左键,为新圆弧指定起始点位置。

c. 将光标移动至第二个点,单击鼠标左键,设定新圆弧的终点位置。

d. 将光标移动至第三个点,单击鼠标左键,确定新圆弧的半径。

e. 单击鼠标中键,或按<ESC>键,或单击"用三点"图标退出该命令。

② 圆心+端点。利用"圆心+端点"工具可绘制非半圆弧的圆弧。使用时首先定义约束该圆弧的圆心,然后确定圆弧的两个端点,步骤如下:

a. 单击"二维绘图"工具条上的"圆心+端点"图标。

b. 将光标移动至确定圆弧所在的圆心,单击鼠标左键,确定圆心位置,并将光标移开圆心,以确定圆弧半径,或者单击鼠标右键,在弹出的"编辑半径"对话框中输入半径值,单击"确定"按钮,如图 2-23 所示。

c. 将光标移至圆弧第一端点的位置,单击鼠标左键,设置第一个端点,然后将光标移至圆弧的第二个端点,单击鼠标左键,设置第二个端点,完成圆弧的绘制。

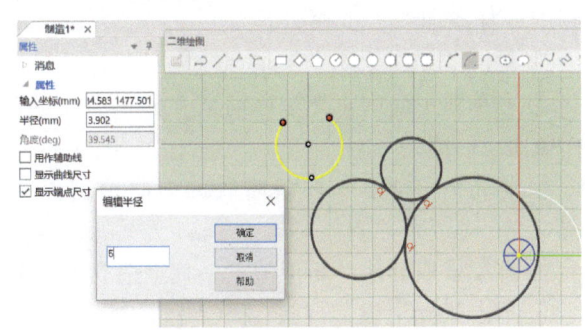

图 2-23 圆心+端点绘制圆

d. 单击鼠标中键,或按<ESC>键,或单击"圆心+端点"图标,退出该命令。

③ 两端点。利用"两端点"工具可以绘制半圆形圆弧,步骤如下:

a. 单击"二维绘图"工具条上的"两端点"图标。

b. 在草图平面中将光标移动至圆弧起点位置,单击鼠标左键,设定圆弧的第一端点。

c. 将光标移动至圆弧终点位置，再次单击鼠标左键，生成半圆形的圆弧，如图2-24所示。

d. 单击鼠标中键，或按<ESC>键，或单击"两端点"图标，退出该命令。

8）椭圆⊕。使用"椭圆"工具可以绘制椭圆形，步骤如下：

① 单击"二维绘图"工具条上的"椭圆"图标。

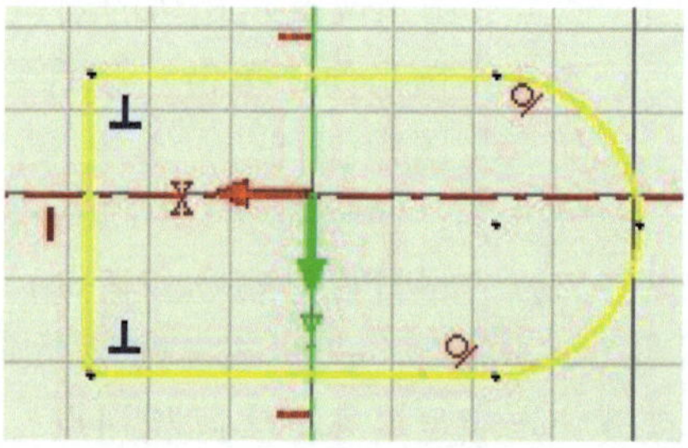

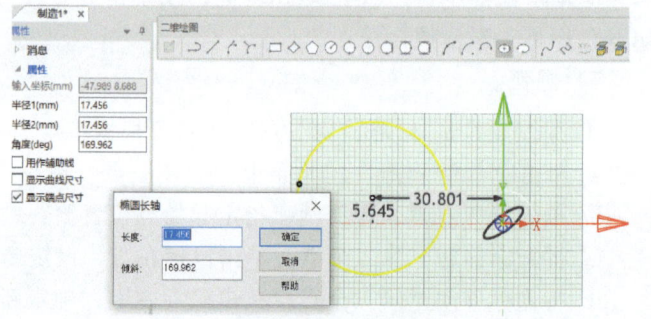

图2-24 绘制半圆形圆弧

② 在栅格上单击鼠标左键确定一点，设为椭圆的中心。

③ 移动光标到合适位置，单击鼠标右键，在弹出的"椭圆长轴"对话框中，设定椭圆的长轴参数，单击"确定"按钮，如图2-25所示。也可以通过"属性"管理树中的命令管理栏，修改长轴半径、短轴半径和角度等参数，按<Tab>键可实现参数间的切换。

④ 移动光标，单击鼠标右键后弹出对话框，设定椭圆的短轴参数，单击"确定"按钮。

⑤ 单击鼠标中键，或按<ESC>键，或单击"椭圆"图标，退出该命令。

图2-25 绘制椭圆

9）B样条～。样条曲线包括B样条曲线和Bezier曲线。利用"B样条"工具可以绘制连续的B样条曲线，步骤如下：

① 单击"二维绘图"工具条上的"B样条"图标。

② 在草图平面中将光标移动至B样条曲线的起点位置，在栅格上单击鼠标左键，设置B样条曲线的第一个端点。

③ 将光标移动至B样条曲线的中间型值点（曲线控制点），然后单击鼠标左键设定该点。

④ 继续拾取其他中间型值点，直至选取第二个端点，绘制一条连续的B样条曲线。

⑤ 单击鼠标中键，或按<ESC>键，或单击"B样条"图标，退出该命令。

在拾取了几个中间型值点后，在屏幕上单击鼠标右键，则在该点处开始绘制新的一条B样条曲线。可以通过在B样条曲线上单击鼠标右键添加所需的控制点，如图2-26所示。将光标移动至B样条曲线的控制点上，出现"小手"标识，长按鼠标左键可以拖动其控制点，调整B样条曲线。

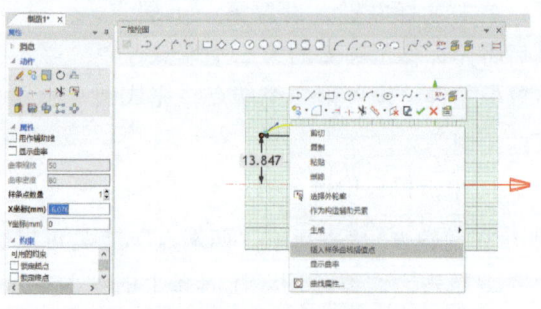

图2-26 绘制B样条曲线

2. 二维编辑功能

CAXA 制造工程师 2022 提供了丰富的二维编辑功能，用于辅助草图绘制，主要包括平移、旋转、缩放曲线、偏置曲线、镜像曲线、线性阵列、圆型阵列、圆角过渡、倒角、打断、裁剪曲线和删除重线等命令，如图 2-27 所示。

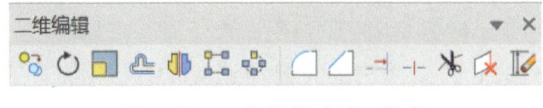

图 2-27 二维编辑功能工具条

(1) 平移  使用"平移"命令可以移动草图中选中的图形。该命令既可以对单独的一条直线或曲线进行平移，也可以同时对多条直线或曲线进行平移。步骤如下：

1）单击"二维编辑"工具条上的"平移"图标。

2）选择要移动的几何图形。"属性"管理树的命令管理栏中的"模式"处于"选择实体"状态，单击鼠标左键选取几何图形；当选择多个几何图形时，应对几何图形一一进行单击选取，选中的几何图形呈黄色，在选中的几何图形上再次单击鼠标左键，可以取消选取。拖动鼠标框选（在草图的某一位置长按鼠标左键，移动光标至矩形框的对角位置后松开），可选中矩形框内的全部几何图形，也可以先选中几何图形，再单击"平移"图标进行相应的平移操作，如图 2-28 所示。

3）单击"属性"管理树命令管理栏中的"拖动实体"，在"参数"中输入平移的 X、Y 坐标值，单击"√"，完成平移操作；也可以采用"基准捕捉"的方式平移，将光标移动至选定的几何图形上某一基准点（或草图上的任意位置），如

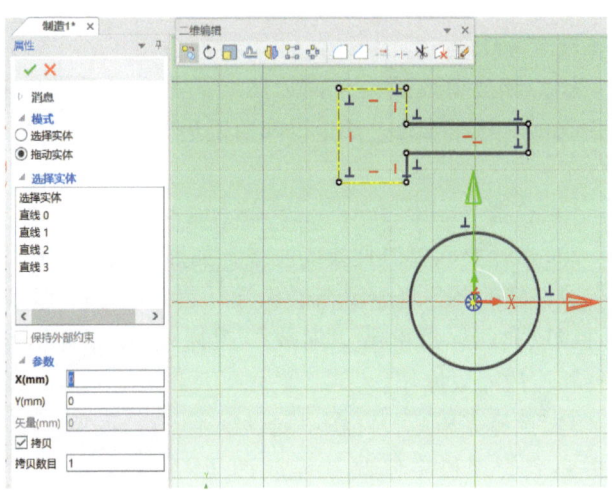

图 2-28 平移命令

终点、端点或交点等，长按鼠标左键，将其拖动到新位置（通过自动捕捉精确定位）后松开鼠标。拖动鼠标时，系统会显示拖动距离的反馈信息。

4）单击"√"，完成平移操作；或按<ESC>键，退出"平移"命令。

(2) 旋转 "旋转"命令可用于旋转几何图形。该命令既可以对单独的一条直线或曲线进行旋转，也可以同时对多条直线或曲线进行旋转。步骤如下：

1）单击"二维编辑"工具条上的"旋转"图标。

2）选择要旋转的几何图形。单击鼠标左键选取几何图形；当选择多个几何图形时，应对几何图形逐一进行选取，选中的几何图形呈黄色，在选中的几何图形上再次单击鼠标左键可以取消选取。拖动鼠标框选，可选中矩形框内的全部几何图形。选取结束后单击鼠标右键，在草图栅格的原点位置会出现一个尺寸较大的"图钉"，用该图钉可定义旋转中心点。

3）选定旋转中心点，可将光标移动至图钉针杆接近钉帽的位置处，长按鼠标左键并拖动光标到需要的位置后松开鼠标。

注意：调整旋转中心点时，可以将图钉重新定位到草图栅格上的任意位置，甚至移动至其他的几何图形上。拖动几何图形时，系统会显示拖动距离的反馈信息。

4）将光标移至草图上的任意一点，长按鼠标左键并拖动选定的几何图形，以确定旋转角度。松开鼠标左键，在"属性"管理树命令管理栏中的"旋转角度"内输入角度，可以实现精准旋转，逆时针旋转时角度数值为正，如图2-29所示。系统会在拖动几何图形时显示旋转角度的反馈信息。

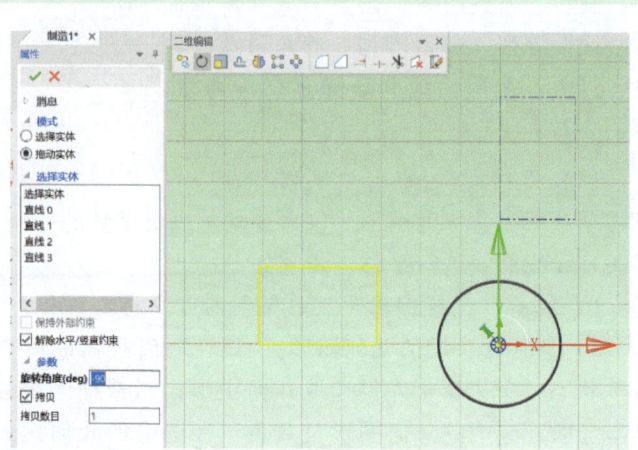

5）单击"√"，完成旋转操作；或按<ESC>键，退出"旋转"命令。

图2-29 旋转命令

（3）缩放曲线 "缩放曲线"命令可以将几何图形相对于某一中心按比例缩放。该命令既可以对单独的一条直线或曲线进行缩放，也可以同时对多条直线或曲线进行缩放。步骤如下：

1）单击"二维编辑"工具条上的"缩放"图标。

2）选择要缩放的直线或曲线，如需缩放多条直线或曲线可按顺序进行选取，被选中的直线或曲线的名称将显示在"属性"管理树命令管理栏中的"选择实体"内；也可以先选择直线或曲线，再单击"缩放"图标进行相应的缩放操作。

3）选择完毕后，可在"属性"管理树命令管理栏中修改"缩放因子"和"拷贝数目"定义缩放相关参数，此时绘图区以虚线显示预期效果，如图2-30所示。按<Enter>键或者单击"√"确认。

4）调整比例缩放中心点的方法与"旋转"命令中的调整旋转中心的方法相同。

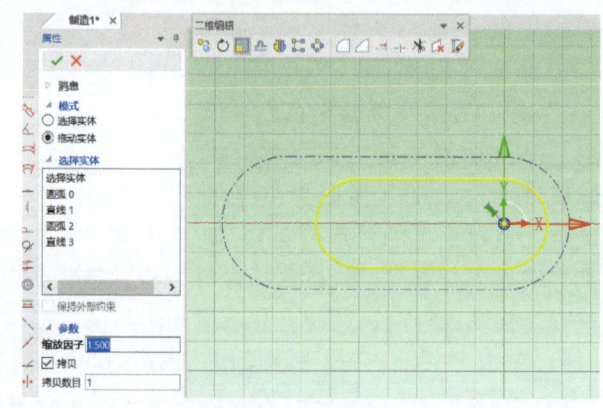

图2-30 缩放曲线命令

5）单击"√"，完成缩放操作；或按<ESC>键，退出"缩放"命令。

（4）偏置曲线 "偏置曲线"命令可以复制选定的几何图形，在距其一定距离处创建曲线。对于直线和圆弧等非封闭图形而言，该命令与其他的复制命令的绘图效果相同。对于包含不规则几何图形的封闭草图来说，该命令的功能非常有效。步骤如下：

1）单击"二维编辑"工具条上的"偏置曲线"图标，启动偏置命令。也可以先选择需要进行偏置的几何图形，再启动偏置曲线命令，跳过步骤2）进行相应的偏置操作。

2）选择要偏置的几何图形，如需偏置多个几何图形，则应按顺序进行选取，被选中的几何图形的名称将在命令管理栏中的"选择实体"内显示。

3）在"属性"管理树命令管理栏中的"距离"文本框中输入选定几何图形及其复制图形之间的期望距离，在"拷贝数目"字段中输入选定几何图形的复制份数，选中"双向"选项以确定几何图形偏置方向，如图2-31所示。

4）单击"√"，完成偏置操作，绘图区将显示偏置后生成的新几何图形。软件生成与选定几何图形形状相同的复制图形，并按要求使复制图形偏离原位置一定距离。如果几何图形是封闭的，则偏置后的几何图形将包围原几何图形，或者被原几何图形所包围。

如果几何图形未按照要求的方向偏置，则可选择"属性"管理树命令管理栏中的"切换方向"选项。几何图形将切换到新位置。如果需要，可以选择"对偏置几何进行约束复制"选项，使原几何图形上的约束条件被应用到偏置后的几何图形中。若要定义复制的准确性，则可在高级设置属性栏输入所需要的"近似精度"，输入的数值越小，复制图形相对于原几何图形的相似准确度就越高。

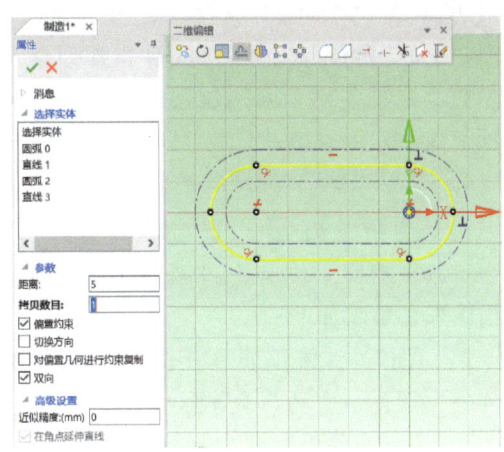

图2-31 偏置曲线命令

（5）镜像曲线 当需要生成复杂的对称性图形时，可先绘制所需图形的一半，然后绘制一条对称轴，应用镜像曲线命令进行镜像复制，实现图形的绘制。步骤如下：

1）提前绘制好所需图形的一半，并绘制好对称轴。

2）单击"二维编辑"工具条上的"镜像曲线"图标，启动镜像曲线命令。也可以先选择需要进行镜像的几何图形，再启动该命令，跳过步骤3）进行相应的镜像操作。

3）选取需要镜像的几何图形。

4）如图2-32所示，选择"属性"管理树命令管理栏中的"选取镜像轴"选项，或者单击鼠标右键进入"选取镜像轴线"状态，选取镜像轴线。镜像轴线一般只用作辅助元素，选取要镜像的曲线时，应避免选中镜像轴线。

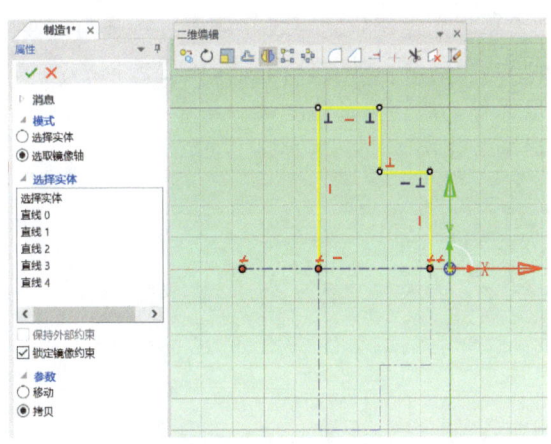

图2-32 镜像曲线命令

5）单击"√"，完成镜像操作，绘图区将显示镜像后生成的新几何图形。

（6）线性阵列 通过"线性阵列"命令可以在线性等距位置上快速绘制多个形状相同的几何图形。步骤如下：

1）单击"二维编辑"工具条上的"线性阵列"图标，启动线性阵列命令。

2）选取需要进行线性阵列的几何图形。也可以先选择需要进行线性阵列的几何图形，再启动该命令。

3）选择"属性"管理树命令管理栏中的"方向1""方向2"选项，设置X轴、Y轴方向上的间隔距离、阵列数目和阵列角度等参数，如图2-33所示。绘图区以蓝色点画线预显线性阵列的结果。

4）单击"√"，完成线性阵列操作。

（7）**圆型阵列** 通过"圆型阵列"命令可以在圆周上快速绘制多个形状相同的几何图形。步骤如下：

1）单击"二维编辑"工具条上的"圆型阵列"图标，启动圆型阵列命令。

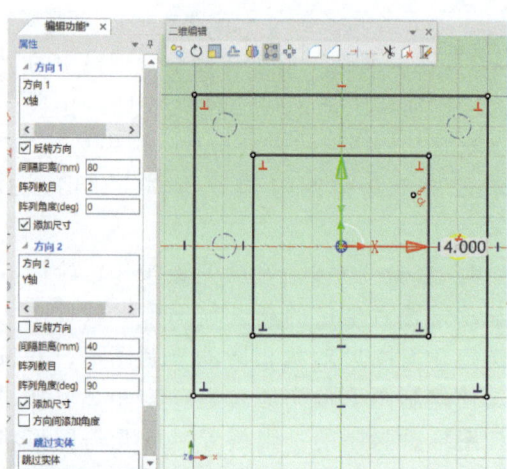

图2-33 线性阵列命令

2）选取需要进行圆型阵列的几何图形。也可以先选择需要进行圆型阵列的几何图形，再启动该命令。

3）选择"属性"管理树命令管理栏中的"中心点"选项，设置阵列中心点X/Y轴坐标、阵列数目和角度跨度等参数，如图2-34所示。绘图区以蓝色点画线预显圆型阵列的结果。

4）单击"√"，完成圆型阵列操作。

（8）**圆角过渡** 圆角过渡命令可以对相连直线间形成的夹角进行圆弧过渡。步骤如下：

1）单击"二维编辑"工具条上的"圆角过渡"图标，启动圆角过渡命令。

2）将光标定位到直线间需要进行圆角过渡的夹角上。

3）单击交点处，并向圆弧中心方向移动鼠标，如图2-35所示，或在完成步骤1）后，将鼠标移至需圆角过渡的第一条直径，在其靠近圆角的位置单击鼠标左键选中该直线，再以同样的方式选中第二条直线。

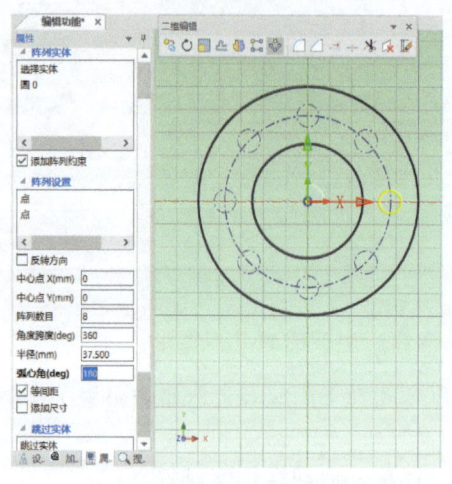

图2-34 圆型阵列命令

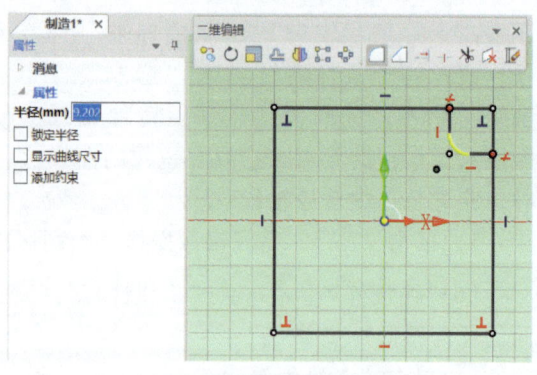

图2-35 圆角过渡命令

4）通过单击鼠标右键打开"编辑半径"对话框，输入圆角半径值。

5）单击"确定"按钮，或者按<Enter>键，完成圆角过渡。

6）单击鼠标中键，或按<ESC>键，退出圆角过渡命令。

（9）倒角  倒角命令提供了"距离""两边距离"和"距离-角度"三种倒角类型，并支持交叉线/断开线倒角及一次多个倒角的功能。步骤如下：

1）单击"二维编辑"工具条上的"倒角"图标，或者从"生成"菜单中启动倒角命令。

2）在"倒角类型"下拉菜单中选择倒角类型，并设定参数值，如图2-36所示。

3）选择"距离"倒角类型时，分别选取要倒角的两条直线，完成倒角，选择"两边距离"倒角类型时，要注意选取需倒角直线的顺序。

4）单击鼠标中键，或按<ESC>键，或单击"倒角"图标，退出倒角命令。

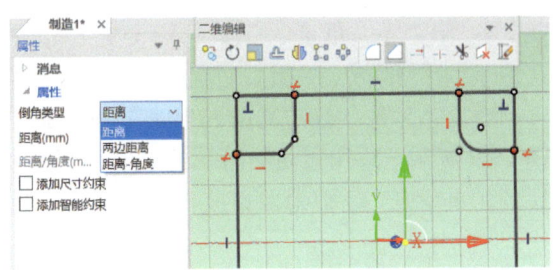

图2-36 倒角命令

（10）打断 　"打断"命令可以将现有的直线或曲线分割成单独的直线段或曲线段。该命令多用于在现有直线或曲线中添加新的几何图形，或者设置断点用于切削轨迹的控制点。步骤如下：

1）单击"二维编辑"工具条上的"打断"图标，并将光标移动至需要分割成段的直线或曲线上。

2）此时，一侧的直线段或曲线段将呈绿色反亮显示状态，而另一侧则为蓝色，表示该段是将基于光标位置生成分割点的独立直线段或曲线段。

3）在直线或曲线上单击鼠标左键，确定分割位置。

4）已知直线或曲线被分割成两条独立的直线段或曲线段，两者的连接点也是分割点，此时可以对直线段或曲线段的尺寸和位置进行单独操作。

5）单击鼠标中键，或按<ESC>键，或单击"打断"图标，退出该命令。

（11）裁剪曲线 　利用"裁剪曲线"命令可以裁剪掉一条或多条直线段、曲线段。步骤如下：

1）单击"二维编辑"工具条上的"裁剪"图标，启动裁剪命令。

2）将光标向需要修剪的直线段或曲线段移动，直到该直线段或曲线段呈现黄色状态，如图2-37所示。

3）单击该直线段或曲线段，其随即被删除。

4）单击鼠标中键，或按<ESC>键，或单击"裁剪"图标，退出该命令。

（12）删除重线 　该命令主要

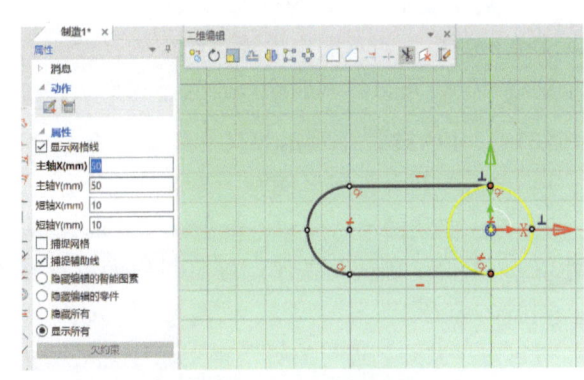

图2-37 裁剪曲线命令

用于在绘制草图时图形比较复杂或者修改的过程中需要裁剪多余重线的场合，以免在特征操作的过程中以及加工选取曲线时出现错误。

在完成草图绘制以后，框选绘制的草图，单击"删除重线"图标。当有多余重线时会弹出"删除重线"对话框，单击"确定"按钮即可，如图 2-38 所示。

3. 二维约束功能

CAXA 制造工程师 2022 提供了多种二维约束功能，包括尺寸、角度、弧长、弧心角、水平、竖直、垂直、相切、平行、同心、等长、共线、中点、重合、镜像、固定几何和穿透等约束命令，

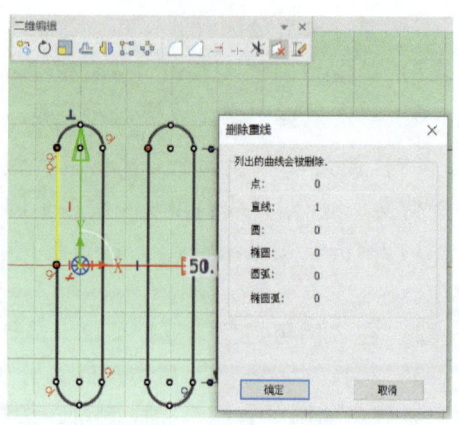

图 2-38 删除重线命令

如图 2-39 所示。应用该功能时，约束以图形方式显示在草图平面上，可方便直观地浏览所表达的约束信息。可以对约束条件进行编辑、删除或者恢复关系状态。

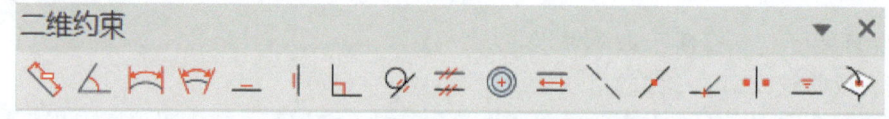

图 2-39 二维约束功能工具条

> 注意：在进行约束时，系统默认选择的第一条曲线重定位，选择的第二条曲线保持固定。

（1）过约束、欠约束和完全约束状态　在"设计"管理树和 2D 草图中都能显示草图的约束状态。根据草图元素上添加的约束，草图被定义为过约束、欠约束或完全约束。

在"设计"管理树中，草图名称后面若有符号"+"则为过约束状态；若有符号"-"，则为欠约束状态；若没有"+""-"符号，则为完全约束状态。

草图中通过颜色显示约束状态。默认设置下，过约束为红色，欠约束为白色，完全约束为绿色。当用户添加的约束为过约束时，系统将弹出一个对话框，用户可选择是否将该约束作为参考约束。

（2）约束显示　将过约束的尺寸或几何约束在命令窗口中显示出来，用户可以方便地删除多余的约束。当草图中出现过约束的尺寸时，系统会自动判断出来，并在属性对话框中显示这些尺寸，可以将其删除以解除过约束状态。

（3）尺寸约束　利用"尺寸约束"命令可以约束曲线的尺寸或位置。步骤如下：

1) 单击"尺寸约束"图标，启动该命令。

2) 标注曲线的形状尺寸，单击鼠标左键，弹出"参数编辑"对话框，输入值（此处为尺寸值），单击"确认"按钮。按照同样的方法依次标注曲线的位置尺寸，完成曲线的约束，如图 2-40 所示。

可以对尺寸约束进行编辑，将光标移动至尺寸上，单击鼠标右键，弹出对话框，对约束进行如下编辑：

① 锁定：对曲线的尺寸值进行锁定或清除（关系仍保留）。

② 编辑：对曲线的约束尺寸值进行编辑，精确确定尺寸。

③ 删除：清除尺寸约束。

④ 输出到工程图：将图形投影到工程图时，实现约束的尺寸值的自动标注。

3）单击鼠标中键，或按<ESC>键，或单击"尺寸约束"图标，退出该命令。

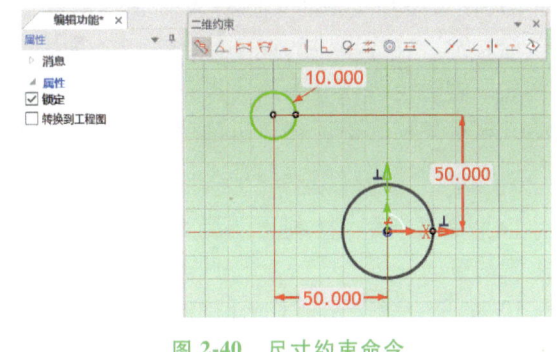

图 2-40　尺寸约束命令

（4）角度约束　利用"角度约束"命令可以约束曲线与其他曲线间的角度，一般约束的是其与已确定（被约束）曲线或者 X 轴的角度。步骤如下：

1）单击"尺寸约束"图标，启动该命令。

2）选择曲线或其上两点，选择第二条曲线或其上两点，向两曲线夹角方向移动光标，此时预显实测角度，单击鼠标左键，弹出"参数编辑"对话框，输入值（此处为角度值），单击"确认"按钮，如图 2-41 所示，完成曲线的约束。

3）单击鼠标中键，或按<ESC>键，或单击"角度约束"图标，退出该命令。

（5）弧长约束　利用"弧长约束"命令可以约束曲线弧长，步骤如下：

1）单击"弧长约束"图标，启动该命令。

2）选择曲线，向曲线圆心方向（或反方向）移动鼠标，单击鼠标左键，弹出"参数编辑"对话框，输入值（此处为弧长值），单击"确认"按钮，完成曲线弧长的约束。

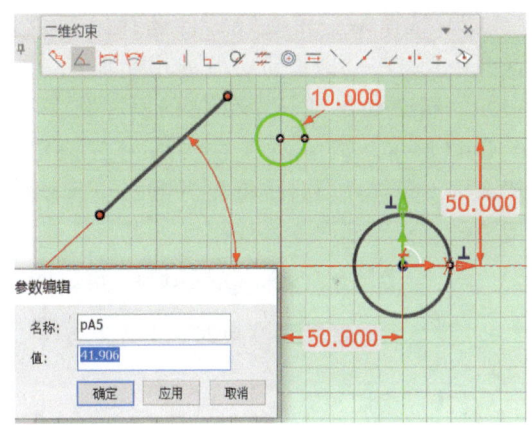

图 2-41　角度约束命令

3）单击鼠标中键，或按<ESC>键，或单击"弧长约束"图标，退出该命令。

（6）弧心角约束　利用"弧心角约束"命令可以约束曲线弧心角，步骤如下：

1）单击"弧心角约束"图标，启动该命令。

2）选择曲线，向曲线圆心方向（或反方向）移动光标，单击鼠标左键，弹出"参数编辑"对话框，输入弧心角角度值，单击"确认"按钮，完成曲线弧心角的约束。

3）单击鼠标中键，或按<ESC>键，或单击"弧心角约束"图标，退出该命令。

（7）水平约束　利用"水平约束"命令可以在一条直线上生成一个相对于栅格 X 轴的平行约束。

1）如果直线已经相对于栅格 X 轴平行，则只需将光标移动至其深蓝色平关系符，并在光标变成小手形状时单击鼠标右键，在弹出的立即菜单中选择"锁定"即可。此时，深蓝色关系符就变成了红色约束符。

2）如果该直线相对于栅格 X 轴并不平行，则可以单击"水平约束"图标，在直线上单击鼠标左键，以应用该约束条件，选定的直线将立即重新定位为与栅格的 X 轴平行。

如果需要也可以清除该约束条件，将光标移动至红色水平约束符处，当光标变成小手形状时，单击鼠标右键，在弹出的立即菜单中选择"锁定"即可。约束恢复到关系状态，而红色约束符则被深蓝色关系符所代替。

(8) 竖直约束 利用"竖直约束"命令可以在一条直线上生成一个相对于栅格 X 轴的垂直约束。

1）如果直线已经相对于栅格 X 轴垂直，则只需将光标移动至其深蓝色垂直关系符，并在光标变成小手形状时单击鼠标右键，在弹出的立即菜单选择"锁定"即可。

2）如果该直线相对于栅格 X 轴并不垂直，则可以单击"竖直约束"图标，在直线上单击鼠标左键，以应用该约束条件，选定的直线将立即重新定位为与栅格的 X 轴垂直。

如果需要也可以清除该约束条件，具体操作方法同"水平约束"。

(9) 垂直约束 利用"垂直约束"命令可以约束两条已知直线相互垂直，步骤如下：

1）单击"垂直约束"图标，启动该命令。

2）选择第一条直线，再选择第二条直线，这两条直线将立即重新定位为相互垂直，同时在它们的相交处出现一个红色的垂直约束符，如图 2-42 所示。如果两条直线均未被锁定约束，那么第一条选择的直线将相对第二条选择的直线调整角度，实现两条直线相互垂直。

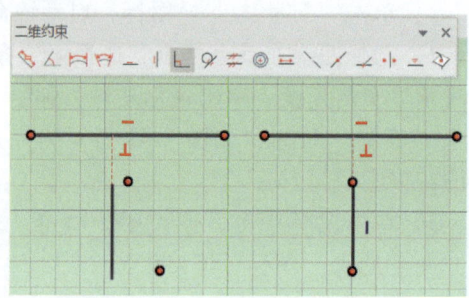

图 2-42 垂直约束命令

3）单击鼠标中键，或按<ESC>键，或单击"垂直约束"图标，退出该命令。

注意：应用垂直约束时，并不一定要选择两条相邻直线。

(10) 相切约束 利用"相切约束"命令可以在两条已知直线或曲线之间生成相切的约束。如果两条直线或曲线之间已经存在相切关系，则只需将光标移动至其深蓝色相切关系符处，并在光标变成小手形状时单击鼠标右键，在弹出的立即菜单中选择"锁定"。此时，深蓝色关系符就变成了红色约束符。当两条直线或曲线间不存在相切关系时，添加相切约束的步骤如下：

1）单击"相切约束"图标，启动该命令。

2）选择第一条直线或曲线，再选择第二条直线或曲线，这两条直线或曲线将立即重新定位为在选定点相切，同时在切点位置将出现一个红色的相切约束符。

3）单击鼠标中键，或按<ESC>键，或单击"相切约束"图标，退出该命令。

(11) 平行约束 利用"平行约束"命令可以约束两条已知直线之间相互平行。如果两条直线之间已经存在平行关系，则只需将光标移动至其深蓝色平行关系符处，并在光标变成小手形状时单击鼠标右键，在弹出的立即菜单中选择"锁定"。此时，深蓝色关系符就变成了红色约束符。如果两条直线间不存在平行关系，添加平行约束的步骤如下：

1）单击"平行约束"图标，启动该命令。

2）选择第一条直线，再选择第二条直线，这两条直线将立即重新定位为相互平行。此时每条直线上都将出现一个红色的平行约束符。

3）单击鼠标中键，或按<ESC>键，或单击"平行约束"图标，退出该命令。

> 注意：如果选择"平行约束"命令并将光标移动至平行约束符之一，那么在约束关系符及被约束的直线之间就会出现一条红色指示线。

（12）同心约束 ⊚ 利用"同心约束"命令可以在两个已知圆或圆弧之间生成同心的约束。步骤如下：

1）单击"同心约束"图标，启动该命令。

2）选择第一个圆或圆弧，再选择第二个圆或圆弧，系统将立即对这两个圆或圆弧进行重新定位，以满足同心圆约束条件。此时，在两个圆或圆弧附近均会出现一个红色的同心约束符，如图2-43所示。

3）单击鼠标中键，或按<ESC>键，或单击"同心约束"图标，退出该命令。

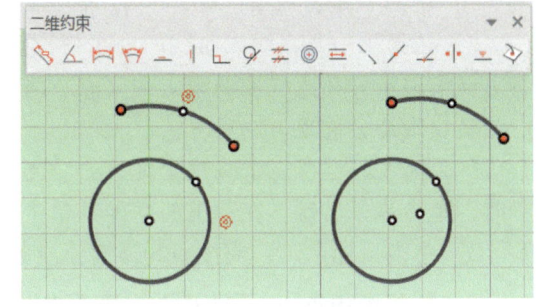

图2-43 同心约束命令

（13）等长约束 ↔ 利用"等长约束"命令可以在两条已知直线或曲线之间生成等长的约束。步骤如下：

1）单击"等长约束"图标，启动该命令。

2）将光标移至第一条直线或曲线，此时该直线或曲线呈黄色，单击鼠标左键选定后该直线或曲线上将出现一个浅蓝色的"×"标记；选择第二条直线或曲线，其中第一条被选定的直线或曲线将被修改，以与第二条直线或曲线的长度相匹配。此时，两条直线或曲线上都将出现红色的等长约束符。

如果需要，也可以清除这个约束：将光标移动至红色等长约束符处，当光标变成小手形状时，单击鼠标右键，在弹出的立即菜单中取消对"锁定"的选择。

3）单击鼠标中键，或按<ESC>键，或单击"等长约束"图标，退出该命令。

> 注意：在两条直线或曲线之间应用等长约束时，究竟调整哪一条直线或曲线并使其与另一条直线或曲线匹配，是由单独的几何图形和已有的约束条件确定的。

（14）共线约束 ╲ 利用"共线约束"命令可以在两条已知直线或曲线之间生成共线的约束。步骤如下：

1）单击"共线约束"图标，启动该命令。

2）选择第一条直线或曲线，被选定的直线或曲线上将出现一个浅蓝色的标记；选择第二条直线或曲线，系统将重新调整第二条直线或曲线的位置，使其与第一条直线或曲线共线。此时，两条直线或曲线上都将出现红色的共线约束符。

如果需要，也可以清除这个约束：将光标移动至红色共线约束符处，当光标变成小手形状时，单击鼠标右键，在弹出的立即菜单中取消对"锁定"的选择。

3）单击鼠标中键，或按<ESC>键，或单击"共线约束"图标，退出该命令。

（15）中点约束 ╱ 利用"中点约束"命令可以在直线与直线、直线与圆弧及圆弧与圆弧之间生成中点约束。步骤如下：

1) 单击"中点约束"图标，启动该命令。

2) 选择第一条直线或曲线的一个端点，再选择第二条直线或曲线上的任意点，系统将使第一条直线或曲线的端点移动至第二条直线或曲线的中点。此时，交点处将出现红色的中点约束符。

如果需要，也可以清除这个约束：将光标移动至红色中点约束符处，当光标变成小手形状时，单击鼠标右键，在弹出的立即菜单中取消对"锁定"的选择。

3) 单击鼠标中键，或按<ESC>键，或单击"中点约束"图标，退出该命令。

（16）重合约束 利用"重合约束"命令可以将端点和中点等选定的点与草图中的其他元素之间建立重合约束。步骤如下：

1) 单击"重合约束"图标，启动该命令。

2) 选择第一条直线或曲线的一个任意点a，再选择第二条直线或曲线上任意点b，系统将重新调整第一条直线或曲线上的a点，将其移动至第二条直线或曲线的b点处。此时，交点处将出现红色的重合约束符。

如果需要，也可以清除这个约束：将光标移动至红色重合约束符处，当光标变成小手形状时，单击鼠标右键，在弹出的立即菜单中取消对"锁定"的选择。

3) 单击鼠标中键，或按<ESC>键，或单击"重合约束"图标，退出该命令。

（17）镜像约束 利用"镜像约束"命令可以在两组几何图形之间建立相对于轴线的对称约束。建立镜像约束以后，改变镜像轴一侧的几何圆形的形状及位置时，另一侧的几何圆形的形状及位置会随之变化。步骤如下：

1) 单击"镜像约束"图标，启动该命令。

2) 依次在对称轴以及几何图形上选取三点，则生成的两个图形相对于选定的轴线对称，如图2-44所示。

3) 单击鼠标中键，或按<ESC>键，或单击"镜像约束"图标，退出该命令。

（18）固定几何约束 利用"固定几何约束"命令可以对选定的几何图形尺寸进行约束。在进行固定几何约束之后，无论对其进行何种修改，其几何图形都将与原来保持一致，不做任何改变，步骤如下：

1) 单击"固定几何约束"图标，启动该命令。

图2-44 镜像约束命令

2) 选择一个几何图形，对其进行固定几何约束。

3) 单击鼠标中键，或按<ESC>键，或单击"固定几何约束"图标，退出该命令。

注意：如果需要，也可以清除这个约束，将光标移动至固定几何约束符处，当光标变成小手形状时，单击鼠标右键，在弹出的立即菜单中取消对"锁定"的选择。

（19）穿透约束 利用"穿透约束"命令可以约束某一草图平面上圆（或椭圆）的

中心点被另一草图平面（与前一草图平面相交）上的曲线（或样条曲线）穿过。步骤如下：

1）在两个相交的草图平面上分别绘制圆（或椭圆）和曲线。

2）在圆（或椭圆）的编辑状态下单击"穿透约束"图标，启动该命令。

3）在圆（或椭圆）上单击选取任意一点，选取点呈蓝色亮点。再将光标移动至曲线（或样条曲线）上，曲线（或样条曲线）呈绿色时即可单击选取，则曲线（或样条曲线）穿过圆（或椭圆）的中心，如图2-45所示。

4）单击鼠标中键，或按<ESC>键，或单击"穿透约束"图标，退出该命令。

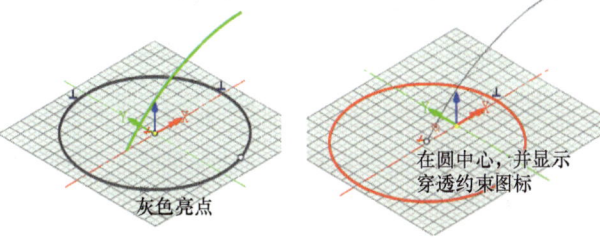

图 2-45　穿透约束命令

> 注意：如果不需要这些约束，可以在投影完成后，删除投影约束；如果需要拾取被隐藏的几何元素，则可通过按<Ctrl+Alt>键的方式拾取。

4. 绘图路线

零件采用 2A12 型材（截面尺寸为 100mm×18mm），毛坯尺寸为 100mm×100mm×18mm。零件加工二维绘图的3种路线设计如下：

(1) 路线1　绘制十字对称中心线（辅助线）→绘制 100mm×100mm 矩形（应用"多边形"命令）→绘制 φ80mm 外圆（应用"圆心+半径"命令）→绘制 4 个 φ9mm 孔（应用"偏置曲线"命令绘制孔中心，应用"圆心+半径"命令绘制圆）→绘制 4 个 20mm×20mm 缺口（应用"偏置曲线"命令绘制其中一个缺口的直线，应用"圆角过渡"命令倒圆角，应用"圆型阵列"命令阵列得到 4 个缺口）→绘制内轮廓（应用"圆心+半径"命令绘制两个圆，应用"切线"命令绘制两条切线，应用"裁剪曲线"命令裁剪多余线条）→绘制长圆槽（应用"圆心+半径"命令绘制两个圆，应用"切线"命令绘制两条切线，应用"裁剪曲线"命令裁剪多余线条，应用"线性阵列"命令绘制 4 个键槽）→检验提交。

(2) 路线2　绘制十字对称中心线（辅助线）→绘制 100mm×100mm 矩形（应用"多边形"命令）→绘制 φ80mm 外圆（应用"圆心+半径"命令）→绘制一个 φ9mm 孔（应用"圆心+半径"命令绘制一个圆）→绘制 20mm×20mm 缺口（应用"偏置曲线"命令绘制其中一个缺口的直线，应用"圆角过渡"命令倒圆角）→阵列生成 4 个缺口及 4 个 φ9mm 孔（应用"圆型阵列"命令阵列生成 4 个缺口及 φ9mm 孔，或者应用"旋转"命令进行复制）→绘制内轮廓（应用"圆心+半径"命令绘制两个圆，应用"切线"命令绘制两条切线，应用"裁剪曲线"命令裁剪多余线条）→绘制长圆槽（应用"圆心+半径"命令绘制两个圆，应用"切线"命令绘制两条切线，应用"裁剪曲线"命令裁剪多余曲线，应用"线性阵列"命令绘制多个键槽）→检验提交。

（3）路线 3 绘制 100mm×100mm 矩形（应用"多边形" ⬠ 命令）→绘制 φ80mm 外圆（应用"圆心+半径" ⊘ 命令）→ 绘制内轮廓（应用"圆心+半径" ⊘ 命令绘制两个圆，应用"切线" 命令绘制两条切线，应用"裁剪曲线" ✳ 命令裁剪多余曲线）→绘制 4 个缺口及 4 个 φ9mm 孔（应用"圆心+半径" ⊘ 命令绘制一个圆，应用"矩形" ▭ 命令绘制一个缺口，应用"圆角过渡" 命令倒圆角，应用"圆型阵列" 命令阵列生成 4 个缺口及 φ9mm 孔）→绘制长圆槽（应用"圆心+半径" ⊘ 命令绘制两个圆，应用"切线" 命令绘制两条切线，应用"裁剪曲线" ✳ 命令裁剪多余线条，应用"线性阵列" 命令绘制 4 个键槽）→检验提交。

5. 盖板绘图工艺简卡（表 2-1）

表 2-1 盖板绘图工艺简卡

工件名称			盖板	材料	2A12	加工设备型号及系统	MV850 加工中心、FANUC 数控系统、CAXA 制造工程师 2022
工序号	工序内容	工步号	工步内容	绘图模型	绘图命令	主要尺寸及参数	（参考值）
0	备料 100mm×100mm×18mm						
1	绘制外轮廓（矩形）	1	绘制 100mm×100mm 正方形	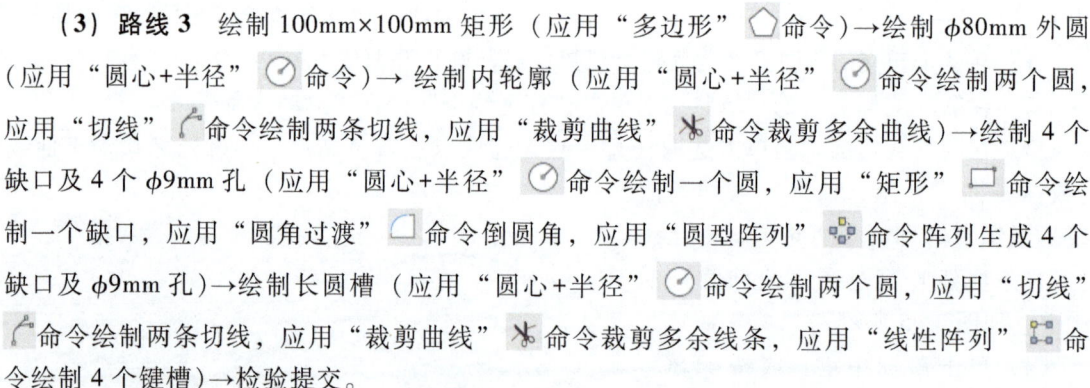	多边形	选取坐标系原点为绘图中心点，内接圆半径为 R50mm	
2	绘制圆	1	绘制 φ80mm 圆		圆心+半径	选取坐标系原点为绘图中心点，圆半径为 R40mm	
3	绘制内轮廓	1	绘制 R27mm 圆弧基圆		圆心+半径	中心点通过坐标(11,0)，圆半径为 R27mm	
		2	绘制 R13mm 圆弧基圆		圆心+半径	中心点通过坐标(−25,0)，圆半径为 R13mm	

（续）

工件名称		盖板		材料		2A12	加工设备型号及系统	MV850加工中心、FANUC数控系统、CAXA制造工程师2022
工序号	工序内容	工步号	工步内容	绘图模型		绘图命令	主要尺寸及参数	（参考值）
3	绘制内轮廓	3	绘制相切线			切线	依次选取相切的圆	
		4	裁剪多余线条			裁剪曲线	依次裁剪掉多余线条	
4	绘制4个缺口及4个φ9mm孔	1	绘制φ9mm圆			圆心+半径	中心点选取大概位置，圆半径为R4.5mm，智能标注约束圆心坐标(40,-40)	
		2	绘制20mm×20mm矩形			矩形	20mm×20mm矩形的第一点选取100mm×100mm矩形的交点	
		3	编辑曲线-圆角过渡			圆角过渡	圆角半径R8mm	
		4	编辑曲线-圆型阵列			圆型阵列	依次选取φ9mm圆、直线和R8mm圆弧	

工件名称		盖板		材料	2A12	加工设备型号及系统	MV850加工中心、FANUC数控系统、CAXA制造工程师2022
工序号	工序内容	工步号	工步内容	绘图模型	绘图命令	主要尺寸及参数	（参考值）
5	绘制长圆槽	1	绘制两个R2mm圆弧基圆	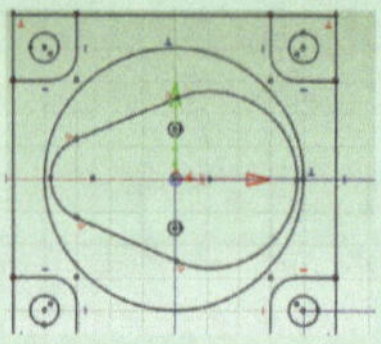	 圆心+半径	中心点分别通过坐标（0,15）和（0,-15），圆半径为R2mm	
		2	绘制两条切线	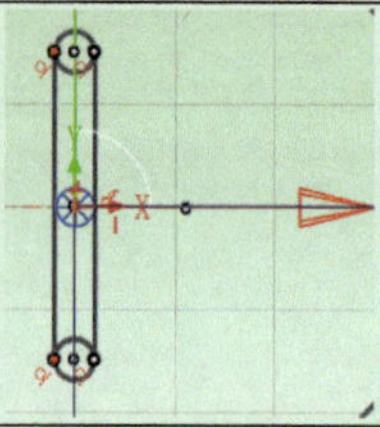	 切线	依次选取相切的φ4mm圆	
		3	裁剪多余线条	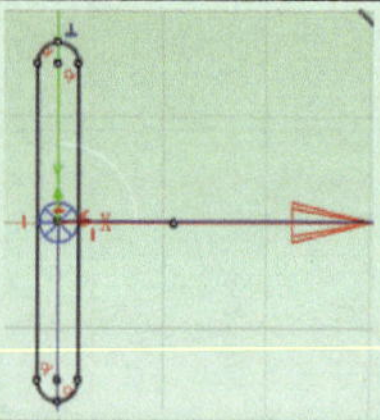	 裁剪曲线	依次裁剪掉多余线条	
		4	线性阵列多个长圆槽	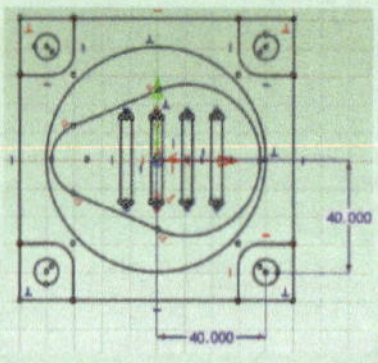	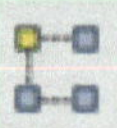 线性阵列	向两侧依次阵列长圆槽，间距为11mm，向X轴正方向阵列3个，反方向阵列2个	
6	检验		提交检验				
7	提交图形数据		文件编号存储				

三、实施过程

1. 设置绘图环境

（1）设置绘图背景　单击"设置"菜单，单击"背景"，弹出"设计环境属性"对话框，如图2-46所示，设置背景等绘图环境后，单击"确定"按钮完成设置。

（2）设置草图平面　单击绘图工具条上的"2D草图" ，在"2D草图放置类型"中选择"点"，按<F5>键设置当前界面显示为XOY平面，将光标在绘图区移至坐标系原点，单击鼠标左键进行选取，可以滚动鼠标中键放大后精确选取坐标系原点。单击"√"完成草图平面的设置。

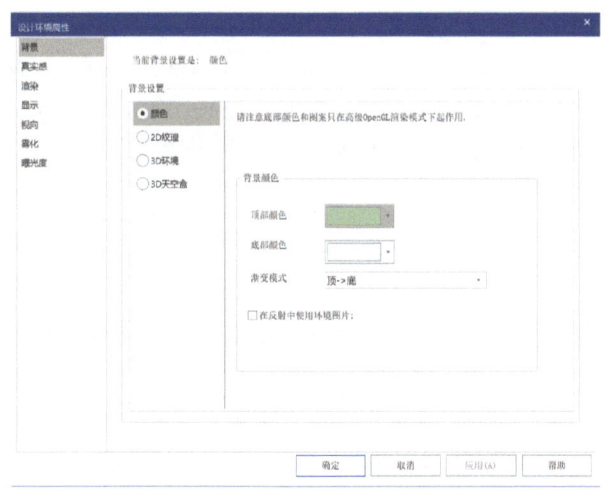

图 2-46 "设计环境属性"对话框

2. 绘图

按照工艺简卡(表 2-1)中的工艺流程绘制盖板零件 2D 草图,绘制结果如图 2-47 所示。

3. 盖板零件草图尺寸验证

完成盖板零件 2D 草图绘制后,应用智能标注工具条,对草图中各要素的尺寸进行标注。智能标注命令用于标注三维尺寸,测量并标注三维尺寸、间隙,进行文字注释和添加修饰螺纹等。用于标注三维尺寸时,可标注垂直、水平、半径、直径、中心点间距和角度等,垂直与水平是相对于视向方向来说的。通过三维尺寸标注,可以验证 2D 草图绘制的准确性,如图 2-48 所示。

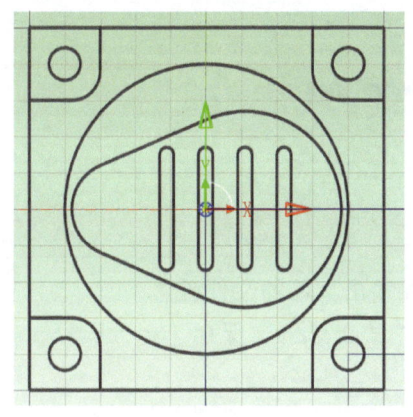

图 2-47 盖板零件 2D 草图

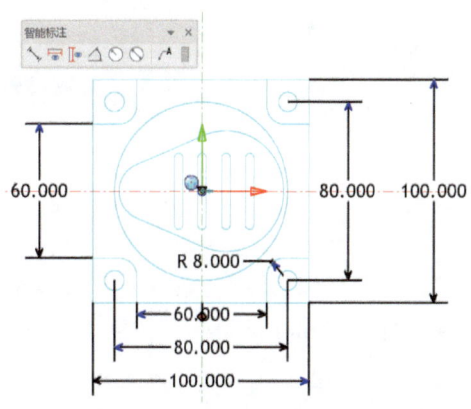

图 2-48 盖板零件草图尺寸验证

4. 提交数据

CAXA 制造工程师 2022 可以输出零件文件、图样文件、图像文件和动画文件 4 种文件。零件文件可供其他 CAD/CAM 应用程序使用,图样文件可供其他绘图应用程序使用,图像文件可供其他图形图像处理程序使用,动画文件可供其他动画程序使用。

(1) **输出零件文件格式** CAXA 制造工程师 2022 支持多种格式的零件文件,如 ACIS Part (.sat)、Parasolid (.x_t)、STEP AP203 (.stp)、STEP AP214 (.stp)、IGES (.igs)、CAT-

IAV4（.model）、Creo 中性文件（.neu）、3D PDF 文件（.pdf）、Universal 3D 文件（.u3d）、Hoops 文件（.hsf）、3D Studio（.3ds）、AutoCAD 3D DXF（.dxf）、Wavefront OBJ（.obj）、POV-Ray2.x（.pov）、Raw triangles（.raw）、STL（.stl）、VRML（.wrl）和 Visual Basic 文件（.bas），括号中的是各格式输出文件的扩展名。

> 注意：
> 1）不论输出哪种格式的文件，零件中的压缩或隐藏项目均不输出，即按没有压缩或隐藏项目输出零件。
> 2）要输出装配件，需单击"装配"选项，将各自独立的零件装配起来。

（2）输出步骤

1）打开含有要输出项的文件。

2）选择"文件"→"输出"→"零件"命令，弹出"输出文件"对话框，如图 2-49 所示。

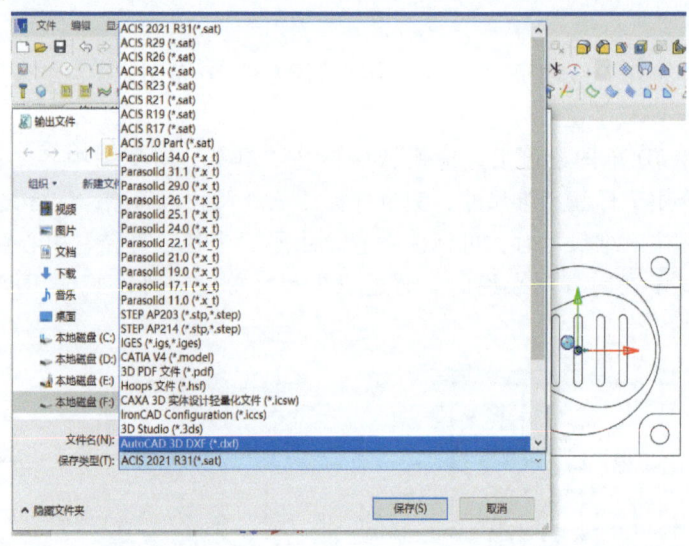

图 2-49 "输出文件"对话框

3）选择目标文件夹，在文件名文本框中，输入要输出文件的文件名。

4）打开"保存类型"下拉列表，选择输出文件格式，单击"保存"。

【任务注意事项】

1. 应用 CAXA 制造工程师 2022 绘制 2D 草图时，草图坐标系原点与世界坐标系原点的关系要准确。

2. 绘制 2D 草图时应灵活运用辅助线，尤其是对称中心线和对称轴线等，可以辅助绘图。

3. 操作 CAXA 制造工程师 2022 时，应灵活使用鼠标中键和快捷键等，如按<Shift>键+鼠标中键实现平移，滚动鼠标中键缩放绘图区视图等。

4. 绘图过程中应定时保存文件，以免断电导致已有文件丢失。

【知识广角】

自 主 创 新

探索浩瀚宇宙是人类的共同梦想，要推动实施好探月工程四期，一步一个脚印地开启星际探测新征程。要继续发挥新型举国体制优势，加大自主创新工作力度，统筹谋划，再接再厉，推动中国航天空间科学、空间技术、空间应用创新发展，积极开展国际合作，为增进人类福祉作出新的更大贡献。——习近平2021年2月22日在会见探月工程嫦娥五号任务参研参试人员代表并参观月球样品和探月工程成果展览时的讲话。

要牢牢扭住自主创新这个"牛鼻子"，在巩固存量、拓展增量、延伸产业链、提高附加值上下功夫。——习近平2023年9月7日在主持召开新时代推动东北全面振兴座谈会时的讲话。

要在以科技创新引领产业创新方面下更大功夫，主动对接国家战略科技力量，积极引进国内外一流研发机构，提高关键领域自主创新能力。——习近平2024年3月18日至21日在湖南考察时的讲话。

中国探月工程四期是我国自主创新的典范。该工程不仅承载着人类探索浩瀚宇宙的共同梦想，更是中国航天事业自主创新、勇攀高峰的生动实践。探月工程四期自启动以来，始终坚持自主创新的发展道路。科研人员充分发挥新型举国体制优势，集智攻关，攻克了一系列关键技术难题。在月球探测器设计、发射、着陆和巡视等各个环节均实现了技术上的突破和自主创新，极大提升了中国航天科技的整体水平。

同时，探月工程四期还注重产业链延伸和附加值提升。通过推动航天产业链的完善和优化，实现了航天科技与国民经济的深度融合，为中国经济发展注入了新动能。在国际合作方面，探月工程四期积极开展与其他国家和国际组织的合作与交流，分享了中国航天科技成果和成功经验，为推动人类航天事业共同进步作出了积极贡献。

中国高铁技术的突破是我国自主创新领域的又一璀璨成就。中国高铁不仅实现了从追赶到领跑的跨越，更成为了展示中国自主创新能力的闪亮名片。

面对高铁技术的国际竞争和市场需求，中国高铁研发团队始终坚持以自主创新为核心，通过引进、消化、吸收、再创新的方式，逐步攻克了高速列车设计、制造和运营等关键技术难题。该团队不断突破技术瓶颈，优化列车性能，提高运营效率，使中国高铁在速度、安全和舒适等方面均达到了世界领先水平。

中国高铁技术突破的背后，是科研团队无数次的试验、调试和改进。该团队追求卓越、精益求精的精神，不仅体现在技术创新上，更贯穿于高铁建设、运营、维护的每一个环节。正是这样的精神，使得中国高铁在短短几十年间实现了从无到有、从弱到强的跨越式发展。

中国高铁的自主创新实践，不仅提升了我国交通基础设施的现代化水平，也为经济社会发展注入了强劲动力。同时，中国高铁还积极走出国门，参与国际竞争与合作，为"一带一路"建设提供了有力支撑。

中国高铁技术突破的实践案例充分展示了自主创新在国家发展中的重要地位和作用。未来，中国将继续坚持自主创新的发展道路，推动高铁技术不断取得新突破，为人类社会的繁荣与发展作出更大贡献。

【任务巩固】

根据生产任务，制订端盖零件的加工工艺，零件材料为 2A12，毛坯尺寸 100mm×100mm×18mm，加工数量为 1000 件。采用 FANUC 数控加工中心，通过自动编程方式完成零件轮廓及孔系的加工。此任务要求在 CAXA 制造工程师 2022 上完成端盖零件图的绘制（图 2-50），为下一步加工做准备。

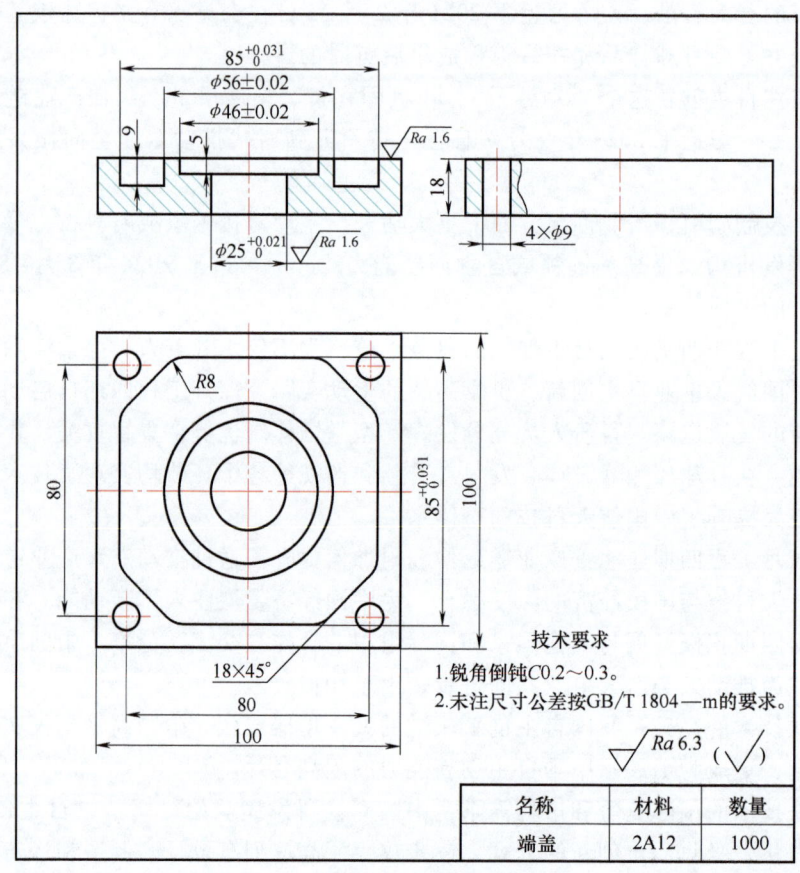

图 2-50　端盖零件图

任务三 盖板加工

【能力目标】

1. 能根据盖板零件图样要求，合理应用二维草图曲线绘制与修改命令进行二维绘图。
2. 能根据盖板加工要求进行加工工艺的编制。
3. 能根据盖板的加工要求合理选择毛坯类型、装夹方法和刀具，在 CAXA 制造工程师 2022 中创建毛坯和刀具。
4. 能应用平面区域粗加工命令进行盖板的粗加工（含岛屿槽）、底面精加工（全封闭、半封闭）刀路设计。
5. 能应用平面轮廓精加工命令进行盖板零件轮廓的半精加工、精加工刀路设计。
6. 能根据加工要求合理设置切入、切出方式（轮廓精加工的接近返回、平面区域粗加工的下刀方式）。

【任务说明】

盖板是一种常见的零件，主要装配在箱体上，用于保护内部零件，隔离不同区域以及降低噪声和减小振动，盖板零件图如图 3-1 所示。通过盖板二维绘图、设计加工工艺设计和刀

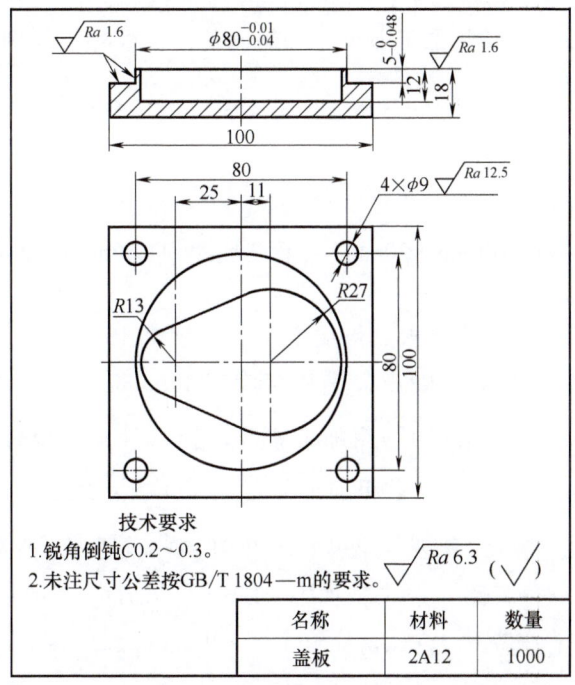

图 3-1 盖板零件图

路，完成盖板凸台和槽的加工。

本任务要求在 FANUC 数控加工中心上完成盖板的铣削加工，零件材料为 2A12，毛坯尺寸为 100mm×100mm×20mm，加工数量为 1000 件。

【任务实施】

一、任务分析

1. 二维绘图分析

盖板轮廓主要由矩形、圆、圆弧和切线组成，零件轮廓比较简单。在二维草图中，用"矩形" 命令绘制 100mm×100mm 矩形，用"圆心+半径" 命令绘制 $\phi 80_{-0.04}^{-0.01}$ mm 圆，用"圆心+半径" 命令绘制 $R13$mm 和 $R27$mm 圆，用"2 点线" 命令绘制两条直线，用"相切" 命令约束 $R13$mm 和 $R27$mm 圆与直线相切，用"裁剪" 命令修剪多余的 $R13$mm 和 $R27$mm 圆弧，用"圆心+半径" 和"镜像" 命令绘制 $4\times\phi 9$mm 孔，完成盖板零件二维轮廓的绘制。

> 注意：在编程时，为便于控制零件各轮廓尺寸精度，建议零件各轮廓采用中间尺寸绘制，如直径 $\phi 80_{-0.04}^{-0.01}$ mm 圆取直径值为 $\phi 80+(-0.01-0.04)/2 = \phi 79.975$。

2. 加工工艺分析

该盖板的毛坯材料为 2A12，毛坯尺寸为 100mm×100mm×20mm，主要加工内容为顶面、$\phi 80_{-0.04}^{-0.01}$ mm 外圆及台阶高度 $5_{-0.048}^{0}$ mm，标准公差等级为 IT6~IT7，表面粗糙度值为 $Ra1.6\mu$m，需要进行粗铣、精铣加工；$R13$mm、$R27$mm 圆槽未注公差要求，表面粗糙度值为 $Ra6.3\mu$m，进行粗铣、半精铣加工即可。总体而言，盖板外形规则，加工轮廓简单，加工工艺简单，装夹方便。

二、实施方案

1. 工艺路线及 CAM 工艺设计

采用 2A12 型材（截面 100mm×20mm），毛坯尺寸为 100mm×100mm×20mm，工艺路线及 CAM 工艺设计如下。

工序 1：粗、精加工至尺寸要求。粗加工顶面厚度至 18.2mm（应用"平面区域粗加工" 刀路）→粗加工 $R13$mm、$R27$mm 圆槽深度至 11.8mm，轮廓单侧面留 0.2mm 余量（应用"平面区域粗加工" 刀路）→粗加工 $\phi 80_{-0.04}^{-0.01}$ mm 外圆凸台高度至 4.8mm，轮廓单侧面留 0.2mm 余量（应用"平面区域粗加工" 刀路）→精加工顶面厚度至 18mm（应用"平面区域粗加工" 刀路）→精加工 $\phi 80_{-0.04}^{-0.01}$ mm 外圆凸台底面，保证高度 $5_{-0.048}^{0}$ mm（应用"平面区域粗加工" 刀路）→半精加工 $R13$mm、$R27$mm 圆槽底面，保证深度 12mm（应用"平面区域粗加工" 刀路）→精加工 $\phi 80_{-0.04}^{-0.01}$ mm 外圆轮廓至尺寸要求（"平面轮廓精加工 1" 刀路）→半精加工 $R13$mm、$R27$mm 圆槽轮廓至尺寸要求（"平面轮廓精加工

1"〰刀路)→钻 4×φ9mm 通孔至尺寸要求（此任务中不作钻孔项目加工）。

工序 2：锐角倒钝。用刮刀对盖板各锐边去毛刺，保证倒角 $C0.2 \sim 0.3$mm。

2. 夹具选择及加工坐标系的确定

该盖板毛坯外形为长方体，属于规则形状。因此，选用通用夹具机用虎钳装夹，工件装夹及工件坐标系设置如图 3-2 所示。另外，钳口高度为 50mm，毛坯材料厚度为 20mm，夹持厚度为 7mm，因此，需选用 43mm 高的等高块定位工件。

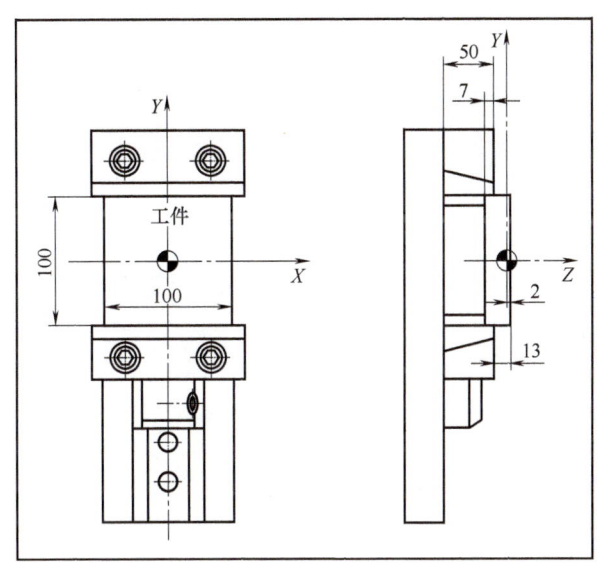

图 3-2 工序 1 工件装夹及工件坐标系设置

3. 盖板 CAM 工艺简卡（表 3-1）

表 3-1 盖板 CAM 工艺简卡

工件名称		盖板	材料	2A12	加工设备型号及系统	MV850 加工中心 FANUC 数控加工中心		
工序号	工序内容	工步号	工步内容	工步切削模型	加工策略	刀具规格及尺寸	切削参数（参考值）	备注
0			备料 100mm×100mm×20mm					型材截面尺寸 100mm×20mm
1	粗、精加工至尺寸要求	1	粗加工顶面厚度至 18.2mm		平面区域粗加工	φ12mm 高速钢立铣刀	$S=4000$r/min $F=1500$mm/min $a_p=1.8$mm $a_e=9$mm	轮廓选择边界上，延伸下刀
		2	粗加工 $R13$mm、$R27$mm 圆槽深度至 11.8mm		平面区域粗加工	φ12mm 高速钢立铣刀	$S=3200$r/min $F=1500$mm/min $a_p=12.3$mm $a_e=2$mm	边界内，螺旋下刀
		3	粗加工 $\phi80_{-0.04}^{-0.01}$mm 外圆凸台高度至 4.8mm		平面区域粗加工	φ12mm 高速钢立铣刀	$S=3200$r/min $F=1500$mm/min $a_p=5.3$mm $a_e=2$mm	含岛屿粗加工
		4	精加工顶面厚度至 18mm		平面区域粗加工	φ12mm 高速钢立铣刀	$S=4000$r/min $F=1000$mm/min $a_p=0.5$mm $a_e=8$mm	含岛屿平面加工

（续）

工件名称			盖板	材料	2A12	加工设备型号及系统	MV850加工中心 FANUC数控加工中心		
工序号	工序内容	工步号	工步内容	工步切削模型		加工策略	刀具规格及尺寸	切削参数（参考值）	备注
1	粗、精加工至尺寸要求	5	精加工$\phi 80_{-0.04}^{-0.01}$mm外圆凸台底面，保证高度$5_{-0.048}^{0}$mm			平面区域粗加工	ϕ12mm高速钢立铣刀	$S=4000$r/min $F=1000$mm/min $a_p=0.2$mm $a_e=8$mm	轮廓外下刀
		6	半精加工R13mm、R27mm圆槽底面，保证深度12mm			平面区域粗加工	ϕ12mm高速钢立铣刀	$S=4000$r/min $F=1600$mm/min $a_p=0.2$mm $a_e=8$mm	降低螺旋下刀高度
		7	精加工$\phi 80_{-0.04}^{-0.01}$mm外圆轮廓至尺寸要求			平面轮廓精加工1	ϕ12mm高速钢立铣刀	$S=4000$r/min $F=1000$mm/min $a_p=4.95$mm $a_e=0.2$mm	切向切入、切出
		8	半精加工R13mm、R27mm圆槽轮廓至尺寸要求			平面轮廓精加工1	ϕ12mm高速钢立铣刀	$S=4000$r/min $F=1600$mm/min $a_p=11.98$mm $a_e=0.2$mm	
2	锐角倒钝	1	对盖板各锐边去毛刺，保证倒角C0.2~0.3mm				刮刀		手动去毛刺
3	检验，入库								

三、实施过程

1. "加工"管理树操作

（1）**坐标系操作** 在管理树的"标架"节点下记录了文档中所有的坐标系。在标架根节点上单击鼠标右键，可以在弹出的立即菜单中选择"创建坐标系"命令新建坐标系，也可以使用"显示"或"隐藏"命令显示或隐藏文档中的所有坐标系，如图3-3a所示。在单个坐标系子节点上单击鼠标右键，可以在弹出的立即菜单中显示、隐藏、激活或编辑该坐标系，如图3-3b所示。选中单个坐标系后，按<Delete>键可以删除该坐标系，但是世界坐标系无法被删除。

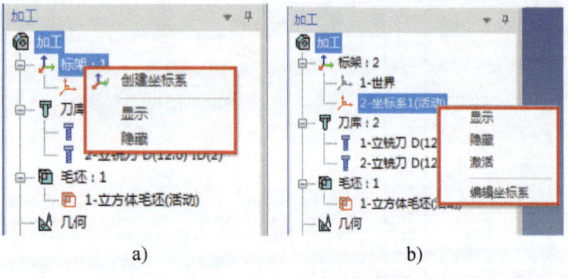

图3-3 坐标系操作界面

本任务中的盖板采用二维线框，应用"二轴"刀路进行设计加工，工件坐标系直接采用软件中的"世界"坐标系，因此在二维线框绘制前需分析确定好二维线框轮廓与"世界"坐标系的相对位置，"创建坐标系"（工件坐标系）则将在后续任务中进行介绍。

（2）刀库操作　在管理树的"刀库"节点下，记录了文档中所有的刀具。在刀库根节点上单击鼠标右键，可以在弹出的立即菜单中选择"创建刀具"命令新建刀具并加入刀库，选择"导入刀库文件"命令可以将已保存的刀库数据文件中的刀具一并加入刀库中，选择"导出刀库文件"命令可以将当前刀库中的所有刀具保存到刀库数据文件中以备以后导入，选择"清空刀库"命令可以删除当前刀库中的所有刀具。在单个刀具子节点上单击鼠标右键，可以在弹出的立即菜单中编辑、导出、拷贝、删除这个刀具，如图3-4所示。

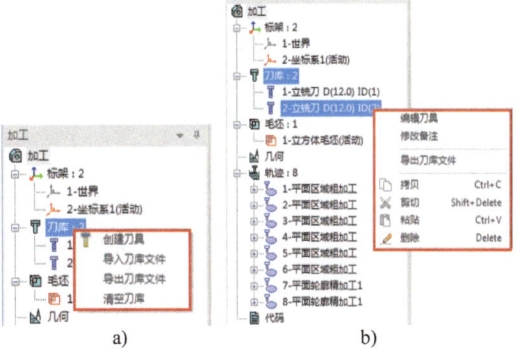

图3-4　刀具操作界面

（3）刀具操作　创建φ12mm高速钢立铣刀。在刀库根节点上单击鼠标右键，如图3-4所示→在弹出的立即菜单中选择"创建刀具"命令来新建刀具，弹出如图3-5a所示的"创建刀具"对话框→选择"类型"为"立铣刀"，"刀杆类型"为"圆柱"，"刀具号（T）"为"1"，单击"DH同值"按钮，则"半径补偿号（D）"和"长度补偿号（H）"自动输入为"1"→选择"立铣刀/速度参数"中的"立铣刀"，输入"直径"为"12"，"刃长"为"25"，"刀杆长"为"35"→单击"入库"按钮，则该新建的φ12mm高速钢立铣刀被存入刀库中，便于以后刀路设计时调用→单击"确定"按钮，刀具新建完成。设置刀具切削速度时选择"速度参数"，"速度参数"选项卡中的参数设置如图3-5b所示。

（4）毛坯操作　在管理树的"毛坯"节点下记录了文档中所有的毛坯。在毛坯根节点上单击鼠标右键，可以在弹出的立即菜单中选择"创建毛坯"命令新建毛坯，使用"显示"或"隐藏"命令来显示或隐藏文档中所有的毛坯，如图3-6所示。在单个毛坯子节点上单击鼠标右键，可以在弹出的立即菜单中显示、隐藏、激活、重新计算、拷贝或删除这个毛坯，如图3-6所示。

创建100mm×100mm×20mm毛坯。在毛坯根节点上单击鼠标右键→在弹出的立即菜单中选择"创建毛坯"命令来新建毛坯，弹出"创建毛坯"对话框，如图3-7a所示→选择毛坯类型为"立方体"→单击"拾取两角点"按钮，选择二维线框的左下角点和右上

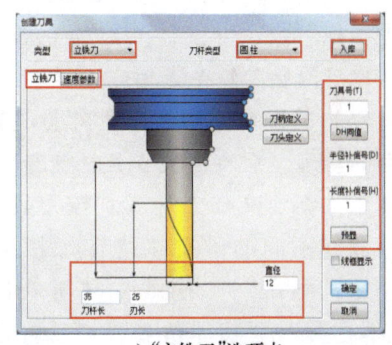

a)"立铣刀"选项卡

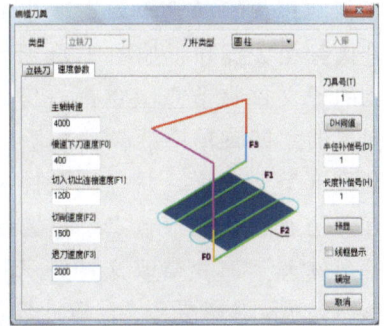

b)"速度参数"选项卡

图3-5　刀具设置

角点,则在"基准点"中显示"X"为"-50","Y"为"-50","长宽高"中显示"长"为"100","宽"为"100"→因毛坯厚20mm,工件坐标系Z轴原点在毛坯顶面以下2mm处,所以在"基准点"中显示"Z"为"-18","长宽高"中显示"高"为"20"→单击"确定"按钮,完成毛坯的创建,毛坯线框如图3-7b所示。

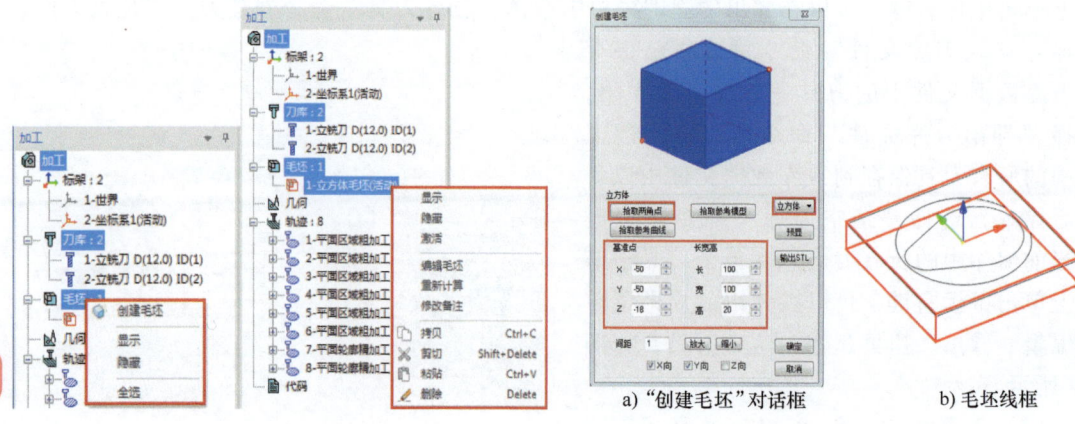

图3-6 毛坯操作界面

a) "创建毛坯"对话框　　b) 毛坯线框

图3-7 创建毛坯

(5) **几何操作** 在管理树的"几何"节点下记录了文档中所有的点集和边界。在几何根节点上单击鼠标右键,可以在弹出的立即菜单中选择"创建点集"或"创建边界"命令新建点集和边界,选择"显示"或"隐藏"命令可以显示或隐藏文档中所有的点集和边界,如图3-8所示。在单个点集或边界子节点上单击鼠标右键,可以在弹出的立即菜单中显示、隐藏、重新计算、拷贝或删除这个点集或边界。

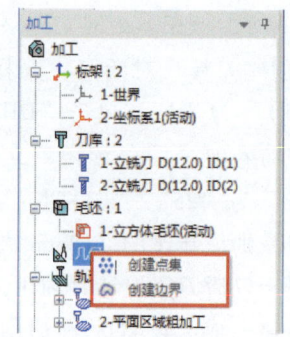

图3-8 几何操作界面

(6) **轨迹操作** 在管理树的"轨迹"节点下记录了文档中所有的轨迹。在轨迹根节点上单击右键,可以在弹出的立即菜单中使用"新建文件夹"或"按刀具分组"命令将各个轨迹分组并存放在不同的子文件夹节点中,也可以使用"显示""隐藏""重新计算""线框仿真""实体仿真""后置处理"和"保存模板"等命令对文档中的所有轨迹执行相关操作,如图3-9a所示。在生成的子文件夹节点上单击右键,可以在弹出的立即菜单中选择"删除"命令来删除这个文件夹,并将该文件夹下的所有轨迹放到轨迹根节点下,选择"重命名文件夹"命令修改文件夹名称,或选择"显示""隐藏""重新计算""线框仿真""实体仿真""后置处理"和"保存模板"等命令对该文件夹下所有轨

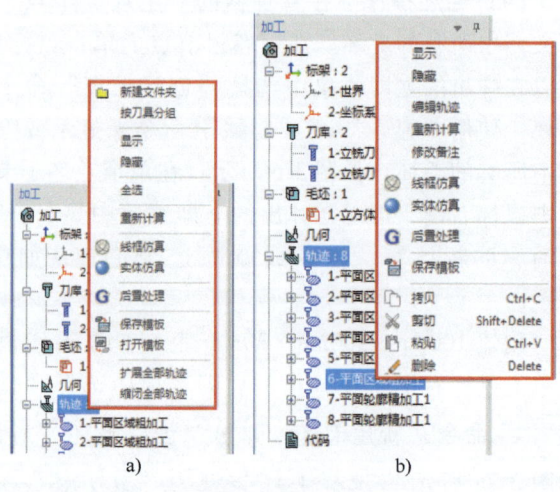

a)　　b)

图3-9 轨迹操作界面

迹执行相关操作。在单个轨迹节点上单击右键，可以对该轨迹执行显示、隐藏、编辑轨迹、重新计算、线框仿真、实体仿真、后置处理、保存模板、拷贝和删除等命令，如图 3-9b 所示。

（7）**代码操作** 在管理树的"代码"节点下记录了文档中所有的代码。在代码根节点上单击右键，可以在弹出的立即菜单中选择"创建代码"命令新建 G 代码，如图 3-10 所示。在单个代码节点上单击右键，可以在弹出的立即菜单中对该 G 代码执行编辑代码、反读轨迹、保存文件、发送代码、拷贝和删除等命令。

（8）**拖动操作** 管理树还支持在不同节点之间进行拖动操作。常用的拖动操作如下：

1）在"轨迹"根节点下拖动单个"轨迹"节点，可以改变轨迹的排列顺序。

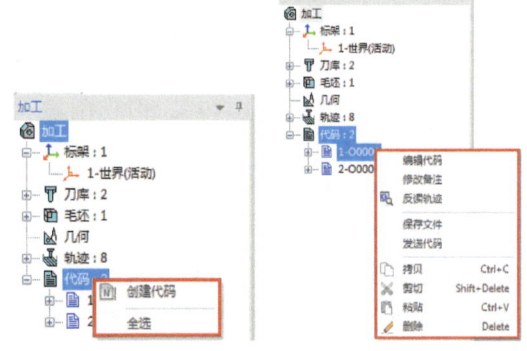

图 3-10 代码操作界面

2）将单个"轨迹"节点拖动到"代码"根节点下，可以对该轨迹启动后置处理命令。

3）将单个"刀具"节点拖动到单个"轨迹"节点下，可以将该轨迹使用的刀具改为拖入的刀具。

2. 相关加工刀路设计

这里以表 3-1 中工序 1 粗、精加工至尺寸要求中的部分工步为例，介绍"平面区域粗加工""平面轮廓精加工 1"刀路命令的实际应用方法。

（1）**工步 1**（ 平面区域粗加工） 粗加工顶面厚度至 18.2mm，留 0.2mm 余量，粗铣顶面生成的刀路轨迹如图 3-11 所示，拾取粗铣顶面轮廓，如图 3-12 所示。

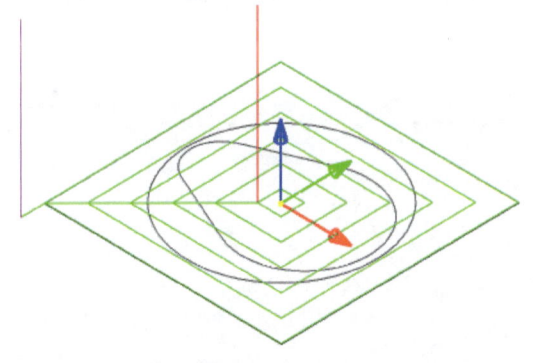

图 3-11 粗铣顶面的刀路轨迹

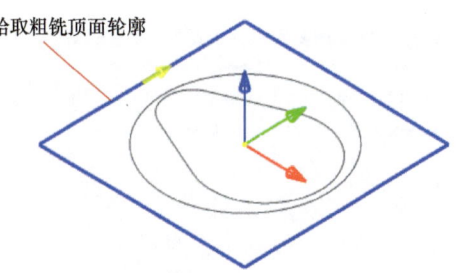

图 3-12 拾取粗铣顶面轮廓

1）设置加工参数。"加工参数"选项卡的设置如图 3-13 所示，包括走刀方式、拐角过渡方式、轮廓参数、拔模基准、岛屿参数、加工参数和区域内抬刀等。走刀方式分为环切加工和平行加工。环切加工即环形切削，刀具沿着轮廓环形从里向外或从外向里切削；平行加工即平行切削，刀具在轮廓内平行切削，默认沿水平方向切削，通过"角度"参数设置刀路与水平方向的倾角。工步 1 中"走刀方式"选择"环切加工"中的"从外向里"。加工参数用于确定轮廓面的顶层高度、底层高度（Z轴绝对坐标值）、每层下降高度（每层切削深度）、行距（轨迹间距）和加工精度（轨迹计算精度）。工步1中"顶层高度"为"2"，"底层高度"为"0.2"，"每层下降高度"为"1.8"，即从Z2铣削至Z0.2，每层铣削深度为1.8mm，为精加工顶面留0.2mm余量；"行距"为"9"，即切削宽度为9mm，一般在加工小切削深度平面时，行距设置为刀具直径的60%~80%；一般在使用平面区域粗加工命令进行加工时，"加工精度"设置为"0.01"。另外，因为加工的平面为零件上平面，无须控制轮廓，轮廓参数、岛屿参数无须设置。

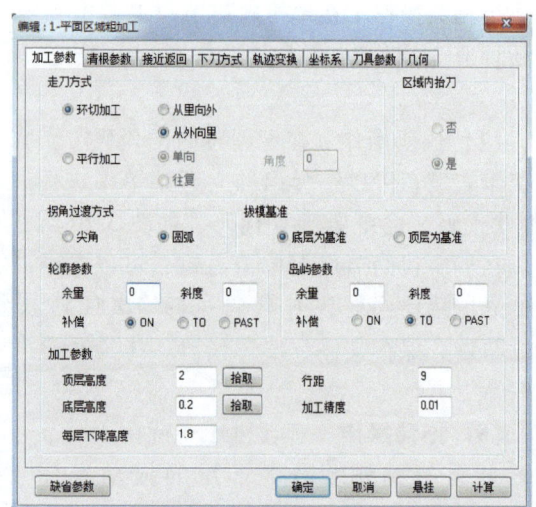

图3-13 "加工参数"选项卡

注意：每层下降高度≥顶层高度-底层高度，即在深度方向生成一层铣削轨迹。

2）设置清根参数。"清根参数"选项卡的设置如图3-14所示，包括轮廓清根和岛清根，用于设置刀具沿着轮廓（岛屿）曲线加工，去除粗加工产生的不均匀余量，计算清根刀路轨迹。工步1中没有需控制的轮廓，"轮廓清根"和"岛清根"都选择"不清根"。

3）设置接近返回方式。"接近返回"选项卡的设置如图3-15所示，接近方式和返回方式包括不设定、直线、圆弧和强制4种类型，接近方式为确定刀具从下刀位置点运动到切入轮廓的第一个点之间的方式，返回方式为确定刀具从轮廓的最后一个点运动到抬刀点之间的方式，工步1的"接近方式"选择"强制"，并设置"X"为"-50"，"Y"为"-60"，使刀具在顶面轮廓外下刀，避免立铣刀轴向铣削材料。

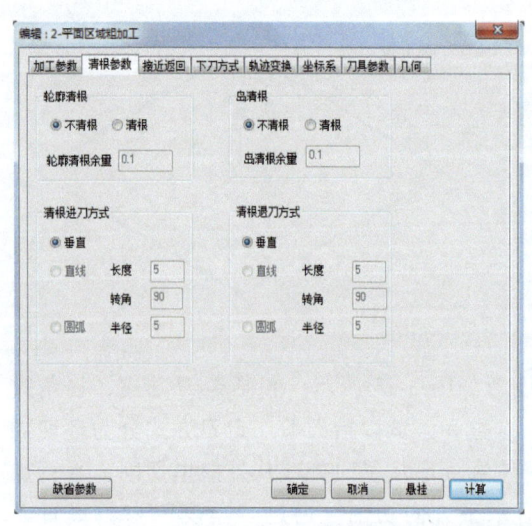

图3-14 "清根参数"选项卡

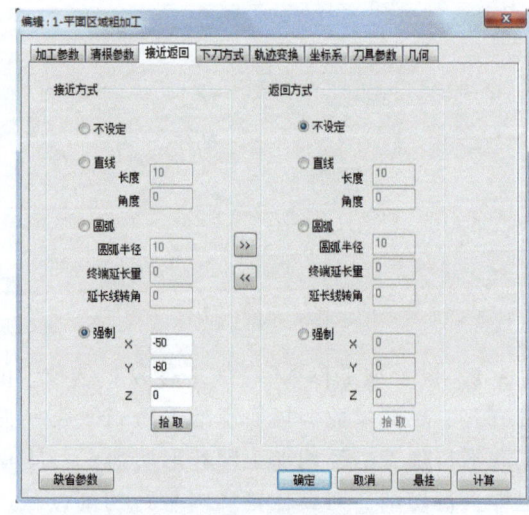

图3-15 "接近返回"选项卡

4）设置下刀方式。"下刀方式"选项卡的设置如图 3-16 所示，参数"安全高度（H0）"用于确定刀具加工起始、结束返回的 Z 向高度，工步 1 中设置为"70"，表示计算"平面区域粗加工"刀路轨迹时，起始和返回平面位于工件坐标系 70mm 处；参数"慢速下刀距离（H1）"指刀尖至铣削起始平面的距离，一般设置为 1~2mm，因毛坯顶面 Z 向高度为 2mm，所以这里设置为"4"。另外，在"接近返回"选项卡中已设置刀具在平面轮廓外下刀，并未切削到工件，因此"切入方式"选择"垂直"。

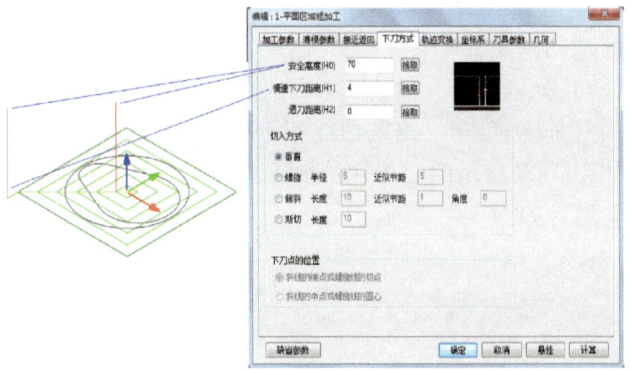

图 3-16 "下刀方式"选项卡

5）设置坐标系。"坐标系"选项卡的设置如图 3-17 所示，因当前加工工序的"工件坐标系"（加工坐标系）采用绘制二维线框时的"世界坐标系"，所以按系统默认参数设置即可，无须另外选择"工件坐标系"。

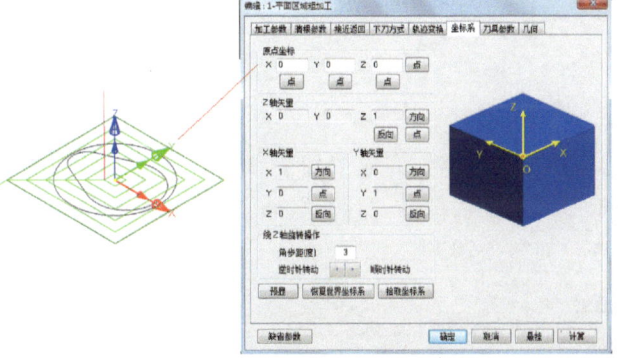

图 3-17 "坐标系"选项卡

6）设置刀具参数。"刀具参数"选项卡的设置如图 3-18 所示，包括"立铣刀"和"速度参数"两个界面。在这两个界面中可以设置刀具的刀具号、半径补偿号、长度补偿号、直径、刀杆长、刃长和各速度参数等。工步 1 选用 φ12mm 高速钢立铣刀，"刀具号（T）"为"1"，"半径补偿号（D）"为"1"，"长度补偿号（H）"为

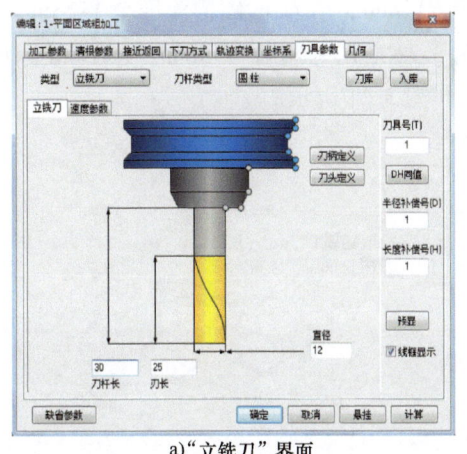

a) "立铣刀"界面

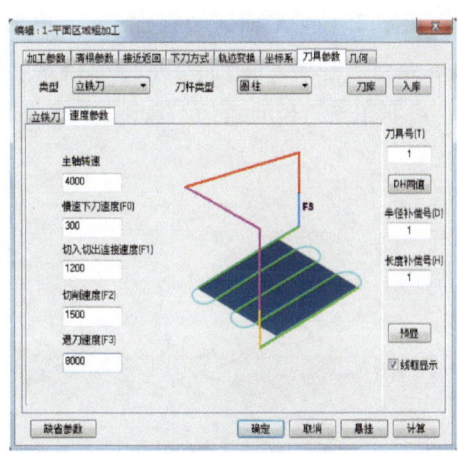

b) "速度参数"界面

图 3-18 "刀具参数"选项卡

"1","直径"为"12","刀杆长"为"30","刃长"为"25",各速度参数可参考表3-1中的"切削参数"。

7)拾取几何(轮廓)。"几何"选项卡的设置如图3-19所示,轮廓曲线用于确定切削范围(外部范围),岛屿曲线用于确定避让区间(内部范围)。单击"轮廓曲线"按钮后弹出如图3-20所示的"轮廓拾取工具"对话框,"拾取元素类型"选择"草图",拾取顶面草图轮廓,如图3-21所示。

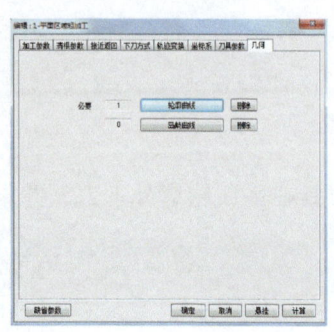

图3-19 "几何"选项卡

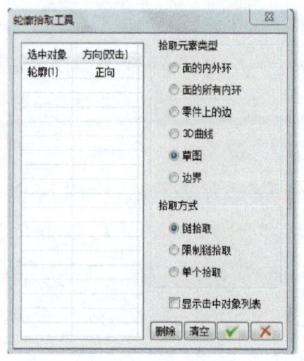

图3-20 "轮廓拾取工具"对话框

8)计算刀路 完成"加工参数"等选项卡中的参数设置,单击"编辑:1-平面区域粗加工"对话框底部的"计算"按钮,根据设置的各项加工参数和拾取的草图轮廓生成刀路轨迹,如图3-22所示。

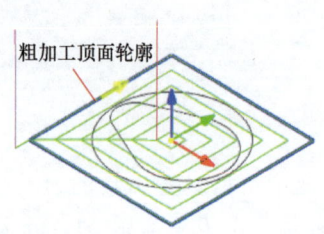

图3-21 拾取顶面草图轮廓

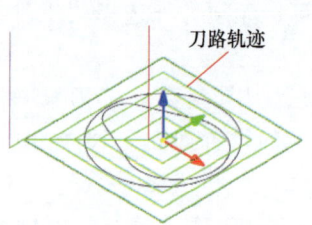

图3-22 刀路轨迹

(2)工步2(□平面区域粗加工) 粗加工$R13mm$、$R27mm$圆槽深度至11.8mm,底面留0.2mm余量,轮廓单侧面留0.2mm余量。图3-23所示为粗铣$R13mm$、$R27mm$圆槽的刀路轨迹。拾取粗铣$R13mm$、$R27mm$圆槽轮廓,如图3-24所示。

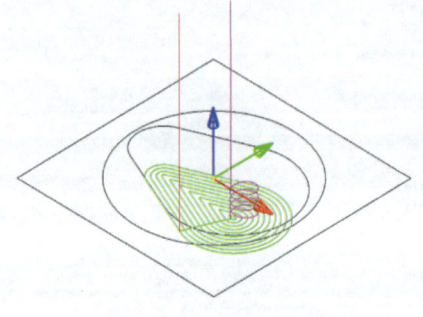

图3-23 粗铣$R13mm$、$R27mm$圆槽的刀路轨迹

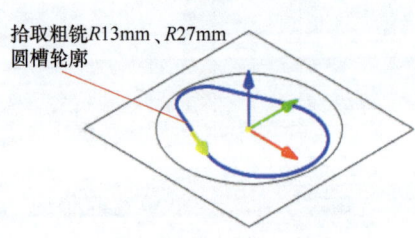

图3-24 拾取粗铣$R13mm$、$R27mm$圆槽轮廓

1）设置加工参数。"加工参数"选项卡的设置如图3-25所示,"走刀方式"选择"环切加工"中的"从里向外",即刀具从中心向外铣削,这是封闭槽加工的常用方式。"轮廓参数"中的"余量"为"0.2",即粗加工后轮廓单侧面留0.2mm余量,"补偿"选择"TO",即刀具在轮廓内侧铣削,"ON"为刀具轨迹线与轮廓线重合,"PAST"为最外侧的刀具轨迹线在轮廓外侧。"加工参数"中的"顶层高度"为"0.5","底层高度"为"-11.8","每层下降高度"为"12.3",即从Z0.5铣削至Z-11.8,每层铣削深度为12.3mm,为精加工槽底面留0.2mm余量;"行距"为"2"

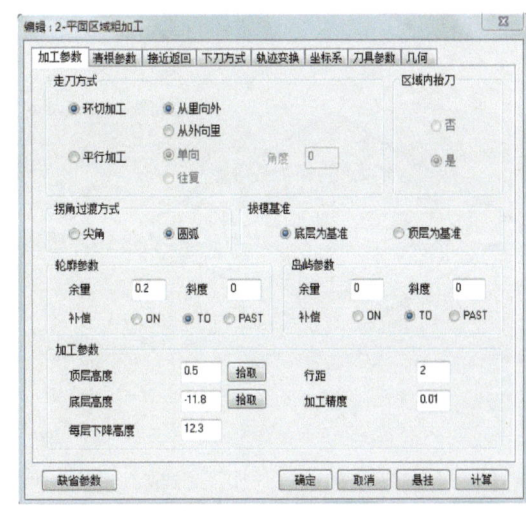

图3-25 "加工参数"选项卡

即切削宽度为2mm。目前常采用"大切深、小切宽"的切削方式进行粗加工,一般切削宽度为刀具直径的15%~25%,一般在使用平面区域粗加工命令进行加工时,"加工精度"设置为"0.01"。

2）设置清根参数和接近返回。"轮廓清根"选择"不清根","接近方式"和"返回方式"均选择"不设定"。

3）设置下刀方式。"下刀方式"选项卡的设置如图3-26所示,"安全高度(H0)"为"80",即刀具加工起始、结束返回的Z向高度为80mm;"慢速下刀距离(H1)"一般设置为1~2mm。"切入方式"选择"螺旋","半径"为"5","近似节距"为"3",即刀具轨迹

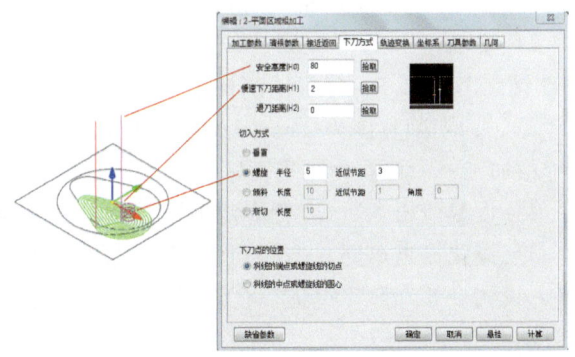

图3-26 "下刀方式"选项卡

螺旋半径为5mm、螺距为3mm,使用立铣刀铣削封闭槽时常采用螺旋下刀方式,螺旋半径一般为刀具半径的50%~85%,螺距为刀具半径的30%~50%。

4）设置坐标系。因当前加工工序的"工件坐标系"(加工坐标系)采用绘制二维线框时的"世界坐标系",所以按系统默认参数设置即可,无须另外选择"工件坐标系"。

5）设置刀具参数。"立铣刀"界面的设置同工步1,如图3-18a所示,"速度参数"界面的设置可参考表3-1中的切削参数。

6）拾取几何（轮廓）。几何（轮廓）拾取操作同工步1,如图3-24所示。

(3) **工步3**（平面区域粗加工） 粗加工 $\phi 80_{-0.04}^{-0.01}$ mm 外圆凸台高度至4.8mm,底面留0.2mm余量,轮廓单侧面留0.2mm余量。图3-27所示为粗铣 $\phi 80_{-0.04}^{-0.01}$ mm 外圆凸台生

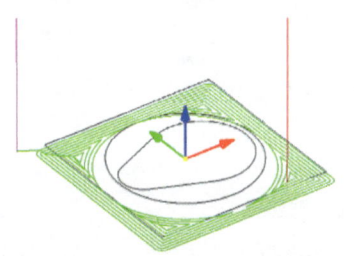

图3-27 粗铣 $\phi 80_{-0.04}^{-0.01}$ mm 外圆凸台的刀路轨迹

成的刀路轨迹,拾取粗铣 $\phi80_{-0.04}^{-0.01}$mm 外圆凸台轮廓,如图 3-28 所示。

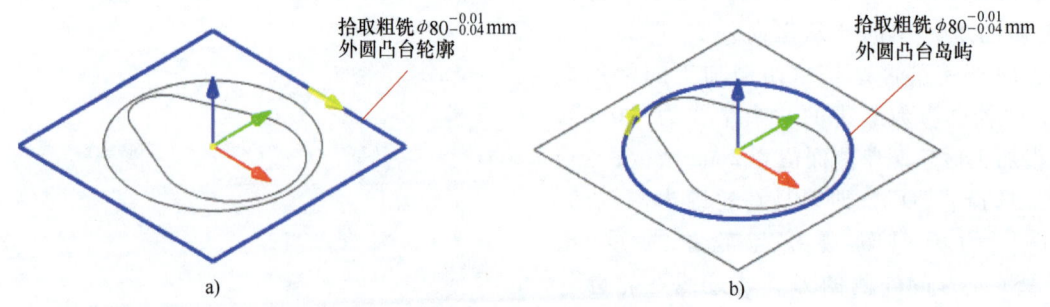

图 3-28　拾取粗铣 $\phi80_{-0.04}^{-0.01}$mm 外圆凸台轮廓

1)设置加工参数。"加工参数"选项卡的设置如图 3-29 所示,"走刀方式"选择"环切加工"中的"从外向里",即刀具从外向中心铣削,这是凸台加工的常用方式。选择 100mm×100mm 的轮廓线作为加工轮廓,"轮廓参数"中"余量"为"-4","补偿"选择"ON",即刀具轨迹向轮廓外偏置 4mm,刀具半径 6mm,可知第一圈切削宽度为 2mm(或"余量"为"2","补偿"选择"PAST")。"岛屿参数"中,"余量"为"0.2","补偿"选择"TO",即粗加工 $\phi80_{-0.04}^{-0.01}$mm 外圆凸台后,轮廓单侧面留 0.2mm 余量。"加工参数"中,"顶层高度"为"0.5","底层高度"为"-4.8","每层下降高度"为"6",即从 Z0.5 铣削至 Z-4.8,每层铣削深度为 5.3mm,为精加工凸台底面留 0.2mm 余量;"行距"为"2",即切削宽度为 2mm。目前,常采用"大切深、小切宽、快进给"的高效切削方式进行粗加工;一般在使用平面区域粗加工命令时,"加工精度"设置为"0.01"。

2)设置清根参数。"轮廓清根"选择"不清根"。

3)设置接近返回。"接近返回"选项卡的设置如图 3-30 所示,"接近方式"选择"强制",设置"X"为"-60","Y"为"-60",使刀具在材料(顶面轮廓)外下刀,避免立铣刀轴向铣削材料。

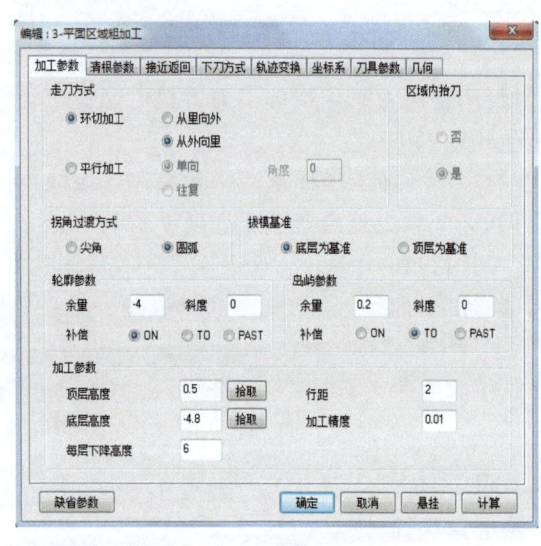

图 3-29　"加工参数"选项卡

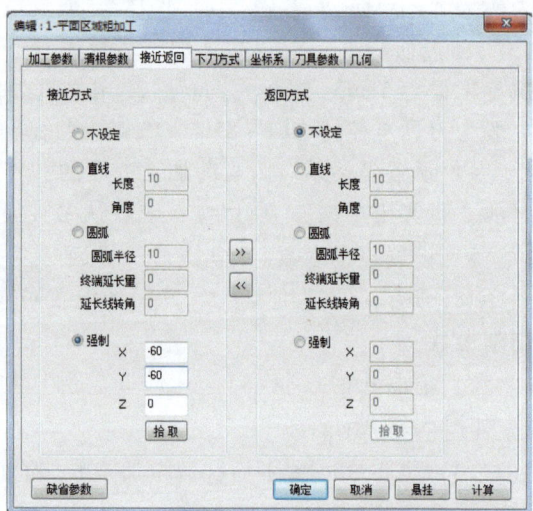

图 3-30　"接近返回"选项卡

4）设置下刀方式。"下刀方式"选项卡的设置如图 3-31 所示,"安全高度（H0）"为"90",即刀具加工起始、结束返回的 Z 向高度为 90mm;"慢速下刀距离（H1）"一般设置为 1~2mm,因铣削深度 Z-4.8,所以此处设置为"6"。另外,在"接近返回"选项卡中已设置刀具在平面轮廓外下刀,因此"切入方式"选择"垂直"下刀。

5）设置坐标系。因当前加工工序的"工件坐标系"（加工坐标系）采用绘制二维线框时的"世界坐标系",所以按系统默认参数设置即可,无须另外选择"工件坐标系"。

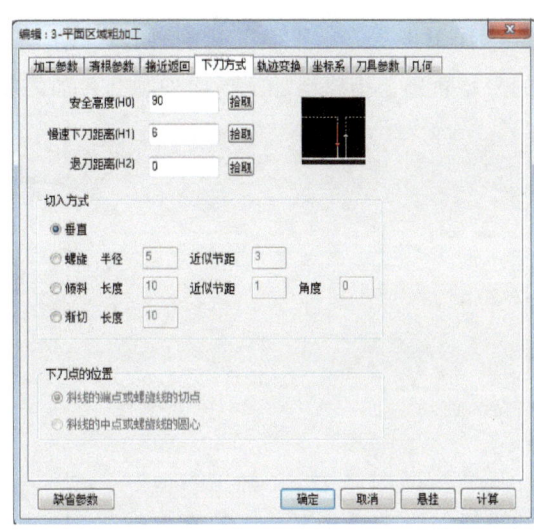

图 3-31 "下刀方式"选项卡

6）设置刀具参数。"立铣刀"界面的设置同工步 1,如图 3-18a 所示,"速度参数"界面的设置可参考表 3-1 中的"切削参数"。

7）拾取几何（轮廓）。"几何"选项卡的设置如图 3-32 所示,单击"轮廓曲线"按钮后弹出如图 3-33 所示的"轮廓拾取工具"对话框,"拾取元素类型"为"草图",拾取顶面草图 100mm×100mm 轮廓,如图 3-33 所示;单击"岛屿曲线"按钮后弹出如图 3-34 所示的"轮廓拾取工具"对话框,"拾取元素类型"为"草图",拾取顶面草图 $\phi 80_{-0.04}^{-0.01}$ mm 轮廓,如图 3-34 所示。

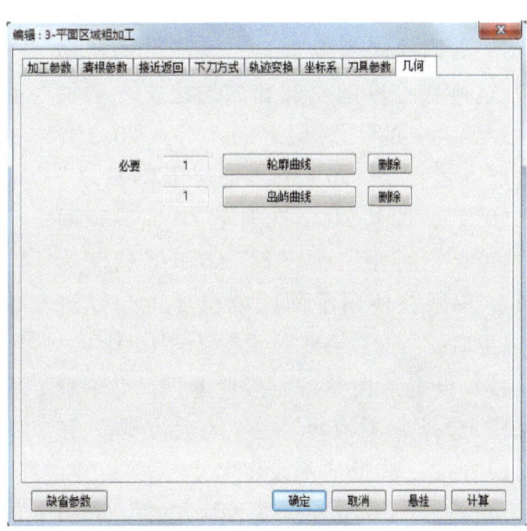

图 3-32 "几何"选项卡

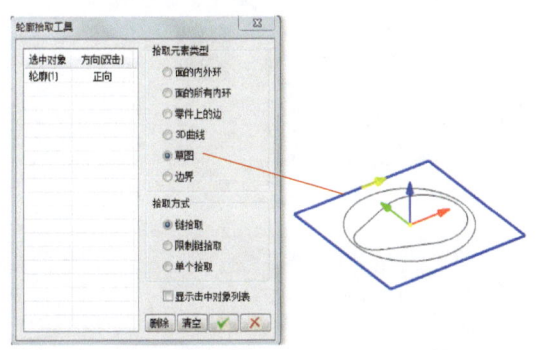

图 3-33 "轮廓拾取工具"对话框（轮廓拾取）

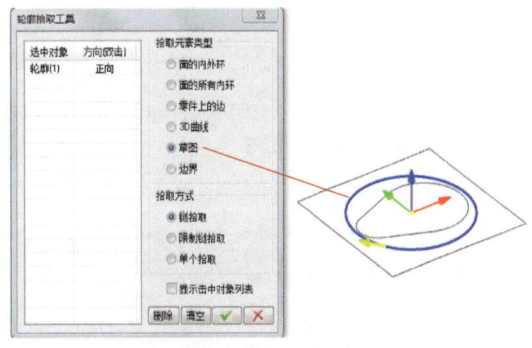

图 3-34 "轮廓拾取工具"对话框（岛屿拾取）

（4）工步4（▣ 平面区域粗加工） 精加工顶面厚度至18mm，图3-35所示为精加工顶面的刀路轨迹，拾取精加工顶面外圆凸台岛屿轮廓，如图3-36所示。

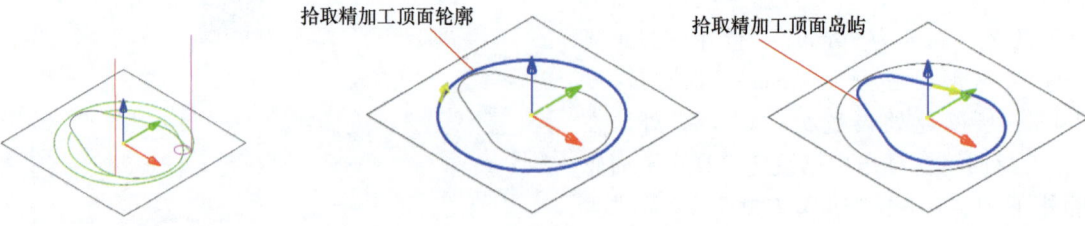

图3-35　精加工顶面的刀路轨迹　　　　图3-36　拾取精加工顶面轮廓

1）设置加工参数。"加工参数"选项卡的设置如图3-37所示，"轮廓参数"和"岛屿参数"中的"余量"均为"0"，"补偿"也均选择"ON"，即刀具中心与轮廓、岛屿的轮廓线重合，保证刀具旋转中心轨迹在拾取的轮廓和岛屿之上。"加工参数"中的"顶层高度"为"0.2"，"底层高度"为"0"，"每层下降高度"为"0.2"，即从Z0.2铣削至Z0完成顶面精加工；"行距"为"8"即切削宽度为8mm，一般在使用平面区域粗加工命令进行加工时，"加工精度"设置为"0.01"。

2）设置清根参数和接近返回。"轮廓清根"选择"不清根"，"接近方式"和"返回方式"选择"不设定"。

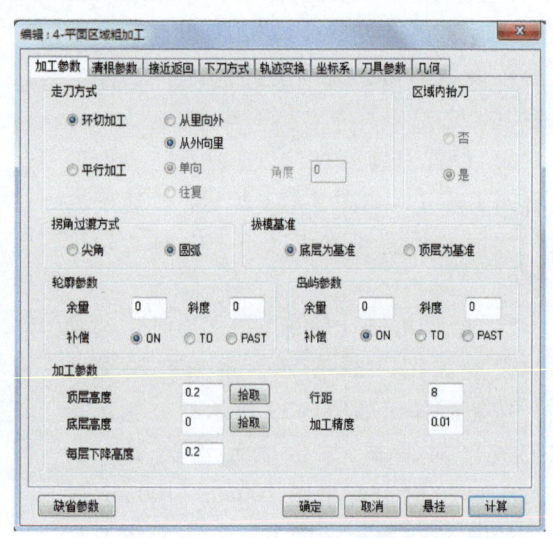

图3-37　"加工参数"选项卡

3）设置下刀方式。"下刀方式"选项卡的设置如图3-38所示，"安全高度（H0）"为"80"，即刀具加工起始、结束返回的Z向高度为80mm；"慢速下刀距离（H1）"为"2"，即螺旋下刀起始点在Z2处；"切入方式"为"螺旋"，"半径"为"5"，"近似节距"为"3"，即刀具轨迹螺旋半径为5mm、螺距为3mm。一般采用螺旋下刀方式精加工平面，避免在下刀点产生"圈"痕迹，并且螺旋半径一般为刀具半径的50%～85%，螺距

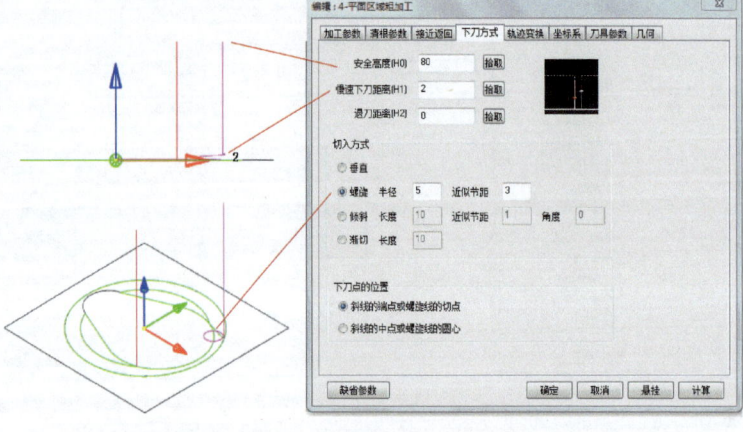

图3-38　"下刀方式"选项卡

为刀具半径的 30%~50%。

4）设置坐标系。因当前加工工序的"工件坐标系"（加工坐标系）采用绘制二维线框时的"世界坐标系"，所以按系统默认参数设置即可，无须另外选择"工件坐标系"。

5）设置刀具参数。"立铣刀"界面的设置同工步 1，如图 3-18 所示；"速度参数"界面的设置可参考表 3-1 中的"切削参数"。

6）拾取几何（轮廓）。"几何"选项卡的设置如图 3-39 所示，单击"轮廓曲线"按钮，弹出如图 3-40 所示的"轮廓拾取工具"对话框，"拾取元素类型"为"草图"，拾取顶面草图 $\phi 80_{-0.04}^{-0.01}$ mm 轮廓，如图 3-40 右侧所示；单击"岛屿曲线"按钮，

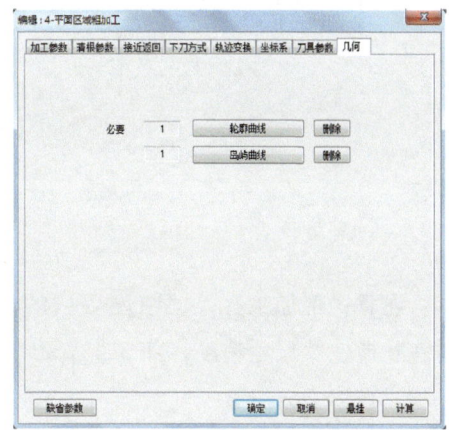

图 3-39 "几何"选项卡

弹出如图 3-41 所示的"轮廓拾取工具"对话框，"拾取元素类型"为"草图"，拾取顶面草图 $R13$、$R27$ mm 轮廓，如图 3-41 右侧所示。

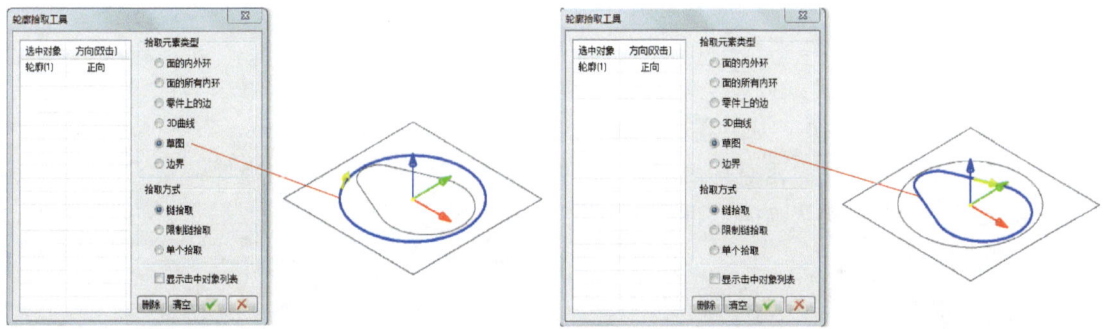

图 3-40 "轮廓拾取工具"对话框（轮廓拾取）　　图 3-41 "轮廓拾取工具"对话框（岛屿拾取）

（5）工步 5（平面区域粗加工）　精加工 $\phi 80_{-0.04}^{-0.01}$ mm 外圆凸台底面，保证高度 $5_{-0.048}^{0}$ mm。图 3-42 所示为精加工 $\phi 80_{-0.04}^{-0.01}$ mm 外圆凸台底面的刀路轨迹，拾取精加工 $\phi 80_{-0.04}^{-0.01}$ mm 外圆凸台底面轮廓，如图 3-43 所示。

1）设置加工参数。"加工参数"选项卡的设置如图 3-44 所示，"轮廓参数"中的"余量"为"0"，"补偿"为"ON"，即加工底面时最外围的刀路轨迹与 100mm×100mm 轮廓重合。"岛屿参数"中的"余量"为"0.2"，"补偿"为"TO"，即切削刃与岛屿侧面相距 0.2mm 余量，与粗加工余量保持一致，保证刀具的切削刃在加工底面时不切削岛屿侧面，易保证深度尺寸精度。"加工参数"中的"顶层高度"为"0"，"底层高度"为"-4.976"，"每层下降高度"为"5"，即从 Z0 铣削至 Z-4.976，每层铣削深度为 4.976mm。

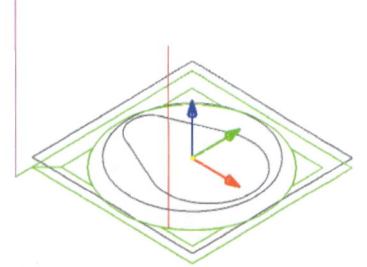

图 3-42 精加工 $\phi 80_{-0.04}^{-0.01}$ mm 外圆凸台底面的刀路轨迹

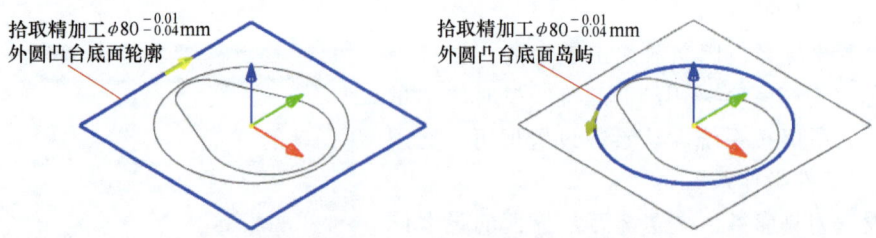

图 3-43 拾取精加工 $\phi 80_{-0.04}^{-0.01}$ mm 外圆凸台底面轮廓

> 注意：精加工有尺寸精度要求的高度、深度平面时，其 Z 值取尺寸中间值，以保证零件互换性及尺寸精度，如 $5_{-0.048}^{0}$ mm 取值 $5+(0-0.048)/2 = 4.976$。

2）设置其他参数。

① 设置清根参数："轮廓清根"和"岛清根"都选择"不清根"。

② 设置接近返回："接近方式"选择"强制"，设置"X"为"-50"，"Y"为"60"，使刀具在 100mm×100mm 轮廓外下刀，避免立铣刀轴向铣削材料。

③ 设置下刀方式：设置"安全高度（H0）"为"90"，"慢速下刀距离（H1）"为"2"，"切入方式"选择"垂直"下刀。

④ 设置坐标系：默认选择"世界坐标系"为"工件坐标系"。

⑤ 拾取几何（轮廓）：按图 3-43 所示拾取轮廓和岛屿。

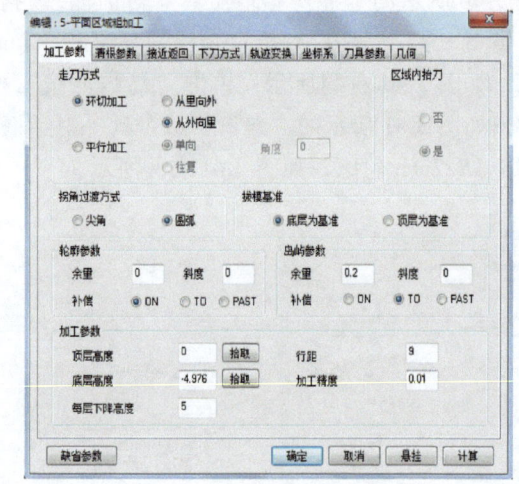

图 3-44 "加工参数"选项卡

（6）工步 6（ 平面区域粗加工） 半精加工 $R13$mm、$R27$mm 圆槽底面，保证深度 12mm。图 3-45 所示为半精加工 $R13$mm、$R27$mm 圆槽底面的刀路轨迹，拾取半精加工 $R13$mm、$R27$mm 圆槽底面轮廓，如图 3-46 所示。

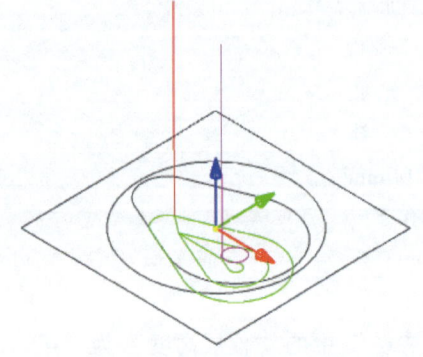

图 3-45 半精加工 $R13$mm、$R27$mm 圆槽底面的刀路轨迹

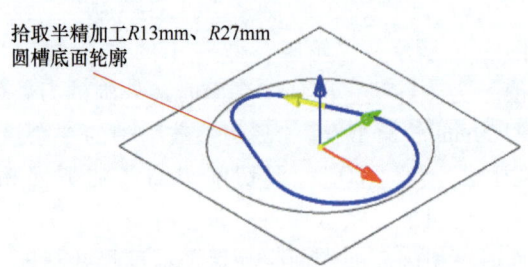

图 3-46 拾取半精加工 $R13$mm、$R27$mm 圆槽底面轮廓

1）设置加工参数。"加工参数"选项卡的设置如图 3-47 所示,"轮廓参数"中的"余量"为"0.2","补偿"为"TO",即加工圆槽底面最外围时,切削刃与圆槽侧面相距 0.2mm 余量,与粗加工余量保持一致,保证刀具的切削刃在加工底面时不切削岛屿侧面,易保证深度尺寸精度。

2）设置下刀方式。"下刀方式"选项卡的设置如图 3-48 所示,"安全高度（H0）"为"80",即刀具加工起始、结束返回的 Z 向高度为 80mm,"慢速下刀距离（H1）"为"1.5";"切入方式"为"螺旋","半径"为"5","近似节距"为"2",即刀具轨迹螺旋半径为 5mm,螺距为 2mm。

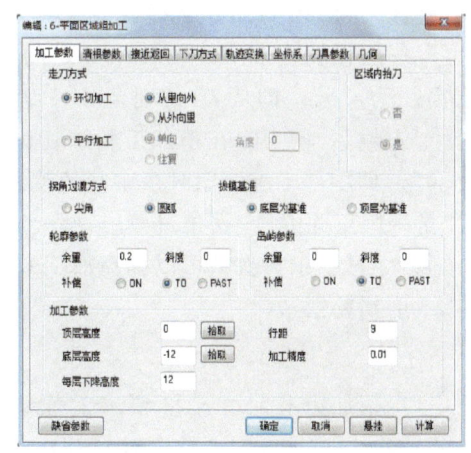

图 3-47 "加工参数"选项卡

3）设置其他参数。

① 设置清根参数:"轮廓清根"和"岛清根"都选择"不清根"。

② 设置接近返回:"接近方式"和"返回方式"选择"不设定"。

③ 设置坐标系:默认选择"世界坐标系"为"工件坐标系"。

④ 拾取几何（轮廓）:按图 3-48 所示拾取加工轮廓。

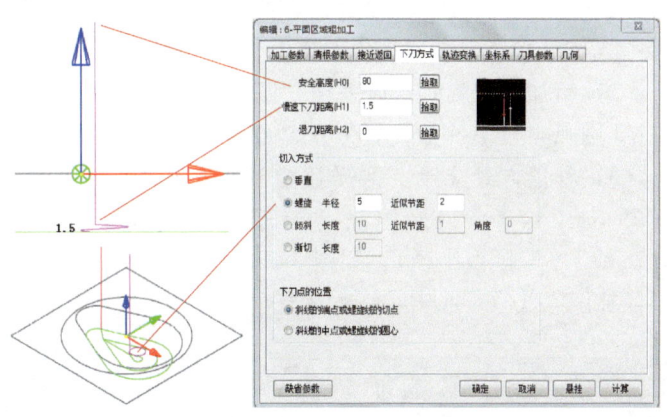

图 3-48 "下刀方式"选项卡

（7）工步 7（∿ 平面轮廓精加工 1） 精加工 $\phi 80_{-0.04}^{-0.01}$ mm 外圆轮廓至尺寸要求。图 3-49 所示为精加工 $\phi 80_{-0.04}^{-0.01}$ mm 外圆轮廓的刀路轨迹,拾取精加工 $\phi 80_{-0.04}^{-0.01}$ mm 外圆轮廓如图 3-50 所示。

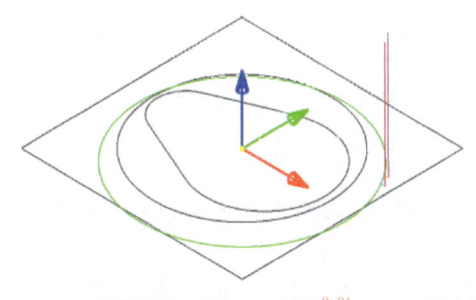

图 3-49 精加工 $\phi 80_{-0.04}^{-0.01}$ mm
外圆轮廓的刀路轨迹

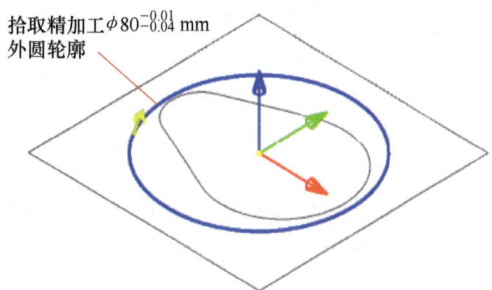

图 3-50 拾取精加工 $\phi 80_{-0.04}^{-0.01}$ mm
外圆轮廓

1）设置加工参数。"加工参数"选项卡的设置如图 3-51 所示,"加工参数"中的"加工精度"为"0.001",即生成的刀路轨迹与轮廓曲线之间的误差≤0.001mm,一般加工标准公差等级为 IT6~IT8 级的轮廓时,其"加工精度"设置为 0.001mm,其余轮廓的"加工精度"一般设置在 0.005~0.01mm 之间;"顶层高度"为"0""底层高度"为"-4.95","层高"为"5",即从 Z0 铣削至 Z-4.95,完成 $\phi 80_{-0.04}^{-0.01}$mm 外圆轮廓精加工;"偏移方向"选择"左偏",使刀具在精加工轮廓切削时保证顺铣状态得到较好表面质量;"加工余量"为"0",即零件二维绘图时按中间值绘制,精加工刀路余量一般预设为 0,在实际加工时通过测量来修正此值;"拐角过渡方式"选择"圆弧",实现平滑过渡;"层内抬刀"一般选择"否",减少抬刀次数可以提高加工效率;"补偿方式"一般选择"计算机补偿",也可选择"磨损补偿"。

> 注意:
>
> 1)精加工有尺寸精度要求的轮廓时,其 Z 值会相对于底面、台阶面回退 0.01~0.05mm,以避免在铣削轮廓时,刀具在径向力的作用下产生弹性变形,导致刀尖变深切削到底面或台阶面,如之前 $\phi 80_{-0.04}^{-0.01}$mm 外圆台阶面深度加工至 4.976mm,则此时 $\phi 80_{-0.04}^{-0.01}$mm 外圆轮廓的加工深度值为 4.976-(0.01~0.05)≈4.95。
>
> 2)精加工轮廓时,应采用"圆弧"接近返回方式,以避免在法向切入切出处产生痕迹,"圆弧半径"一般设置为 0.5~1。
>
> 3)补偿方式选择"磨损补偿"时,其加工程序中将使用刀具半径补偿方式(G41/G42)加工轮廓,但必须在"接近返回"选项卡中设置"终端延长量"(一般大于0.5mm,小于圆弧半径),如图 3-52 所示。否则,即使选择"磨损补偿",也不会用刀具半径补偿方式(G41/G42)加工轮廓。

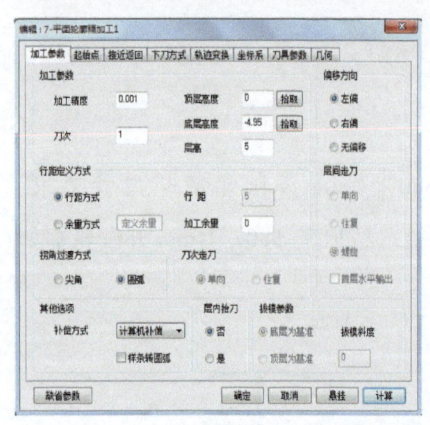

图 3-51 "加工参数"选项卡

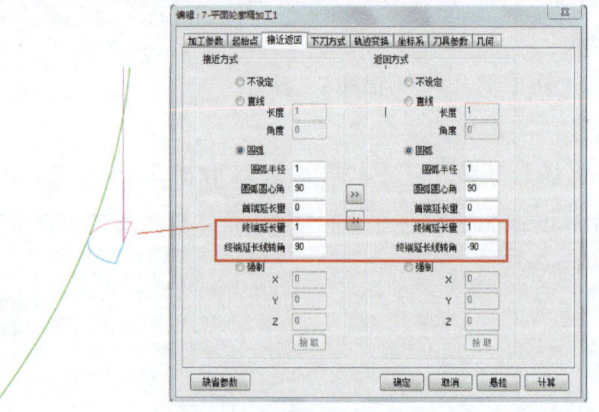

图 3-52 "接近返回"选项卡

2)设置刀具参数。"立铣刀"界面的设置如图 3-53a 所示,选用 ϕ12mm 高速钢立铣刀,"刀具号(T)"为"2","半径补偿号(D)"为"2","长度补偿号(H)"为"2","直径"为"12","刀杆长"为"30","刃长"为"25"。各速度参数可参考表 3-1 中的"切削参数"。

3)设置其他参数。

① 起始点:这里不设置起始点,即系统默认以轮廓中第一个圆弧或直线的端点为起始点。

② 设置下刀方式:"安全高度(H0)"为"80","慢速下刀距离(H1)"为"2","切入方式"为"垂直"。

任务三 盖板加工

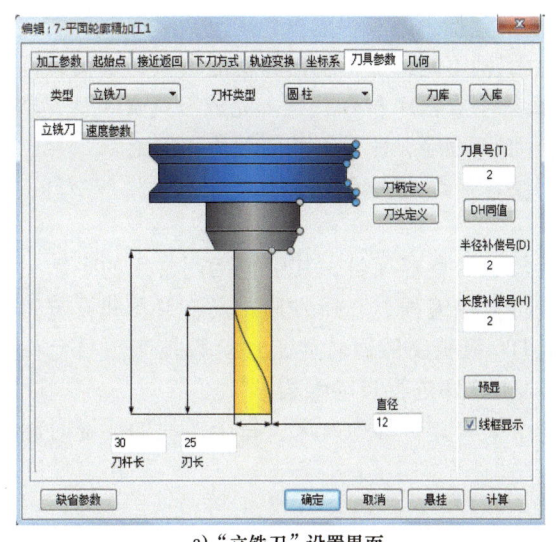
a)"立铣刀"设置界面

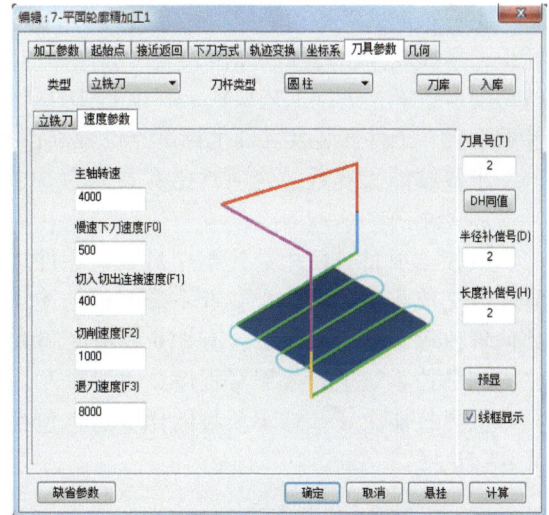
b)"速度参数"设置界面

图 3-53 "刀具参数"选项卡

③ 设置坐标系：默认选择"世界坐标系"为"工件坐标系"。

④ 拾取几何（轮廓）：按图 3-50 所示拾取加工轮廓。

【任务注意事项】

1. 常用夹具的选择方法，如毛坯或零件外形两侧面相互平行，则选择平口钳装夹；如毛坯或零件外轮廓为圆柱面，则选择自定心卡盘装夹。

2. 一般立铣刀切削刃长度 ≈ 刀具直径的 2~2.5 倍。设置刀具参数时，其刀具刃长一般设置为 2~2.5 倍直径，刀杆长一般设置为 2~2.5 倍直径+(5~10)mm。

3. 为保证加工效率和加工质量稳定，即使粗加工与精加工刀具的直径、类型一致，也要分别创建使用 2 把刀具。

4. 应用"平面区域粗加工"回命令粗加工封闭槽时，建议"走刀方式"选择"从里向外"，使刀具从中心向外铣削；粗加工凸台时，建议"走刀方式"选择"从外向里"，使刀具从外向中心铣削，便于排屑。

5. 应用"平面区域粗加工"回命令粗加工时，要合理设置"补偿"方式，避免出现轮廓过切。熟记"TO"为刀具在轮廓内侧铣削，"ON"为刀具轨迹线与轮廓线重合，"PAST"为刀具轨迹线在轮廓外侧。

6. 轮廓精加工时，常采用"左偏"的偏移方向，使刀具在精加工轮廓时保证顺铣状态，得到较好的表面质量。

【知识广角】

了解世界技能大赛项目（一）

世界技能大赛考核选手的 CAD/CAM 能力的项目有数控铣和数控车等赛项。

1. 数控铣

世界技能大赛数控铣项目比赛对选手的要求主要包括了解工程图样和规范,掌握ISO图文标识;掌握表面粗糙度、几何公差的ISO标准等;识别不同的加工工艺和功能参数,定义和调整切削参数等;进行工艺规划,利用CAD/CAM系统生成程序和G代码,完成刀具安装及刀具参数设置、工件安装及工件坐标零点设置等;执行加工程序,完成工件的测量和加工。

世界技能大赛数控铣项目比赛共分为3个模块,赛程为4天,累计比赛时间为17.75h。

2. 数控车

数控车项目是使用数控车床对金属零件进行加工的竞赛项目,其中包括用常用的手动工具配合完成相关工作。参赛选手需要根据图样进行数控编程、选择刀具、安装刀具和设定刀具偏置值等工作,并加工含有IT6级精度和大于IT6级精度的回转体工件。数控车项目允许在机床数控系统上直接编写程序,也可以利用CAM软件进行自动编程。

世界技能大赛数控车项目的比赛通常包括3个模块,赛程为4天,每个模块的比赛时间为4~5h。

【任务巩固】

某企业需加工一批盖板,如图3-54所示,通过二维绘图、设计加工工艺和编制加工程序,完成该零件上凸台和槽的加工。此任务要求在FANUC数控加工中心上完成盖板铣削加工,零件材料为2A12,毛坯尺寸为100mm×100mm×20mm,加工数量为1000件。

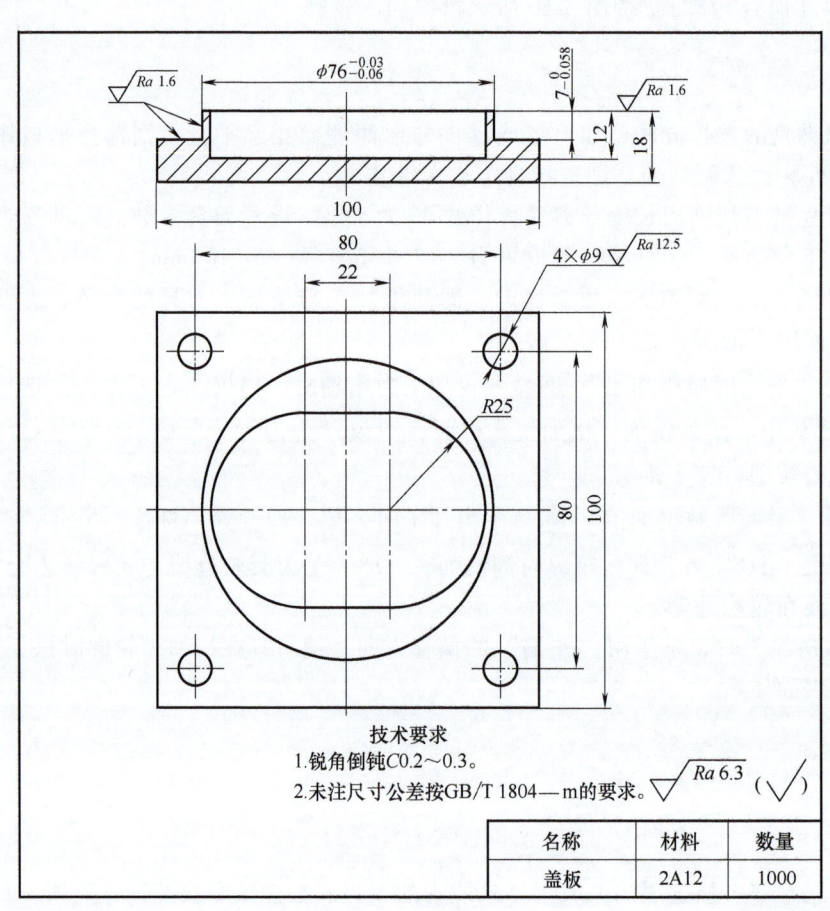

图3-54 盖板零件图

任务四 底板加工

【能力目标】

1. 能根据底板零件图样要求进行实体造型。
2. 能根据底板加工要求进行加工工艺的编制。
3. 能应用二轴平面自适应粗加工命令（二维轮廓高速动态铣）进行底板分层二维粗加工刀路设计。
4. 能应用平面摆线槽加工、平面轮廓精加工（螺旋铣）命令分别对底板的窄槽、腰槽进行粗加工刀路设计。
5. 能根据底板的加工要求合理选用平面区域粗加工、平面轮廓精加工命令和刀具进行零件底面、轮廓精加工刀路设计，并合理设置刀路各参数。
6. 能根据数控机床的结构和控制系统正确选择后置文件生成加工程序。

【任务说明】

底板是架构设备的支承基础，一般会在底板的基础上安装轴类零件及轴上零件。某一企业需加工一批底板，如图 4-1 所示，通过底板零件实体造型、设计加工工艺和刀路轨迹，并

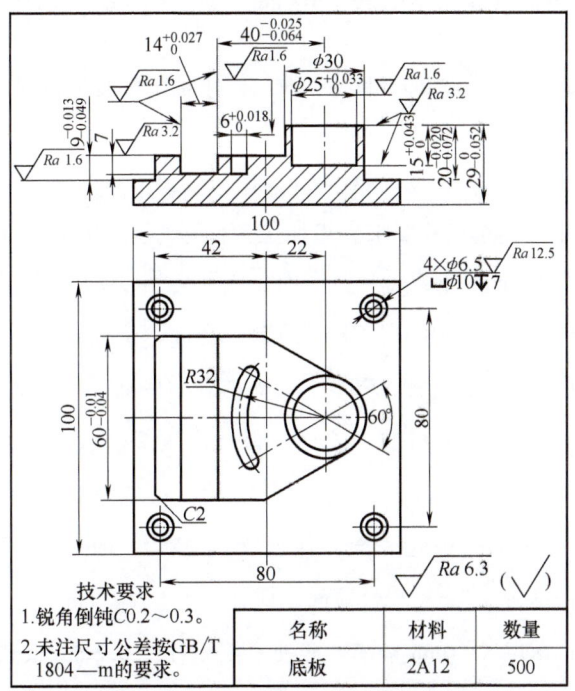

图 4-1 底板零件图

正确选择后置文件生成加工程序，完成对底板的加工。

本任务要求在 FANUC 数控加工中心上完成底板的钻削、铣削加工，零件材料为 2A12，毛坯尺寸为 105mm×105mm×35mm，加工数量为 20 件。

【任务实施】

一、任务分析

1. 造型分析

底板特征结构主要由板、凸台、凹槽和孔组成，结构比较简单。可先应用"拉伸" 命令增料，生成 100mm×100mm×29mm 实体特征；再应用"拉伸" 命令除料，生成凸台、圆孔和槽；再用"自定义孔" 命令进行孔特征造型，完成底板造型。

2. 加工工艺分析

该底板的毛坯材料为 2A12，毛坯尺寸为 105mm×105mm×35mm，主要加工内容包括 100mm×100mm 外形、$29_{-0.052}^{0}$ mm 总厚、$64mm×60_{-0.04}^{-0.01}$ mm 凸台、$\phi 30$mm 外圆、$\phi 25_{0}^{+0.033}$ mm 内孔、$6_{0}^{+0.018}$ mm×$R32$mm 腰槽、$14_{0}^{+0.027}$ mm×60mm 开放槽和 $4×\phi 6.5$mm 台阶孔，主要尺寸标准公差等级为 IT8 级，需要正反面二次装夹进行铣削、钻削加工。底板结构简单，工序集中，适合采用加工中心加工。

二、实施方案

1. 工艺路线及 CAM 工艺设计

采用 2A12 型材（截面尺寸为 105mm×105mm），毛坯尺寸为 105mm×105mm×35mm，工艺路线及 CAM 工艺设计如下。

工序 1：粗、半精加工底面与外形至尺寸要求。半精加工底面至高度 34.5mm，粗、半精加工外轮廓至尺寸 100mm×100mm，深度 29.5mm（应用"平面区域粗加工" 刀路和"平面轮廓精加工" 刀路）→轮廓锐角倒钝 $C0.2\sim 0.3$mm（应用"倒斜角加工" 刀路）。

工序 2：粗、精加工顶面至尺寸要求。粗加工顶面至厚度 29.5mm（应用"平面区域粗加工" 刀路）→粗加工 $\phi 30$mm 外圆凸台，底面、侧面各留 0.2mm 余量（应用"平面自适应粗加工" 刀路）→粗加工 $64mm×60_{-0.04}^{-0.01}$ mm 凸台，底面、侧面各留 0.2mm 余量（应用"平面自适应粗加工" 刀路）→粗加工 $\phi 25_{0}^{+0.033}$ mm 内孔，底面、侧面各留 0.2mm 余量（应用"平面自适应粗加工" 刀路）→精加工顶面，保证高度 $29_{-0.052}^{0}$ mm（应用"平面区域粗加工" 刀路）→精加工 100mm×100mm 底面，保证深度 $20_{-0.072}^{-0.020}$ mm（应用"平面区域粗加工" 刀路）→精加工 $\phi 25_{0}^{+0.033}$ mm 内孔底面，保证深度 $15_{0}^{+0.043}$ mm（应用"平面区域粗加工" 刀路）→精加工 $64mm×60_{-0.04}^{-0.01}$ mm 凸台顶面，保证高度 $9_{-0.049}^{-0.013}$ mm（应用"平面区域粗加工" 刀路）→粗加工 $60mm×14_{0}^{+0.027}$ mm 窄槽，底面、侧面各留 0.2mm 余量（应用"平面摆线槽加工" 刀路）→精加工 $60mm×14_{0}^{+0.027}$ mm 窄槽宽度至尺寸要求（应用"平面轮廓精加工"

刀路)→半精加工 64mm×60$_{-0.04}^{-0.01}$mm 窄槽深度至 7mm（应用"平面轮廓精加工" 刀路)→半精加工 φ30mm 外圆凸台至尺寸要求（应用"平面轮廓精加工" 刀路)→精加工 φ25$_{0}^{+0.033}$mm 内孔至尺寸要求（应用"平面轮廓精加工" 刀路)→粗、精加工内轮廓 6$_{0}^{+0.018}$mm×R32mm×7 mm 腰槽至尺寸要求（应用"平面轮廓精加工" 刀路中的螺旋铣)→钻-锪 4×φ6.5mm 通孔及 φ10mm 沉孔（应用"孔加工" 刀路中的钻孔指令 G81)→轮廓锐角倒钝 $C0.2\sim0.3$mm（应用"倒斜角加工" 刀路）。

2. 夹具选择及加工坐标系的确定

该底板毛坯外形为长方体，属于规则工件。因此，工序 1、2 选用机用虎钳（平口钳）装夹，各工序工件装夹及工件坐标系设置分别如图 4-2、图 4-3 所示。另外，在工序 1 中，钳口高度为 50mm，毛坯材料厚度为 35mm，夹持厚度为 5mm（铣削最深处为 29.5mm），因此，需选用 45mm 高的等高块定位工件。

在工序 2 中，钳口高度为 50mm，毛坯材料厚度为 34.5mm，夹持厚度为 5mm（铣削最深处为 21mm），因此，需选用 45mm 高的等高块定位工件。

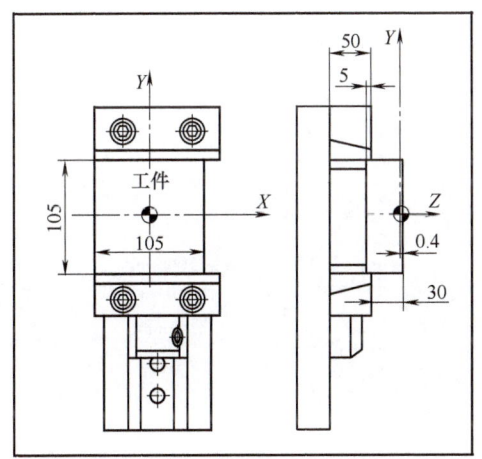

图 4-2 工序 1 工件装夹及工件坐标系设置

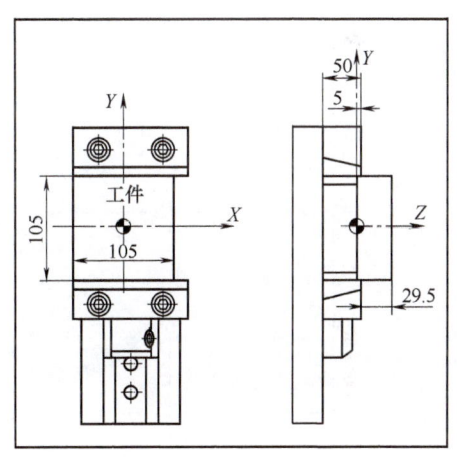

图 4-3 工序 2 工件装夹及工件坐标系设置

3. 底板 CAM 工艺简卡（表 4-1）

表 4-1 底板 CAM 工艺简卡

工件名称		底板		材料	2A12	加工设备型号及系统	MV850 加工中心 FANUC 数控加工中心		
工序号	工序内容	工步号	工步内容	工步切削模型		加工策略	刀具规格及尺寸	切削参数（参考值）	备注
0	备料 105mm×105mm×35mm								型材截面尺寸 105mm×105mm
1	粗、半精加工底面与外形至尺寸要求	1	半精加工底面至高度 34.5mm			平面区域粗加工	φ10mm 高速钢立铣刀		

（续）

工件名称			底板	材料	2A12	加工设备型号及系统	MV850 加工中心 FANUC 数控加工中心		
工序号	工序内容	工步号	工步内容	工步切削模型		加工策略	刀具规格及尺寸	切削参数（参考值）	备注
1	粗、半精加工底面与外形至尺寸要求	2	粗、半精加工外轮廓至尺寸100.2mm×100.2mm，深度29.5mm			平面轮廓精加工	ϕ10mm 高速钢立铣刀		
		3	半精加工外轮廓至尺寸100mm×100mm，深度29.5mm			平面轮廓精加工	ϕ10mm 高速钢立铣刀		
		4	轮廓锐角倒钝C0.2~0.3mm			倒斜角加工	ϕ6mm V90°高速钢倒角刀		
2	粗、精加工顶面至尺寸要求	1	粗加工顶面至厚度29.5mm			平面区域粗加工	ϕ10mm 高速钢立铣刀		
		2	粗加工ϕ30mm 外圆凸台，底面、侧面各留0.2mm余量			平面自适应粗加工	ϕ10mm 高速钢立铣刀	$S=3500$r/min $F=1000$mm/min $a_p=2$mm $a_e=10$mm	刀路设计本任务详解
		3	粗加工64mm×$60_{-0.04}^{-0.01}$mm 凸台，底面、侧面各留0.2mm余量			平面自适应粗加工	ϕ10mm 高速钢立铣刀		
		4	粗加工$\phi 25_{0}^{+0.033}$mm 内孔，底面、侧面各留0.2mm余量			平面自适应粗加工	ϕ10mm 高速钢立铣刀	$S=3500$r/min $F=1000$mm/min $a_p=2$mm $a_e=10$mm	刀路设计本任务详解
		5	精加工顶面，保证高度$29_{-0.052}^{0}$mm			平面区域粗加工	ϕ10mm 高速钢立铣刀		

（续）

工件名称		底板	材料	2A12	加工设备型号及系统	MV850加工中心 FANUC数控加工中心		
工序号	工序内容	工步号	工步内容	工步切削模型	加工策略	刀具规格及尺寸	切削参数（参考值）	备注
2	粗、精加工顶面至尺寸要求	6	精加工100mm×100mm底面，保证深度$20_{-0.072}^{-0.020}$mm		平面区域粗加工	ϕ10mm高速钢立铣刀		
		7	精加工$\phi 25_{0}^{+0.033}$mm内孔底平面，保证深度$15_{0}^{+0.043}$mm		平面区域粗加工	ϕ10mm高速钢立铣刀		
		8	精加工64mm×$60_{-0.04}^{-0.01}$mm凸台顶面，保证高度$9_{-0.049}^{-0.013}$mm		平面区域粗加工	ϕ10mm高速钢立铣刀		
		9	粗加工60mm×$14_{0}^{+0.027}$mm窄槽，底面、侧面各留0.2mm余量		平面摆线槽加工	ϕ10mm高速钢立铣刀	$S=3500$r/min $F=1000$mm/min $a_p=2$mm $a_e=10$mm	刀路设计本任务详解
		10	精加工60mm×$14_{0}^{+0.027}$mm窄槽宽度至尺寸要求		平面轮廓精加工	ϕ10mm高速钢立铣刀		
		11	半精加工64mm×$60_{-0.04}^{-0.01}$mm窄槽深度至7mm		平面轮廓精加工	ϕ10mm高速钢立铣刀		
		12	半精加工ϕ30mm外圆凸台至尺寸要求		平面轮廓精加工	ϕ10mm高速钢立铣刀		
		13	精加工$\phi 25_{0}^{+0.033}$mm内孔至尺寸要求		平面轮廓精加工	ϕ10mm高速钢立铣刀		

（续）

工件名称		底板	材料	2A12	加工设备型号及系统	MV850 加工中心 FANUC 数控加工中心		
工序号	工序内容	工步号	工步内容	工步切削模型	加工策略	刀具规格及尺寸	切削参数（参考值）	备注
2	粗、精加工顶面至尺寸要求	14	粗精加工内轮廓$6_0^{+0.018}$mm ×R32mm×7 mm腰槽至尺寸要求		平面轮廓精加工——螺旋铣	ϕ5mm高速钢立铣刀	$S = 4500$r/min $F = 5000$mm/min $a_p = 5$mm $a_e = 1$mm	刀路设计本任务详解
		15	钻-锪 4×ϕ6.5mm通孔及ϕ10mm沉孔		孔加工——钻孔指令G81	ϕ6.5mm高速钢麻花钻、ϕ10mm高速钢立铣刀		
		16	轮廓锐角倒钝C0.2~0.3mm		倒斜角加工	ϕ6mm V90°高速钢倒角刀		
3	去毛刺，清洗							
4	检验，入库							

三、实施过程

1. 相关加工刀路设计

以工序 2 粗、精加工顶面至尺寸要求中的工步 2、4、9 和 14 为例（表 4-1），介绍"平面自适应粗加工""平面摆线槽加工"和"平面轮廓精加工"等命令刀路的实际应用方法。

(1) 工步 2（平面自适应粗加工——外轮廓） 粗加工 ϕ30mm 外圆凸台，底面、侧面各留 0.2mm 余量，平面自适应粗加工外圆凸台的刀路轨迹如图 4-4 所示，拾取零件加工区域如图 4-5 所示，拾取零件避让区域如图 4-6 所示。

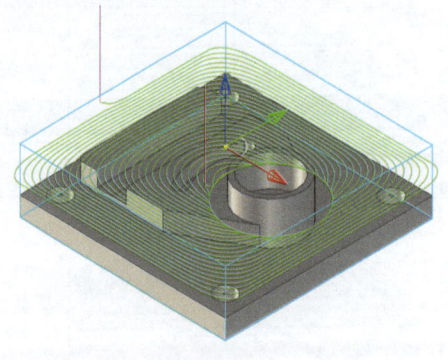

图 4-4　平面自适应粗加工外圆凸台的刀路轨迹

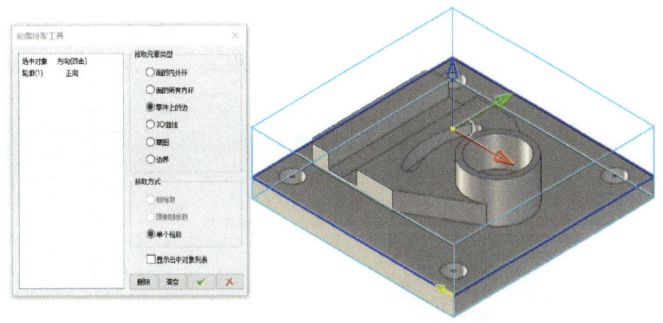

图 4-5 拾取零件加工区域

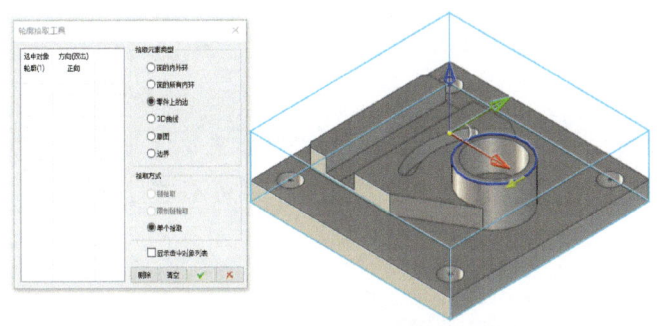

图 4-6 拾取零件避让区域

1）设置加工参数。"加工参数"选项卡的设置如图 4-7 所示。"加工方式"选择"往复"，减少刀具空行程，提高进给效率。"加工方向"选择"顺铣"，提高切削效率，降低刀具磨损，加工平稳无振动。"优先策略"选择"区域优先"，减少区域抬刀。"余量和精度"中"加工余量"为"0.2"，"加工精度"为"0.1"（降低加工精度可以减少程序计算量，提高加工效率）。"层参数"中"顶层高度"为"0"，"底层高度"为"-10.8"（根据图样尺寸换算，深度方向留 0.2mm 精加工余量），"层高"为"12"（一般与刀具直径相同，可根据实际情况适当调整，建议不超过刀具直径大小的 150%）。"行距"中"最大行距"为"2"，"顺逆（%）行距"和"逆铣（%）行距"均为"100"，总体采用"大切深、小切宽"的加工方式。

① 余量和精度：对于二维轮廓刀路，余量仅限于 X、Y 方向单侧边余量，如图 4-8 所示。

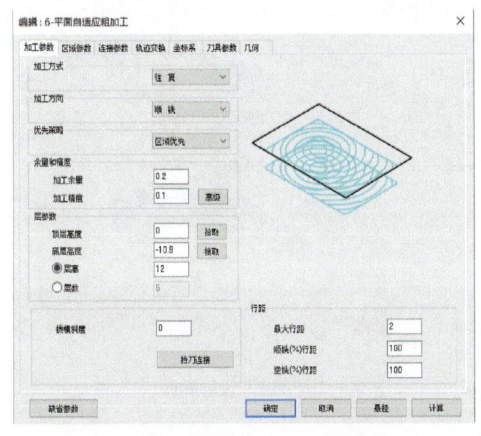

图 4-7 "加工参数"选项卡

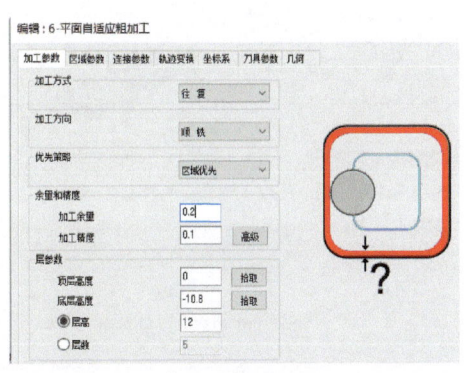

图 4-8 "余量和精度"设置界面

② 层参数：二维轮廓刀路中，深度方向余量需通过"底层高度"手动设置，如图4-9所示。

③ 行距："最大行距"为切削时刀具移动的最大距离，如图4-10所示。

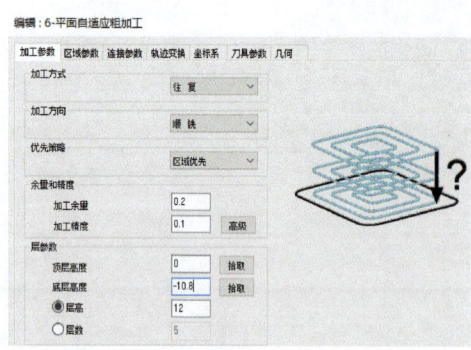 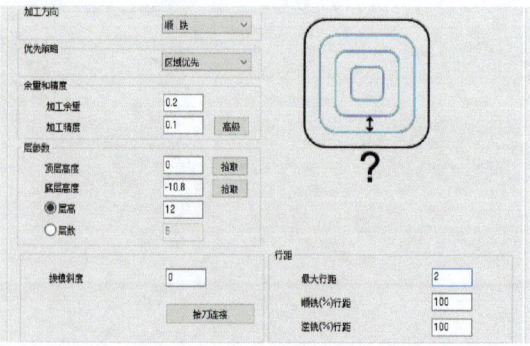

图4-9 "层参数"设置界面　　　　　图4-10 "行距"设置界面

2）设置区域参数。"区域参数"选项卡的设置如图4-11所示，可设置"起始点""加工边界"和"补加工"等，常规外轮廓无特殊要求时可不进行设置。如需设置，选择"使用"选项即可设置。

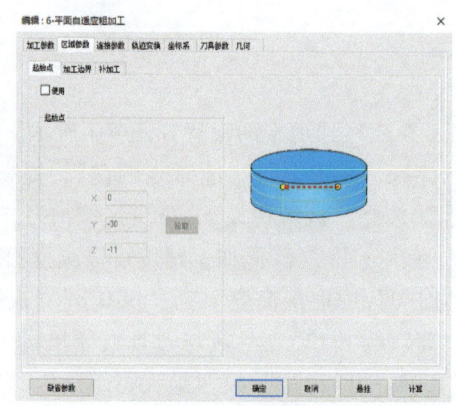

a)"起始点"设置界面

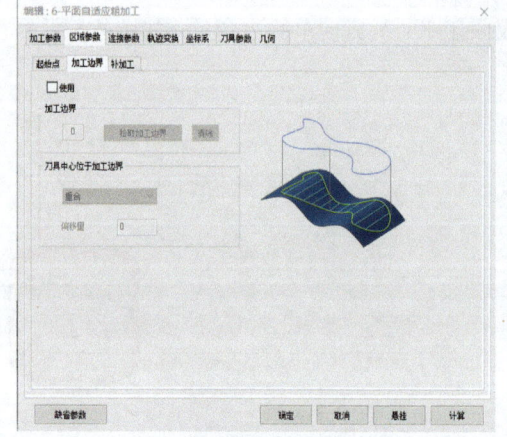 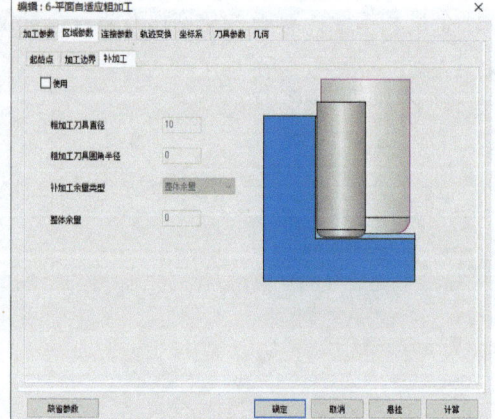

b)"加工边界"设置界面　　　　　c)"补加工"设置界面

图4-11 "区域参数"选项卡

3)设置连接参数。"连接参数"选项卡包括"连接方式""下刀方式""空切区域""空切距离"和"光滑"设置。"连接方式"的设置界面如图 4-12 所示,可设定"接近/返回""组间连接""层间连接"和"区域间连接"参数,以保证顺利切削,本任务中的单个凸台轮廓加工按照系统默认参数设置即可。

"下刀方式"的设置界面如图 4-13 所示,选择"中心可切削刀具"(立铣刀、键槽铣刀均为中心可切削刀具)→"自动"(可根据零件情况选择合适的方式,如图 4-14 所示)→"倾斜角(与 XY 平面)"为"5"→"斜面长度(刀具直径%)"为"80"→"毛坯余量(层高%)"为"100"→选择"允许刀具在毛坯外部"。

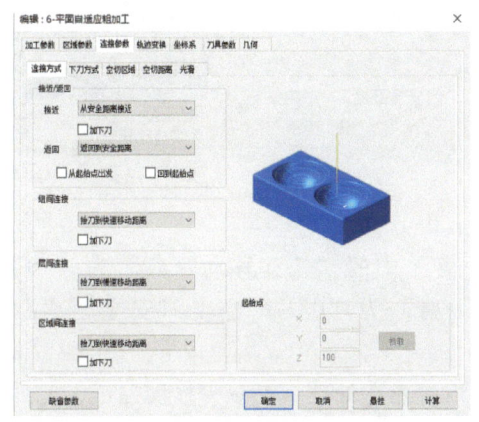

图 4-12 "连接方式"设置界面

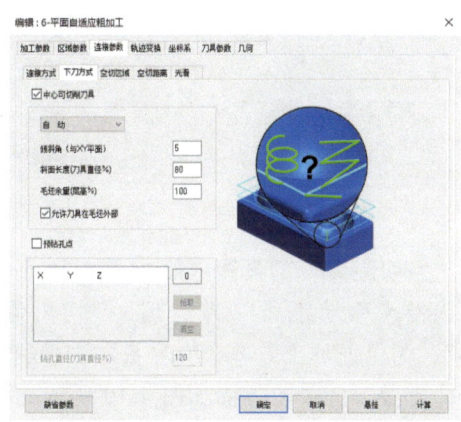

图 4-13 "下刀方式"设置界面

"空切区域"的设置界面如图 4-15 所示,"区域类型"选择"平面"(根据加工面的形状选择,如图 4-16 所示)→"平面参数"中的"平面法矢量平行于"选择"Z 轴"(参考刀具退刀方向,也可根据实际情况选择,如图 4-17 所示)→"安全高度"为"100",设置"安全高度"的目的是保证刀具安全高度,防止因抬刀距离不够而导致撞机。

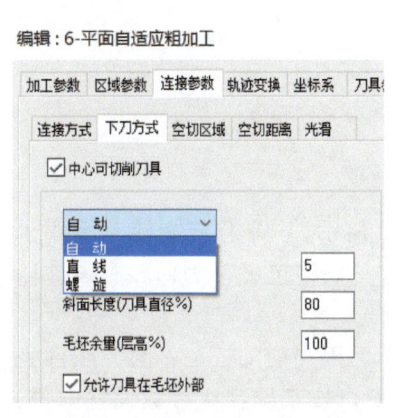

图 4-14 "下刀方式"下拉菜单

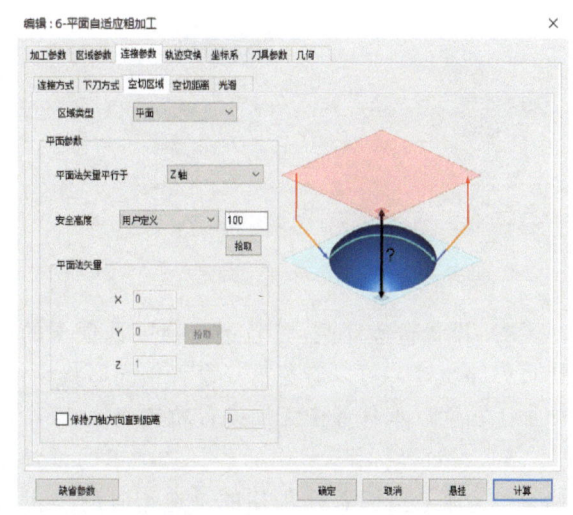

图 4-15 "空切区域"设置界面

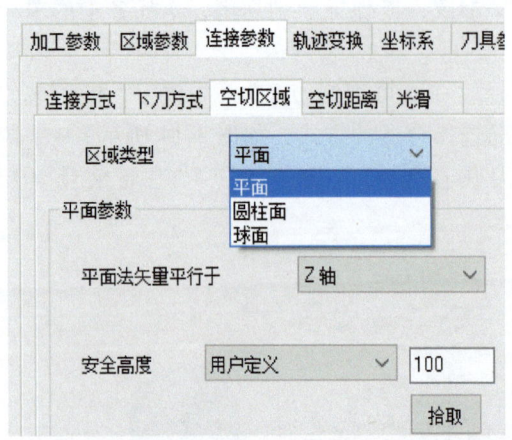
图4-16 "区域类型"下拉菜单

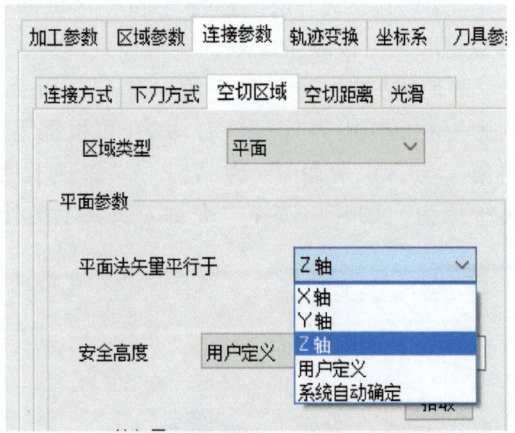
图4-17 "平面法矢量平行于"下拉菜单

"空切距离"的设置界面如图4-18所示,"距离"中的"快速移动距离"为"10"→"切入慢速移动距离"为"3"→"切出慢速移动距离"为"0"→"空走刀安全距离"为"10",为保证加工效率,应尽量减少慢速移动距离。

"光滑"的设置界面如图4-19所示,在刀路拐角处光滑处理,能减少移动冲击,此处可按系统默认参数设置。

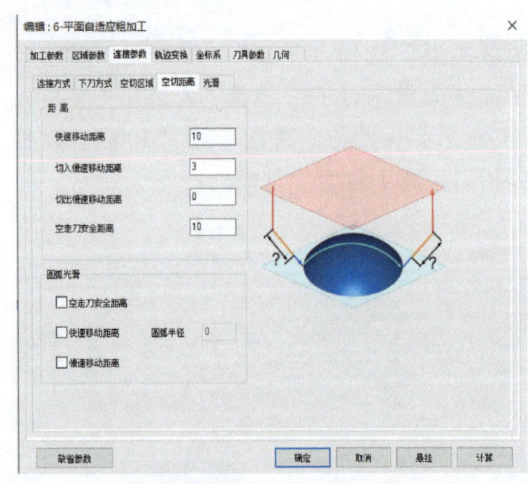
图4-18 "空切距离"设置界面

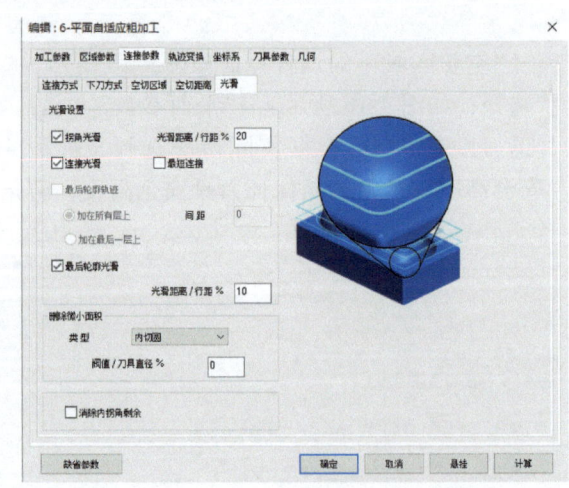
图4-19 "光滑"设置界面

4)设置轨迹变换。"轨迹变换"选项卡的设置如图4-20所示,"平移与旋转"多用于拷贝刀路轨迹,可以避免重复设置相同形状零件的刀路参数。"圆柱包裹"为回转类零件四轴加工功能。本任务中无须设置轨迹变换。

5)设置坐标系。"坐标系"选项卡的设置如图4-21所示,因当前加工工序的"工件坐标系"(加工坐标系)采用的是造型时的"世界坐标系",所以按系统默认参数设置即可,无须另外选择"工件坐标系"。

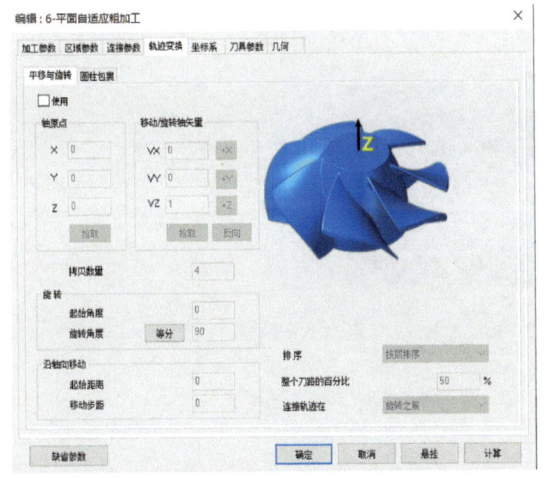

图 4-20 "轨迹变换"选项卡

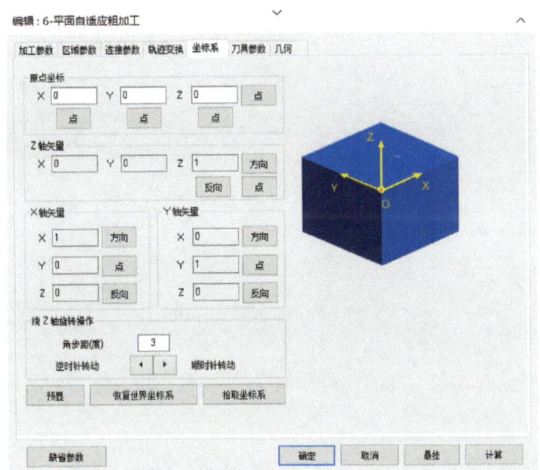

图 4-21 "坐标系"选项卡

6)设置刀具参数。"刀具参数"选项卡的设置如图 4-22 所示,选用 φ10mm 高速钢立铣刀,"刀杆类型"为"圆柱","刃长"为"25","刀杆长"为"30","刀具号(T)"为"1","半径补偿号(D)"为"1","长度补偿号(H)"为"1","主轴转速"为"3500","慢速下刀速度(F0)"为"500","切入切出连接速度(F1)"为"700","切削速度(F2)"为"900","退刀速度(F3)"为"10000"。

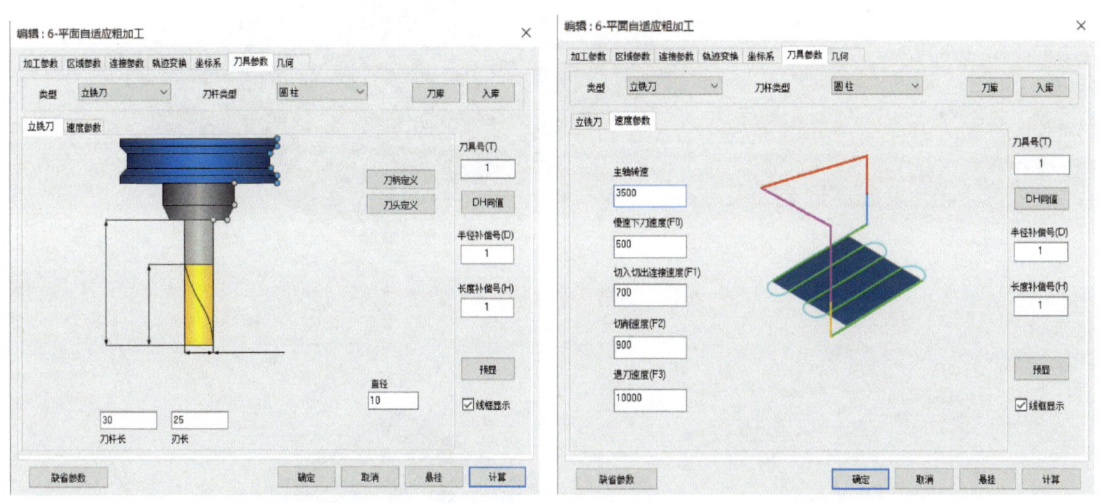

a)"立铣刀"设置界面   b)"速度参数"设置界面

图 4-22 "刀具参数"选项卡

7)设置几何。"几何"选项卡的设置如图 4-23 所示,单击"加工区域"按钮后弹出如图 4-24 所示"轮廓拾取工具"对话框。单击选择"零件上的边",选取零件的最大加工轮廓范围,拾取完成后如图 4-25 所示,完成加工区域的选择,并确定"加工区域类型"为"开放区域"或"封闭区域"。

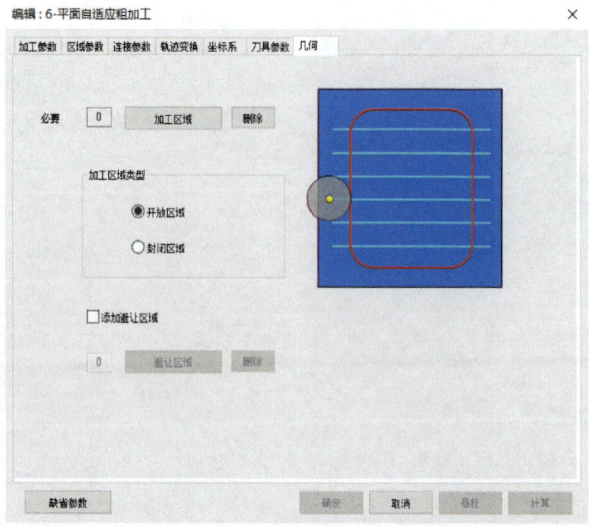

图 4-23 "几何"选项卡

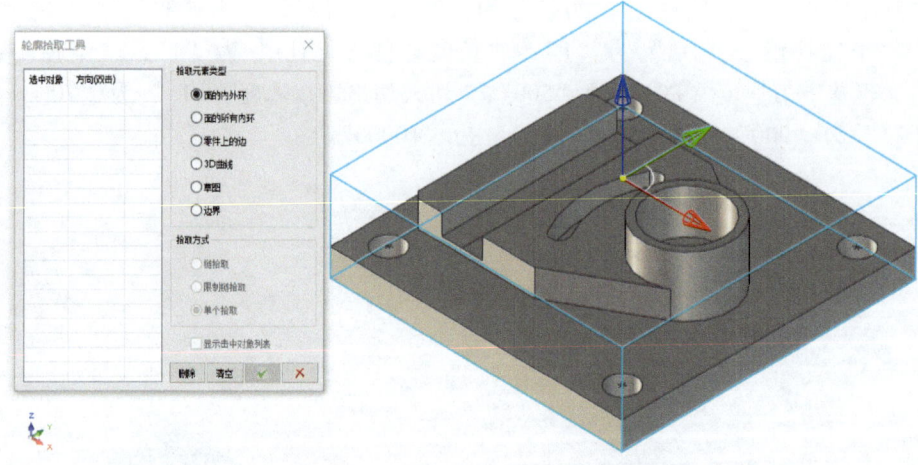

图 4-24 "轮廓拾取工具"对话框

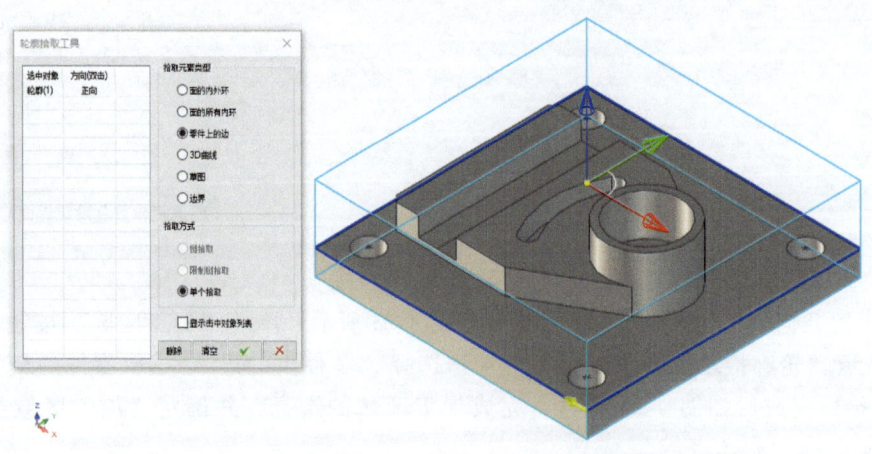

图 4-25 轮廓拾取完成界面

任务四 底板加工

加工区域选择完成后，继续拾取"加工避让区域"，如图4-26所示，单击"避让区域"按钮后弹出"轮廓拾取工具"对话框，选择需避让的轮廓，避让区域拾取完成后如图4-27所示。几何拾取完成后如图4-28所示。

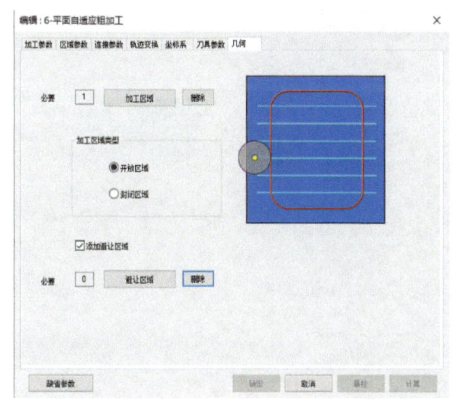
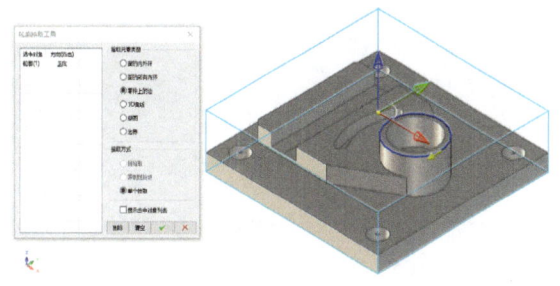

图4-26 避让区域拾取界面　　　　　　图4-27 避让区域拾取完成界面

最终生成二轴平面自适应粗加工刀路轨迹，如图4-29所示。

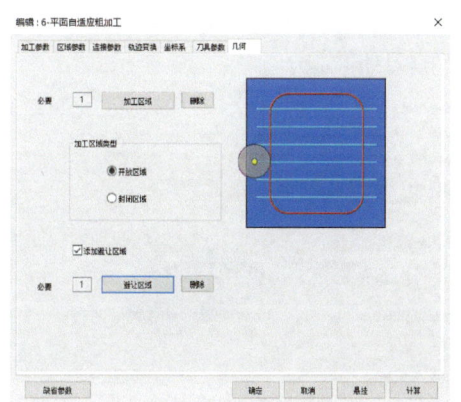
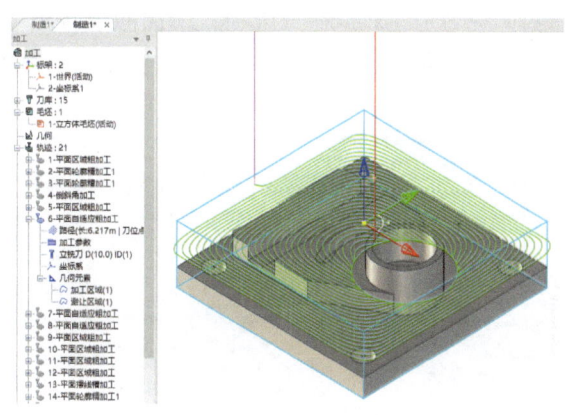

图4-28 几何拾取完成界面　　　　　　图4-29 二轴平面自适应粗加工刀路轨迹

（2）**工步4**（平面自适应粗加工——内轮廓）　粗加工 $\phi25_{\ 0}^{+0.033}$ mm 内孔，底面、侧面各留0.2mm余量，生成的刀路轨迹如图4-30所示，拾取零件加工区域如图4-31所示。

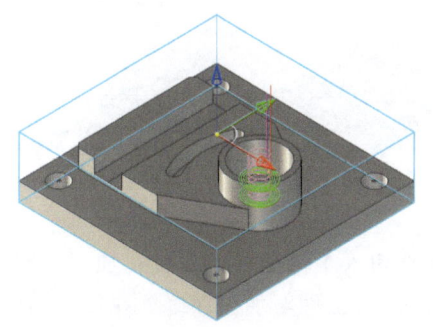
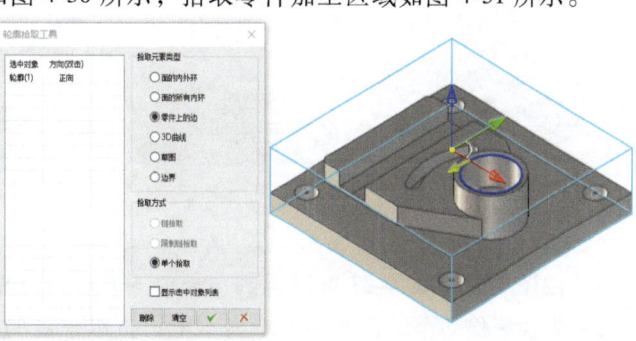

图4-30 平面自适应粗加工内　　　　　图4-31 拾取零件加工区域
　　　　轮廓生成的刀路轨迹

1）设置加工参数。"加工参数"选项卡的设置如图4-32所示,参考工步2设置。
2）设置区域参数。"区域参数"选项卡的设置如图4-33所示,参考工步2设置。

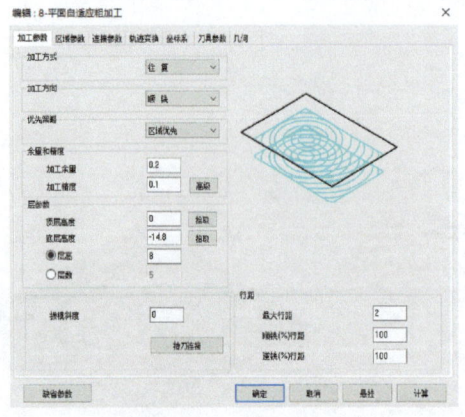

图4-32 "加工参数"选项卡

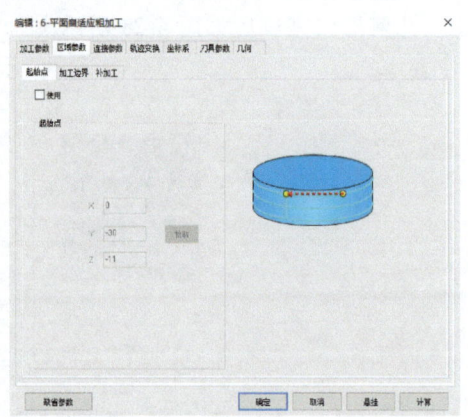

图4-33 "区域参数"选项卡

3）设置连接参数。"连接参数"选项卡的设置如图4-34所示,本任务中内轮廓加工时需要注意刀具从孔中心下刀,为保护刀具应设置下刀方式。分二层切削加工时应选中"接近/返回"处的"加下刀"选项,使层间连接处生成螺旋或斜向下刀,如图4-35所示。图4-36所示为未加下刀的刀路轨迹。图4-37所示为加下刀的刀路轨迹。

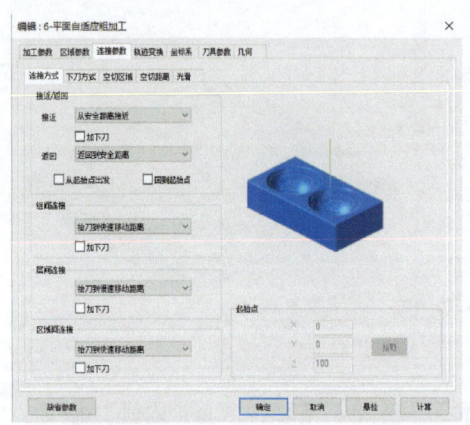

图4-34 "连接参数"选项卡

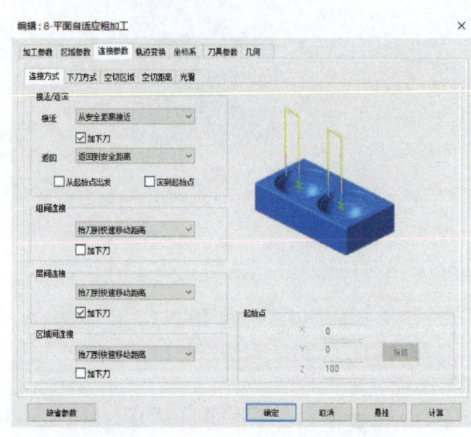

图4-35 "连接方式"加下刀设置界面

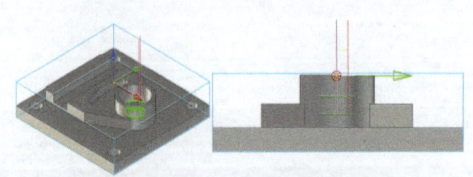

图4-36 未加下刀的刀路轨迹

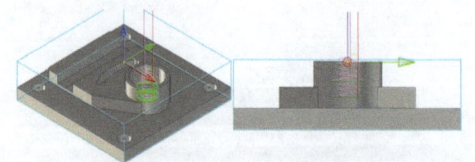

图4-37 加下刀的刀路轨迹

由图4-36和图4-37可以看到,未加下刀时,刀具垂直切入工件至加工深度;加下刀时,刀具先快速移动至"快速移动距离"处,再以螺旋的方式切入工件至加工深度,在加工内轮廓时,下刀路径对刀具和工件的保护起到至关重要的作用,避免了垂直下刀造成的刀具损坏。

"下刀方式""空切区域""空切距离"和"光滑"界面的设置,参考工步2设置。

4) 设置轨迹变换、坐标系和刀具参数 "轨迹变换""坐标系"和"刀具参数"选项卡的设置,参考工步2设置。

5) 设置几何拾取。"几何"选项卡的设置如图4-38所示,单击"加工区域"命令后,弹出"轮廓拾取工具"对话框,单击选择"零件上的边",选取 $\phi 25_{0}^{+0.033}$ mm 内孔轮廓,选取完成后如图4-39所示,并选择"加工区域类型"为"封闭区域",几何拾取完成后如图4-40所示。

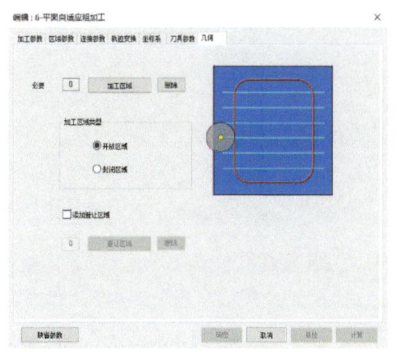

图4-38 "几何"选项卡

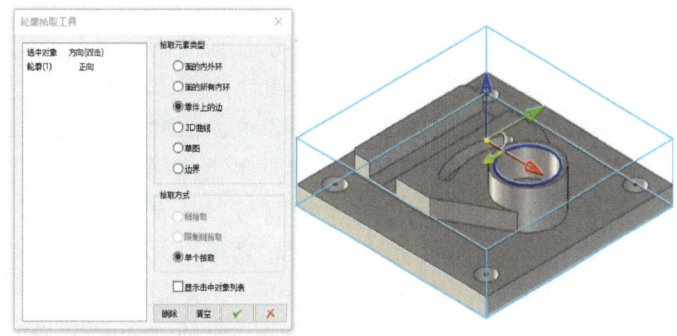

图4-39 轮廓拾取工具选取完成界面

最终生成二轴平面自适应粗加工刀路轨迹,如图4-41所示。

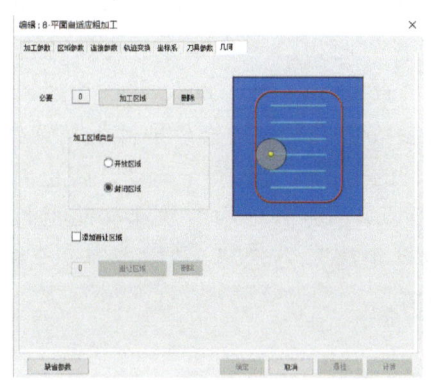

图4-40 几何拾取完成界面

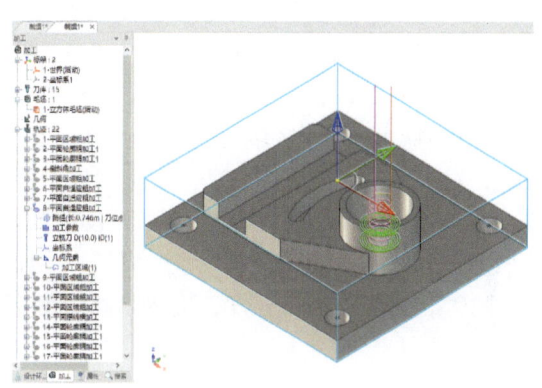

图4-41 二轴平面自适应粗加工刀路轨迹

(3) 工步9（平面摆线槽加工） 粗加工 60mm×14$_{0}^{+0.027}$mm 窄槽,底面、侧面各留0.2mm余量,生成的刀路轨迹如图4-42所示,拾取几何元素如图4-43所示。

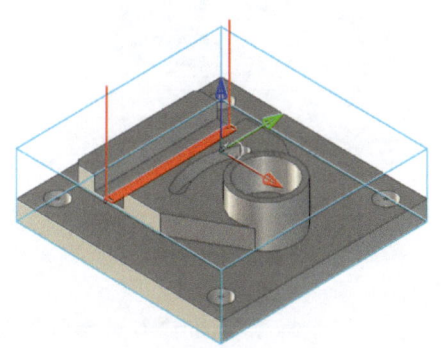

图4-42 窄槽加工生成的刀路轨迹

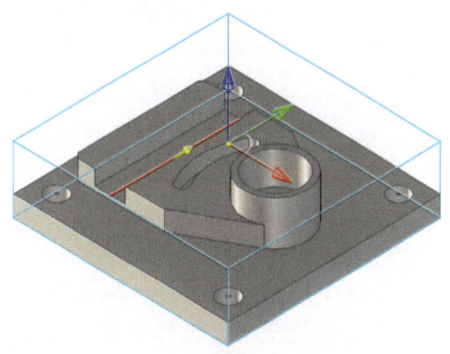

图4-43 拾取几何元素

1)设置加工参数。"加工参数"选项卡的设置如图4-44所示,"加工方向"选择"顺时针",提高切削效率,降低刀具磨损,加工平稳无振动。"优先策略"选择"区域优先",减少区域抬刀。"余量和精度"中,"加工余量"不可设置,"加工精度"为"0.1"(降低加工精度可以减少程序计算量,提高加工效率)。"宽度和半径"中,由图样知槽宽为14.014mm,预留精加工余量0.2mm,故此处设置"槽宽"约为"13.8"。刀具半径根据软件要求设置(摆线宽度等于槽宽与刀具直径之差,并且必须不小于刀具半径的两倍,此处槽宽为13.8mm,刀具直径为10mm,差值

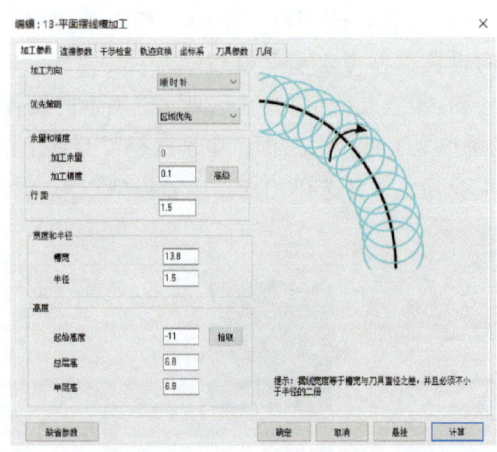

图4-44 "加工参数"选项卡

为3.8mm,则此处最大可设1.9mm),此处"半径"设置为"1.5"。此处行距应小于或等于摆线半径。根据图样和模型要求,"高度"中"起始高度"为"-11","总层高"为"6.8"(底面留0.2mm精加工余量),"单层高"为"6.8"(每层切削深度)。

2)设置连接参数。"连接参数"选项卡的设置如图4-45所示,本任务中的"连接方式"按照系统默认参数设置即可。"下刀方式"设置界面如图4-46所示,选择"自动","倾斜角(与XY平面)"为"5","斜面长度(刀具直径%)"为"80"。"空切区域"设置如图4-47所示,"区域类型"选择"平面",平面参数中"平面法矢量平行于"选择"Z轴","安全高度"为"100",设置"安全高度"的目的是保证刀具安全高度,防止因抬刀距离不够而导致撞机。"空切距离"设置如图4-48所示,"距离"中"快速移动距离"为"10","切入慢速移动距离"为"3","切出慢速移动距离"为"0","空走刀安全距离"为"10",为保证加工速度,应尽量减少慢速移动距离。

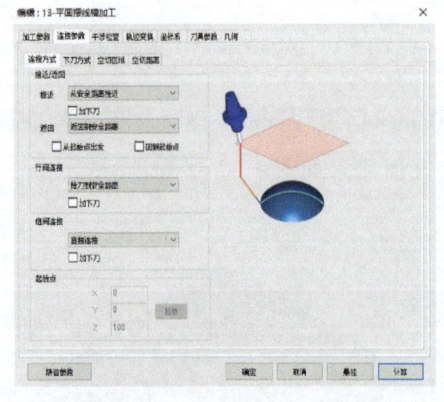

图4-45 "连接参数"选项卡

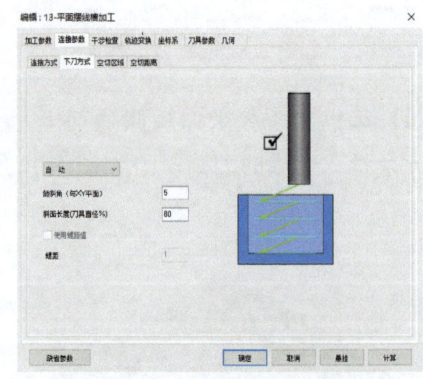

图4-46 "下刀方式"设置界面

3)设置干涉检查。三轴二维刀路不存在干涉检查情况。

4)设置轨迹变换、坐标系和刀具参数。"轨迹变换""坐标系"和"刀具参数"的设置参考工步2。

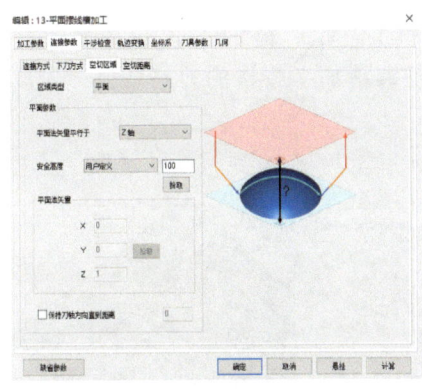

图 4-47 "空切区域"设置界面

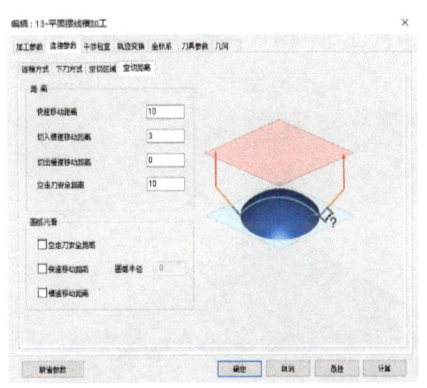

图 4-48 "空切距离"设置界面

5）设置几何。"几何"选项卡的设置如图 4-49 所示，本刀路需要拾取"槽中轴线"作为加工依据，单击"槽中轴线"按钮后弹出如图 4-50 所示"轮廓拾取工具"对话框，再单击选择"零件上的边"，选取 $14^{+0.027}_{0}$ mm 窄槽的中心线，选取完成界面如图 4-51 所示，单击"√"完成轮廓拾取，几何拾取完成界面如图 4-52 所示。

最终生成平面摆线槽加工刀路轨迹如图 4-53 所示。

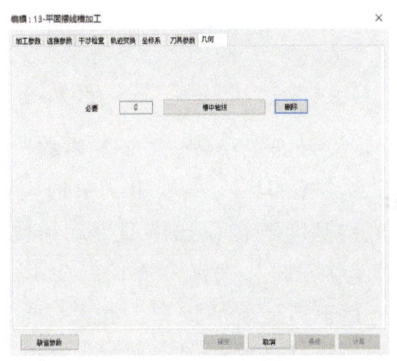

图 4-49 "几何"选项卡

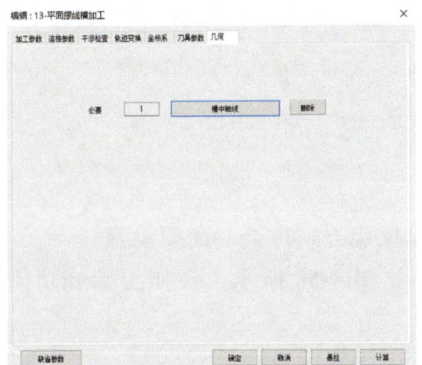

图 4-50 "轮廓拾取工具"对话框

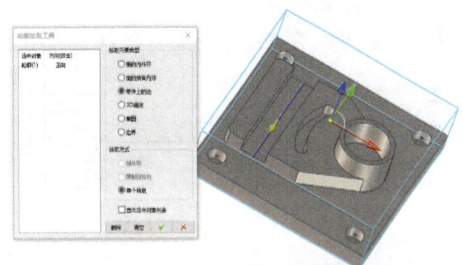

图 4-51 轮廓拾取工具选取完成界面

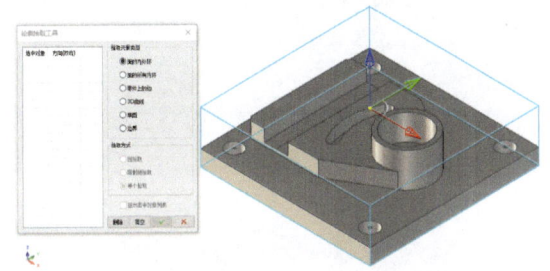

图 4-52 几何拾取完成界面

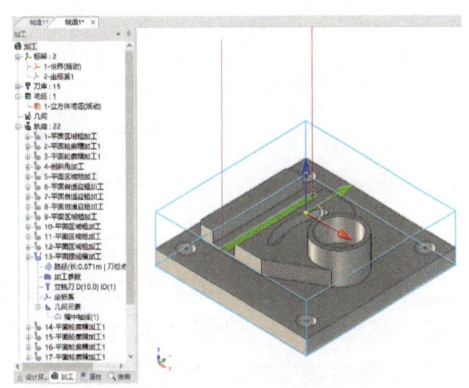

图 4-53 平面摆线槽加工刀路轨迹

（4）**工步 14**（ ～ 平面轮廓精加工——螺旋铣） 粗、精加工内轮廓 $6_{0}^{+0.018}$ mm × R32mm×7mm 腰槽至尺寸要求，图 4-54 所示为平面轮廓精加工腰槽的刀路轨迹，拾取加工轮廓如图 4-55 所示。

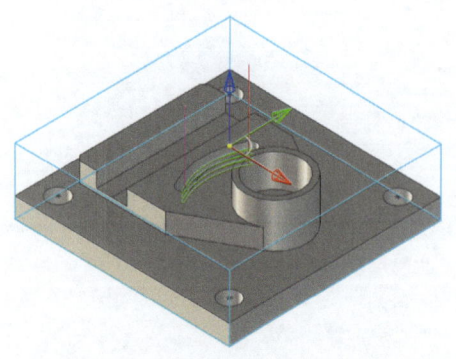

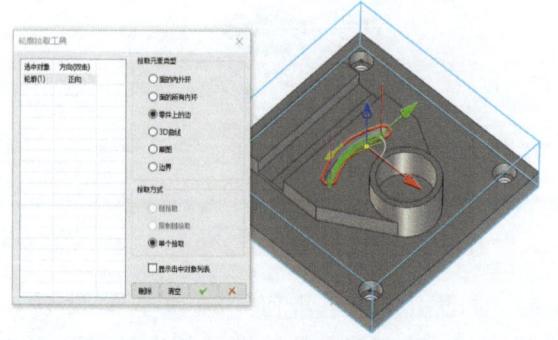

图 4-54 平面轮廓精加工腰槽的刀路轨迹　　　　　图 4-55 拾取加工轮廓

1）设置加工参数。"加工参数"选项卡的设置如图 4-56 所示，"加工参数"中"加工精度"为"0.01"（根据粗、精加工场合设置相应的精度）。"刀次"为"1"。"顶层高度"和"底层高度"需根据模型手动拾取（如粗加工需注意底部余量）。"层高"为每层切削深度。"偏移方向"选择"左偏"。"层间走刀"选择"螺旋"方式（适合内轮廓空间比较小，没有合适下刀位置的场合，如本任务腰槽宽度只有 $6_{0}^{+0.018}$ mm），配合层高，可实现刀路轨迹沿腰槽轮廓呈螺旋状进行切削。

2）设置起始点。"起始点"选项卡的设置如图 4-57 所示，可设置下刀起始点。单击"拾取"按钮，在加工轮廓上选择合适的下刀位置。

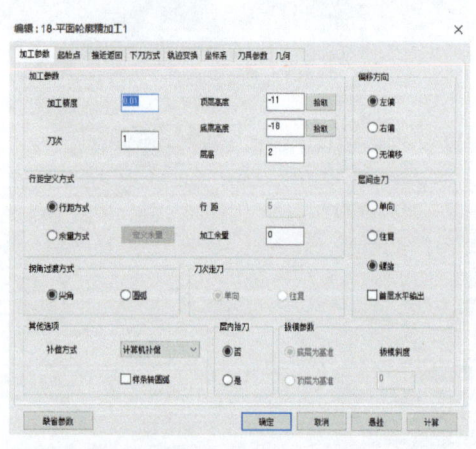

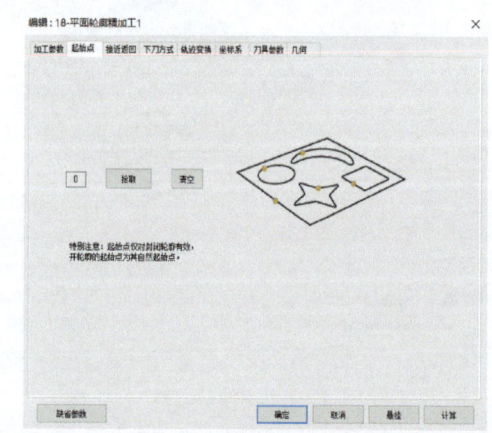

图 4-56 "加工参数"选项卡　　　　　图 4-57 "起始点"选项卡

3）设置接近返回参数。"接近返回"选项卡在以螺旋方式进给时无须设置。

4）设置下刀方式　"下刀方式"选项卡的设置如图 4-58 所示，在使用螺旋功能时无须设置"切入方式"，选择"垂直"即可。

5）设置轨迹变换。"轨迹变换"选项卡的设置参考工步 2 设置。

6）设置坐标系。"坐标系"选项卡的设置如图 4-59 所示，因当前加工工序的"工件坐标系"(加工坐标系)采用造型时的"世界坐标系",所以按系统默认选择即可,无须另外选择"工件坐标系"。

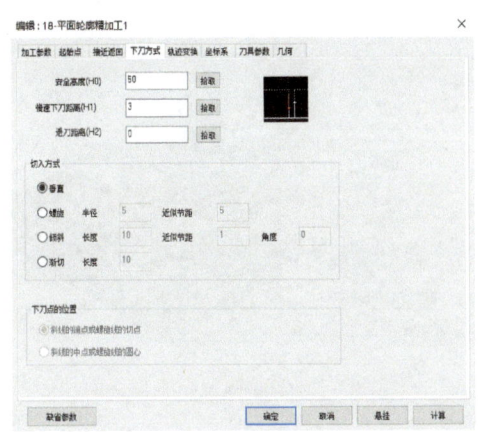

图 4-58 "下刀方式"选项卡

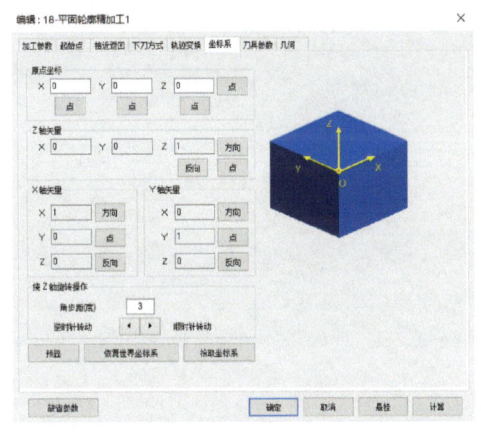

图 4-59 "坐标系"选项卡

7)设置刀具参数。"刀具参数"选项卡的设置如图 4-60 所示,选用 φ5mm 高速钢立铣刀,"刀杆类型"为"圆柱","刃长"为"15","刀杆长"为"20","刀具号(T)"为"2","半径补偿号(D)"为"2","长度补偿号(H)"为"2"。"主轴转速"为"4500","慢速下刀速度(F0)"为"300","切入切出连接速度(F1)"为"400","切削速度(F2)"为"500","退刀速度(F3)"为"10000"。

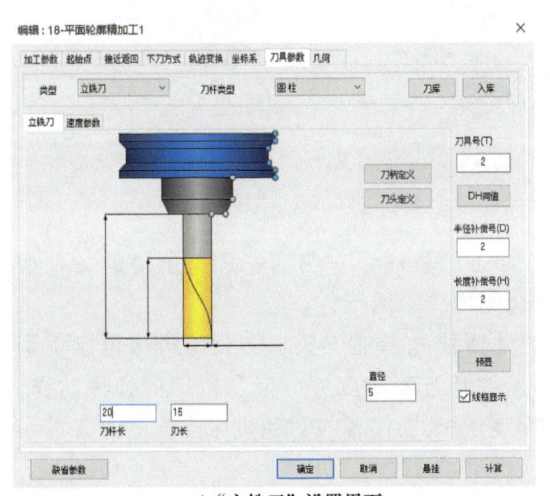

a)"立铣刀"设置界面

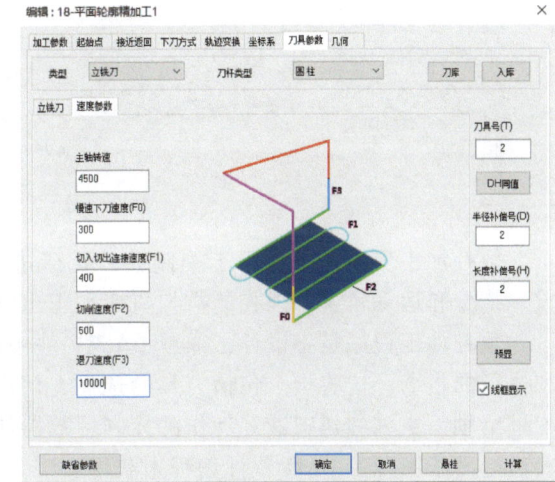

b)"速度参数"设置界面

图 4-60 "刀具参数"选项卡

8)设置几何。"几何"选项卡的设置如图 4-61 所示,轮廓曲线为必要元素,进刀点、退刀点可以不选。单击"轮廓曲线"按钮后选择轮廓的边,单击"√"完成轮廓拾取,加工轮廓拾取完成界面如图 4-62 所示。

加工轮廓拾取完成如图 4-63 所示,单击"确定",最终生成平面轮廓精加工——螺旋铣刀路轨迹如图 4-64 所示。

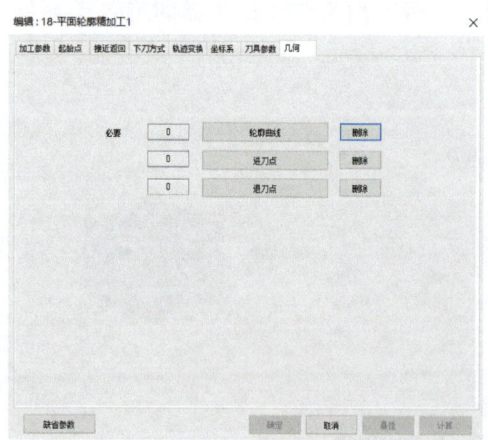

图 4-61 "几何"选项卡

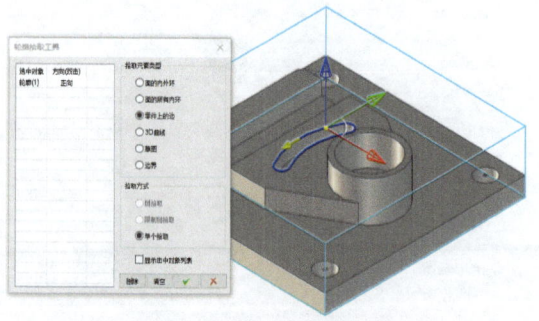

图 4-62 加工轮廓拾取完成界面

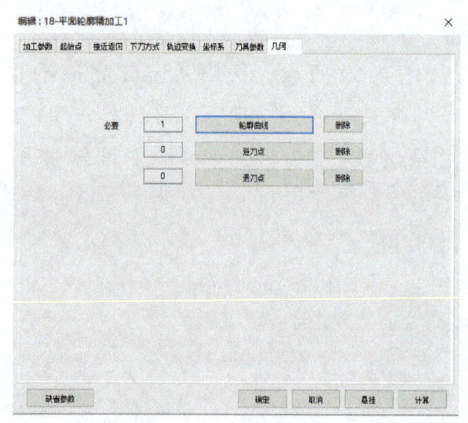

图 4-63 加工轮廓拾取完成界面

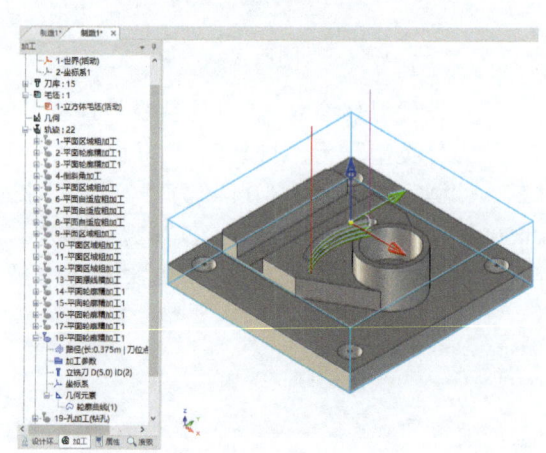

图 4-64 平面轮廓精加工——螺旋铣刀路轨迹

2. 刀路轨迹后置处理

数控加工程序是一种用于控制数控机床进行加工的程序。它明确了加工所需的各种参数、指令和运动轨迹,以控制数控机床加工出符合图样要求的工件。

数控加工程序是将设计图样或 CAD 文件中的几何信息和加工要求转化为机床可以识别和执行的指令。这些指令包括刀具的选择、切削速度和进给速度等,以及机床的各种动作,如进给轴、主轴和切削液等动作的控制。数控加工程序是操作者与数控机床交流的语言,一般通过手工编程和 CAM 软件编程来获得。

后置处理是指结合特定机床把 CAM 软件生成的刀路轨迹转化成机床能够识别的 G 代码指令,生成的 G 代码指令可以直接输入数控机床用于加工。考虑到生成程序的通用性,CAM 软件可以针对不同的机床设置不同的机床参数和特定的数控代码程序格式,同时还可以对生成的机床代码的正确性进行校核。

后置处理模块包括后置设置、生成 G 代码和校核 G 代码 3 个功能。

(1) 刀路轨迹准备 刀路轨迹是 CAM 软件编程中,根据零件的几何形状和加工要求生成的刀具加工路径,如图 4-65 所示。刀路轨迹包括切削轮廓、进给速度和切削速度等信息,是生成 G 代码的重要依据,因此需确保刀路轨迹内的各项参数无误。

任务四 底板加工

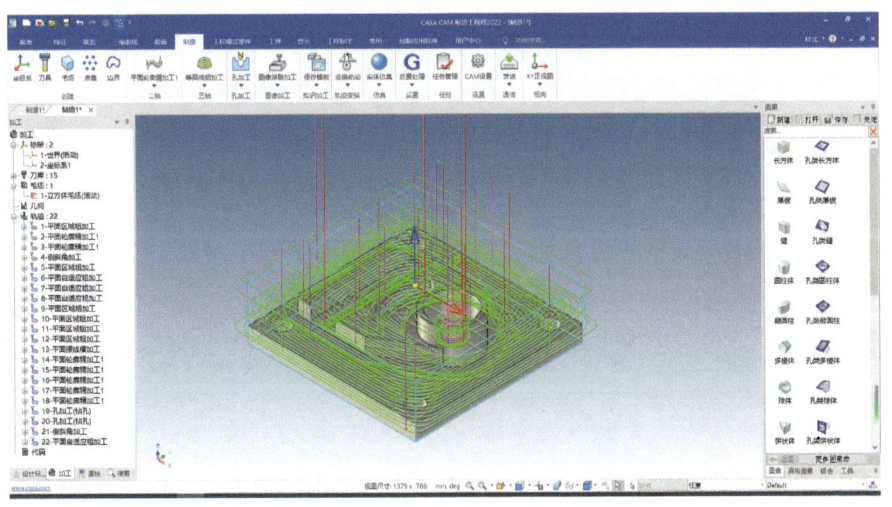

图 4-65 刀路轨迹

（2）后置处理 刀路轨迹设计完成后，先选择菜单栏中的"制造"选项卡，即显示制造相关的各种命令，如图 4-66 所示，单击"后置处理"命令，弹出"后置处理"对话框，如图 4-67 所示。选择相对应的控制系统和设备配置（机床类型）。若应用 FANUC 三轴加工中心进行加工，则应选择"控制系统"为"Fanuc"，"设备配置"为"铣加工中心_3X"，其余选择默认，完成操作系统和机床类型的选择。

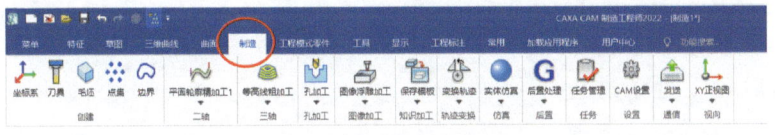

图 4-66 "制造"选项卡

拾取刀路设置界面如图 4-68 所示，单击"拾取"按钮弹出刀路列表（图 4-69），依次拾取需要后置处理的刀路轨迹，单击鼠标右键确定，完成刀路轨迹的选择，如图 4-70 所示。

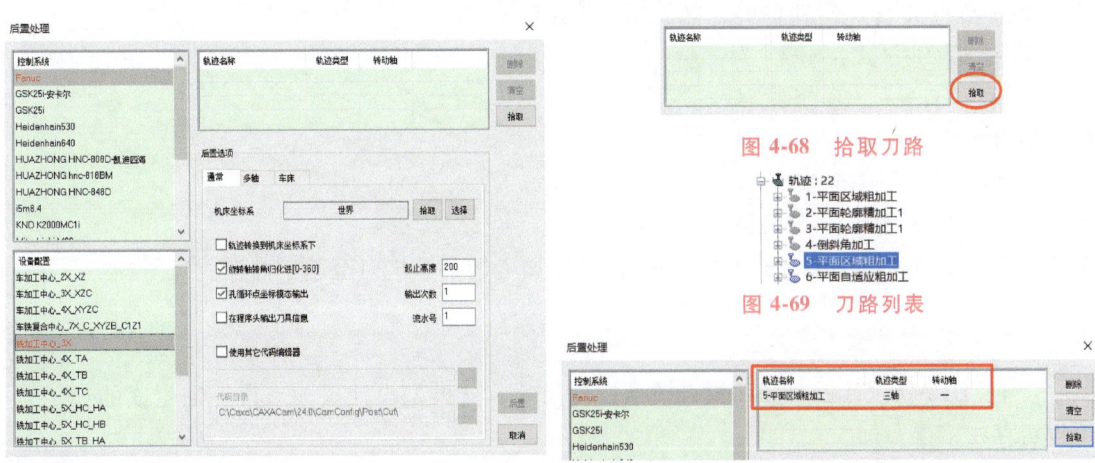

图 4-67 "后置处理"对话框　　图 4-68 拾取刀路
　　　　　　　　　　　　　　　图 4-69 刀路列表
　　　　　　　　　　　　　　　图 4-70 完成刀路轨迹选择

最后，单击"后置处理"对话框中的"后置"按钮，即生成加工程序 G 代码和相关附加信息，如图 4-71 所示。

确认程序结构正确无误后，可以发送 G 代码进行机床加工或保存加工程序。若程序结构与机床加工仍存在不合理处，则需对后置文件进行修改。

（3）修改后置文件建议　针对现有机床设备，对照加工程序，如图 4-72 所示，核对程序格式和相应功能是否合理，一般问题主要出现在程序开头和结尾处。

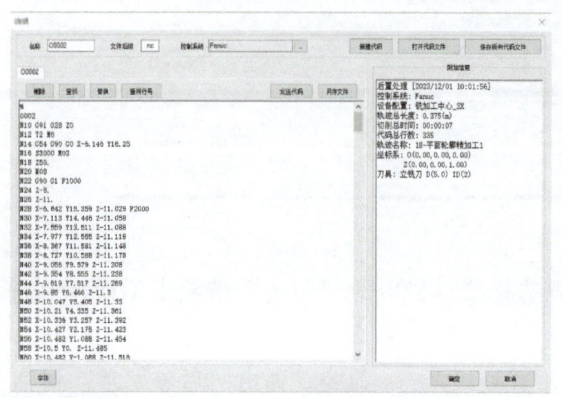

图 4-71　加工程序 G 代码和相关附加信息

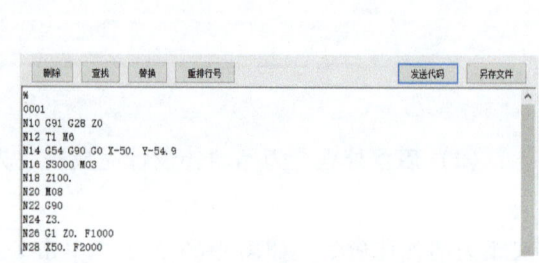

图 4-72　加工程序

图 4-72 所示的程序中的 N12 程序段为换刀指令"T1 M6"，若后置生成数控铣床加工程序，则无须使用此段指令。程序中还缺少刀具长度补偿指令"G43"，需在后置设置中进行修改。零件加工完成后，为便于装卸工件，可在程序结尾处增加"G28 Y0"程序段，使"Y 轴"移动至机械"零点"处，靠近操作人员。钻孔循环中有两种抬刀方式，分别为"G98"和"G99"，系统默认后置抬刀方式为"G99"（即某孔加工结束后抬刀至安全高度），如图 4-73 所示。为保证

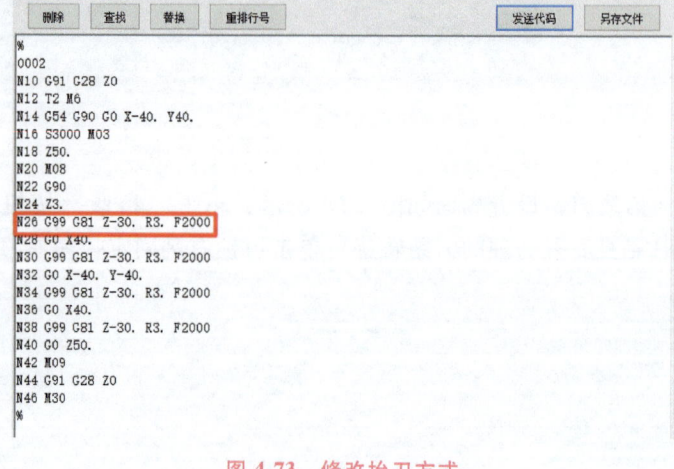

图 4-73　修改抬刀方式

加工安全，也可修改抬刀方式为"G98"，某孔加工结束后抬刀至起始高度。

【任务注意事项】

1. 进行 CAD 设计后要仔细检查模型设计尺寸，若模型设计尺寸有误，则生成的加工轨迹肯定存在错误。

2. 通过 CAM 软件生成加工轨迹后，一定要逐个测量和核对铣削深度、余量以及加工精

度等参数，以确保 CAM 加工设计的正确性，并正确选用后置处理文件，生成正确的数控加工程序。

3. 在平面自适应粗加工中，设置底层高度时需注意深度尺寸，确保精加工时有足够的深度余量。

4. 在平面自适应粗加工中，设置层高时要注意参数合理，一般每层铣削深度不大于刀具直径的 1.5 倍，可根据实际情况选择合适的层高；行距一般不大于刀具直径的 20%，应采取"大切深、小切宽、高进给"的加工方式。

5. 使用平面自适应粗加工对内轮廓进行粗加工时，"连接方式"必须选择"加下刀"选项，防止下刀时刀具垂直切入材料而损坏。

6. 加工封闭型窄槽时，使用平面轮廓精加工层间走刀"螺旋"方式，可避免没有空间下刀或因空间不足而出现过切的情况，同时有助于延长刀具总寿命。

7. 后置处理生成加工程序时，选择正确的控制系统和设备配置，避免后置生成的程序格式与机床不匹配。

【知识广角】

了解世界技能大赛项目（二）

世界技能大赛中考核选手 CAD/CAM 能力的项目有 CAD 机械设计、制造团队挑战赛等赛项。

1. CAD 机械设计

CAD 机械设计项目是指使用计算机辅助设计软件完成零件或产品数字建模、图样生成、方案设计和三维打印等工作的技能竞赛项目。

世界技能大赛 CAD 机械设计项目比赛共分为建模与装配设计、机械制造、设计挑战赛和逆向工程 4 个模块，赛程为 4 天，累计比赛时间为 22h。

2. 制造团队挑战赛

制造团队挑战赛项目要求由项目管理、计算机辅助设计、编程、机械加工、焊接、电气/电子和装配方面的专业技术与技能人员组成精干高效的 3 人团队，团队要进行设备（可能是一次性的设备，也可能是成批生产的样机。）的设计、制造、组装和测试。

世界技能大赛制造团队挑战赛项目比赛赛程为 4 天。前 3 天进行设备设计、制造和组装，累计比赛时间限定在 21h 内，所用时间越短越好。第 4 天进行设备测试，累计比赛时间限定在 7h 内，所有参赛队伍依次操作设备实现所有功能。只有每个团队成员具有超越自身专业和技能界限的思维能力，才能充分发挥团队的综合实力。

【任务巩固】

某企业需加工一批底板，如图 4-74 所示，应用 CAM 软件进行实体造型、设计加工工艺、编制加工程序。此任务要求在 FANUC 数控加工中心上完成底板的铣削加工，零件材料为 2A12，毛坯尺寸为 152mm×102mm×32mm，加工数量为 100 件。

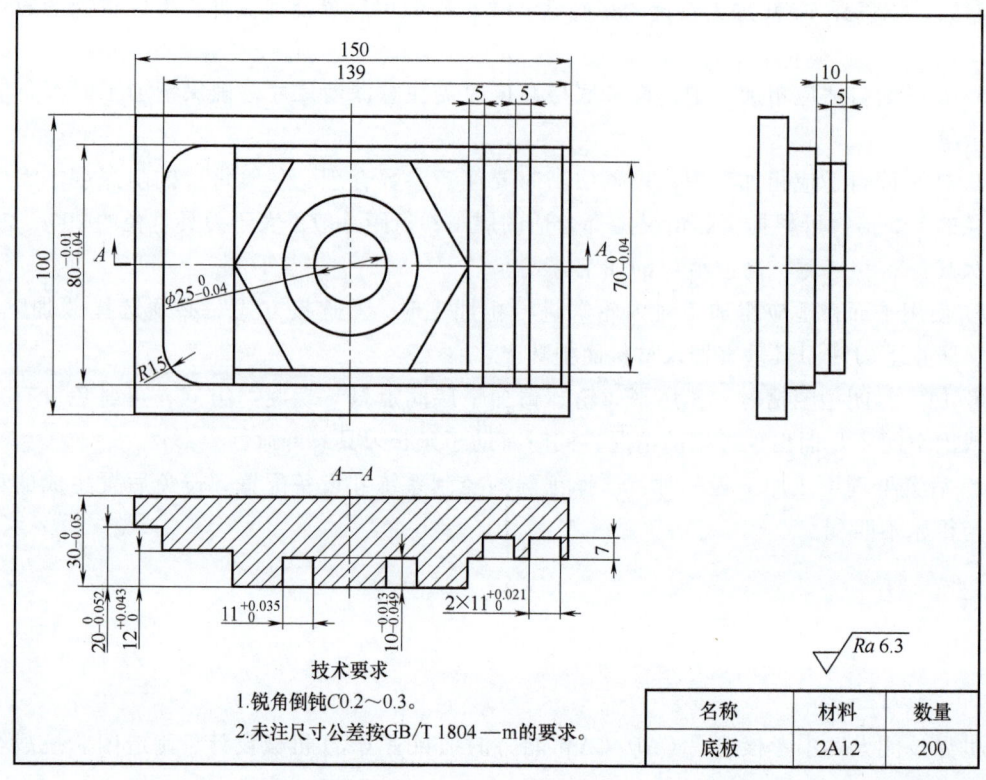

图 4-74 底板零件图

任务五 角度定位套加工

【能力目标】

1. 能根据角度定位套零件图样要求进行实体造型。
2. 能根据角度定位套加工要求进行加工工艺的编制。
3. 能应用三轴自适应粗加工命令（三维轮廓高速动态铣）进行角度定位套的三维整体粗加工刀路设计。
4. 能应用参数线精加工、轮廓导动精加工命令分别对角度定位套的轮廓倒圆角、圆弧面进行粗、精加工刀路设计。
5. 能根据角度定位套的加工要求，合理选用平面区域粗加工、平面轮廓精加工命令和刀具进行零件底面、轮廓精加工刀路设计，并合理设置刀路各参数。

【任务说明】

角度定位套是一种对工件角度和位置进行定位的零件，用于确保工件在加工、装配和检测过程中的准确度和精度。某企业需加工一批角度定位套，如图 5-1 所示，通过角度定位套

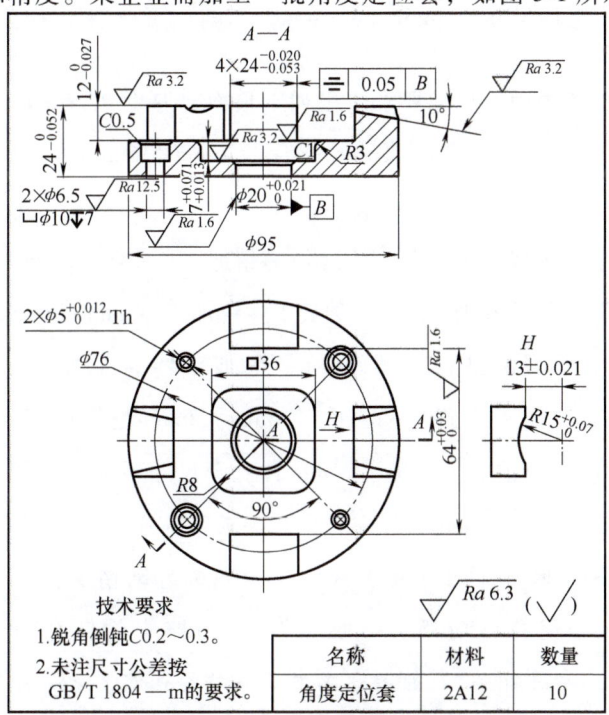

图 5-1 角度定位套零件图

实体造型、设计加工工艺和编制加工程序,完成该零件上各类轮廓的加工。

本任务要求在 FANUC 数控加工中心上完成角度定位套的钻削和铣削加工,零件材料为 2A12,毛坯尺寸为 $\phi 95\text{mm} \times 25\text{mm}$,加工数量为 20 件。

【任务实施】

一、任务分析

1. 造型分析

角度定位套特征结构主要包括板、凸台、凹槽、孔和曲面,结构比较简单。可以先应用"拉伸"■命令增料,生成 $\phi 95\text{mm} \times 25\text{mm}$ 实体特征,再应用"拉伸"■命令除料,生成凸台、圆孔、凹槽和曲面,再应用"自定义孔"■命令生成孔特征,完成角度定位套造型。

2. 加工工艺分析

该角度定位套的毛坯材料为 2A12,毛坯尺寸为 $\phi 95\text{mm} \times 25\text{mm}$,毛坯类型为棒料,经粗加工成半成品,主要加工内容为 $24_{-0.052}^{0}\text{mm}$ 总厚、$4 \times 24_{-0.053}^{-0.020}\text{mm}$ 凸台、$36\text{mm} \times 36\text{mm}$ 槽、$\phi 20_{0}^{+0.021}\text{mm}$ 内孔、$R15_{0}^{+0.07}\text{mm}$ 圆弧面、$R3$ 轮廓倒角、$2 \times \phi 5_{0}^{+0.012}\text{mm}$ 通孔、$2 \times \phi 6.5\text{mm}$ 通孔、$2 \times \phi 10\text{mm}$ 沉孔,主要尺寸公差等级均为 IT7 级,分别需要铣削和钻削加工。零件结构相对比较简单,工序集中,难点在于两处曲面造型与加工,适合采用加工中心加工。

二、实施方案

1. 工艺路线及 CAM 工艺设计

采用 2A12 型材,毛坯尺寸为 $\phi 95\text{mm} \times 25\text{mm}$,车削加工备料,工艺路线及 CAM 工艺设计如下。

工序 1:粗、精加工顶面至尺寸要求。粗加工顶面至厚度 24.5mm(应用"平面区域粗加工"■刀路)→整体粗加工 $4 \times 24_{-0.053}^{-0.020}\text{mm}$ 凸台、$36\text{mm} \times 36\text{mm}$ 槽、$\phi 20_{0}^{+0.021}\text{mm}$ 内孔,侧面、底面各留 0.2mm 余量(应用"三轴自适应粗加工"■刀路)→精加工顶面,保证厚度 $24_{-0.052}^{0}\text{mm}$(应用"平面区域粗加工"■刀路)→精加工 $4 \times 24_{-0.053}^{-0.020}\text{mm}$ 凸台底面,保证深度 $12_{-0.027}^{0}\text{mm}$(应用"平面区域粗加工"■刀路)→精加工 $36\text{mm} \times 36\text{mm}$ 槽底面,保证深度 $7_{+0.013}^{+0.071}\text{mm}$(应用"平面区域粗加工"■刀路)→精加工 $4 \times 24_{-0.053}^{-0.020}\text{mm}$ 凸台侧面至尺寸要求(应用"平面轮廓精加工"■刀路)→精加工 $36\text{mm} \times 36\text{mm}$ 槽侧面至尺寸要求(应用"平面轮廓精加工"■刀路)→精加工 $\phi 20_{0}^{+0.021}\text{mm}$ 内孔至尺寸要求(应用"平面轮廓精加工"■刀路)→粗、精加工 $R15_{0}^{+0.07}\text{mm}$ 圆弧面至尺寸要求(应用"参数线精加工"■刀路)→粗、精加工 $R3\text{mm}$ 轮廓倒圆角至尺寸要求(应用"轮廓导动精加工"■刀路)→钻-锪 $2 \times \phi 6.5\text{mm}$ 通孔及 $\phi 10\text{mm}$ 沉孔(应用"孔加工"■刀路中的钻孔指令 G81)→钻-铰 $2 \times \phi 5_{0}^{+0.012}\text{mm}$ 通孔(应用"孔加工"■刀路中的钻孔指令 G81)→轮廓倒角 $C0.5\text{mm}$(应用"倒斜角加工"■刀路)。

2. 夹具选择及加工坐标系确定

该角度定位套为小批量生产，毛坯外形为圆柱，属于规则工件。因此，工序 1 选用自定心卡盘装夹，工件装夹及工件坐标系设置如图 5-2 所示。加工时，卡爪高度为 40mm，毛坯材料厚度为 25mm，夹持厚度为 10mm（铣削最深处为 12mm），因此，需选用 30mm 高的等高块定位工件。

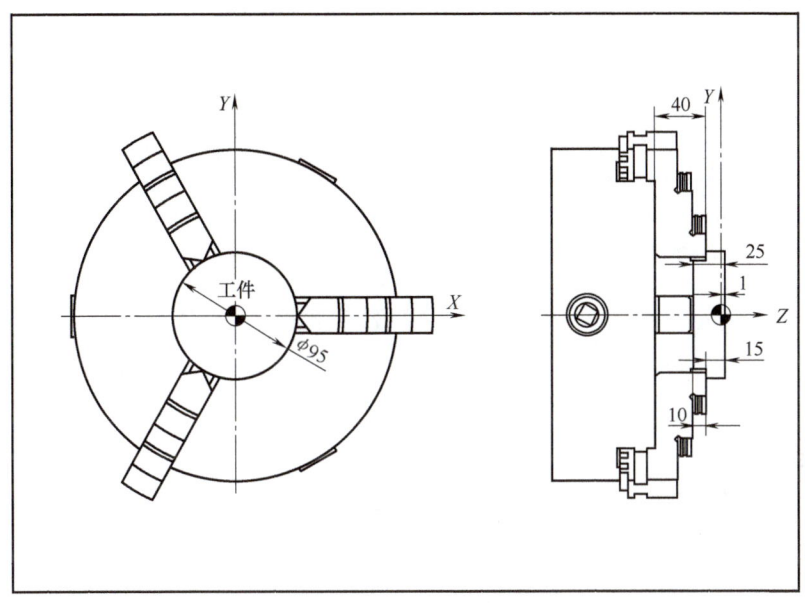

图 5-2 工序 1 工件装夹及工件坐标系设置

3. 角度定位套 CAM 工艺简卡（表 5-1）

表 5-1 角度定位套 CAM 工艺简卡

工件名称		角度定位套		材料	2A12	加工设备型号及系统	MV850 加工中心 FANUC 数控加工中心		
工序号	工序内容	工步号	工步内容	工步切削模型		加工策略	刀具规格及尺寸	切削参数（参考值）	备注
0	备料 φ95mm×25mm		车削加工至尺寸 φ95mm×25mm，并标记基准端面						棒料截面尺寸 φ100mm
1	粗、精加工顶面至尺寸要求	1	粗加工顶面至厚度 24.5mm			平面区域粗加工	φ10mm 高速钢立铣刀		
		2	整体粗加工轮廓，轮廓单侧面、底面各留 0.2mm 余量			三轴自适应粗加工	φ10mm 高速钢立铣刀	$S = 3500$r/min $F = 1000$mm/min $a_p = 2$mm $a_e = 10$mm	刀路设计本任务详解

（续）

工件名称		角度定位套		材料	2A12	加工设备型号及系统	MV850加工中心 FANUC数控加工中心		
工序号	工序内容	工步号	工步内容	工步切削模型		加工策略	刀具规格及尺寸	切削参数（参考值）	备注
1	粗、精加工顶面至尺寸要求	3	精加工顶面,保证厚度 $24_{-0.052}^{0}$ mm			平面区域粗加工	ϕ10mm 高速钢立铣刀		
		4	精加工 $4 \times 24_{-0.053}^{-0.020}$ mm 凸台底面,保证深度 $12_{-0.027}^{0}$ mm			平面区域粗加工	ϕ10mm 高速钢立铣刀		
		5	精加工 36mm×36mm 槽底面,保证深度 $7_{+0.013}^{+0.071}$ mm			平面区域粗加工	ϕ10mm 高速钢立铣刀		
		6	精加工 $4 \times 24_{-0.053}^{-0.020}$ mm 凸台侧面至尺寸要求			平面轮廓精加工	ϕ10mm 高速钢立铣刀		
		7	精加工 36mm×36mm 槽侧面至尺寸要求			平面轮廓精加工	ϕ10mm 高速钢立铣刀		
		8	精加工 $\phi 20_{0}^{+0.021}$ mm 内孔至尺寸要求			平面轮廓精加工	ϕ10mm 高速钢立铣刀		
		9	粗、精加工 $R15_{0}^{+0.07}$ mm 圆弧面至尺寸要求			参数线精加工	ϕ6mmR3 球头铣刀	$S=6000$r/min $F=2000$mm/min $a_p=0.2$mm $a_e=0.2$mm	刀路设计本任务详解
		10	粗、精加工 $R3$mm 轮廓倒圆角至尺寸要求			轮廓导动精加工	ϕ6mmR3 球头铣刀	$S=6000$r/min $F=2000$mm/min $a_p=0.2$mm $a_e=0.2$mm	刀路设计本任务详解

（续）

工件名称		角度定位套		材料	2A12	加工设备型号及系统	MV850 加工中心 FANUC 数控加工中心		
工序号	工序内容	工步号	工步内容	工步切削模型		加工策略	刀具规格及尺寸	切削参数（参考值）	备注
1	粗、精加工顶面至尺寸要求	11	钴-锪 2×φ6.5mm 通孔及 φ10mm 沉孔			孔加工-钻孔 G81 指令	φ6.5mm、φ10mm 高速钢麻花钻		
		12	钴-铰 2×φ5$_{0}^{+0.012}$mm 通孔			孔加工-钻孔 G81 指令	φ4.8mm 高速钢麻花钻、φ5mm H7 铰刀		
		13	轮廓倒角 C0.5mm			倒斜角加工	φ6mm V90°高速钢倒角刀		
2	去毛刺，清洗								
3	检验，入库								

三、实施过程

以工序 1 粗、精加工顶面至尺寸要求中的工步 2、9 和 10 为例（表 5-1），介绍"三轴自适应粗加工""参数线精加工"和"轮廓导动精加工"等命令刀路的实际应用方法。

（1）**工步 2**（三轴自适应粗加工） 整体粗加工 $4×24_{-0.053}^{-0.020}$mm 凸台、36mm×36mm 槽、$φ20_{0}^{+0.021}$mm 内孔，单侧面、底面各留 0.2mm 余量（应用"三轴自适应粗加工"刀路），三轴自适应粗加工生成的刀路轨迹如图 5-3 所示，拾取零件加工区域如图 5-4 所示，拾取零件毛坯如图 5-5 所示。

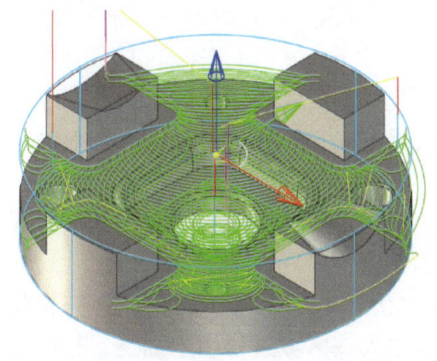

图 5-3 三轴自适应粗加工生成的刀路轨迹

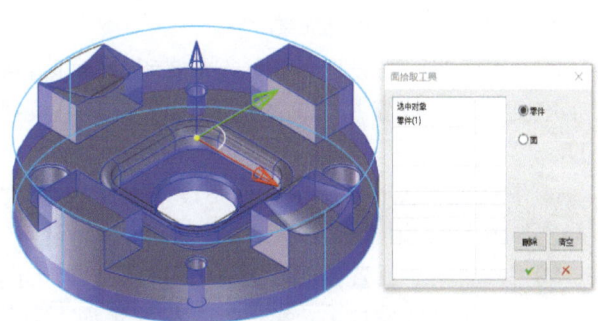

图 5-4 拾取零件加工区域

1)设置加工参数。"加工参数"选项卡的设置如图5-6所示,"加工方式"选择"往复",减少刀具空行程,提高进给效率。"加工方向"选择"顺铣",提高切削效率,降低刀具磨损,加工平稳无振动。"优先策略"选择"区域优先",减少区域抬刀。"余量和精度"中"余量类型"选择"整体余量","整体余量"为"0.2",也可根据情况选择相应的"径轴向余量",如图5-7所示,"加工精度"为"0.1"(降低加工精度可以减少程序计算量,提高加工效率)。"层参数"中"层高"为"12"(一般与刀具直径相同,可根据实际情况进行适当调整,建议不超过刀具直径的150%)。"行距"为"2",总体采用"大切深、小切宽"的加工方式。相对于平面自适应粗加工,三轴自适应粗加工无须指定顶层和底层高度,系统会根据零件模型自动判别。

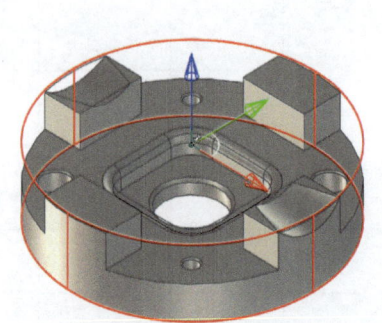

图5-5 拾取零件毛坯

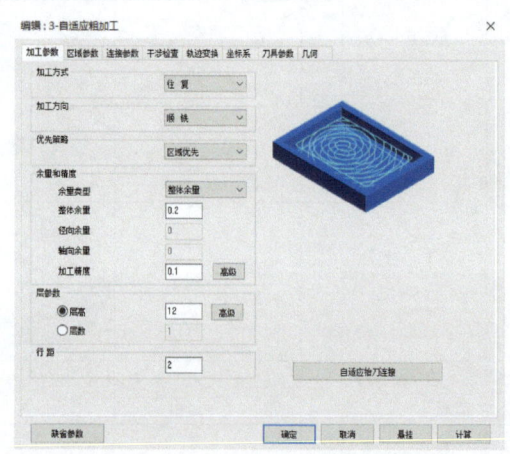

图5-6 "加工参数"选项卡

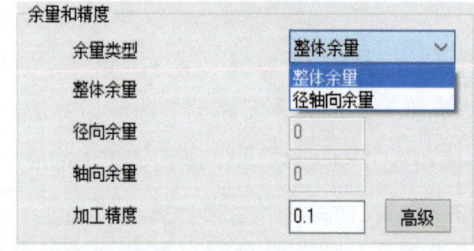
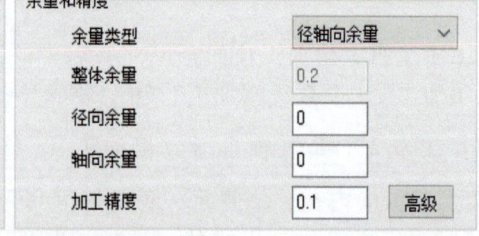

图5-7 "余量类型"设置界面

2)设置区域参数。"区域参数"选项卡中可设置"高度范围""起始点""加工边界""工件边界"和"补加工"等。

① "高度范围"设置界面如图5-8所示,可由系统根据实体类型进行自动识别或根据加工工序由使用者设置加工高度范围,本实例中根据"由毛坯确定的范围"自动识别加工高度。

② 常规轮廓无特殊要求时可不设定"起始点""加工边界"和"工件边界",其设置界面分别如图5-9、图5-10和图5-11所示(若需设置,选择"使用"选项即可设置)。

③ "补加工"设置界面如图5-12所示,常用于需要二次开粗的零件,如在正常开粗结束后,由于轮廓区域过小,第一次选择的粗加工刀具无法进入该区域进行切削加工,这时就需要进行"补加工"设置。

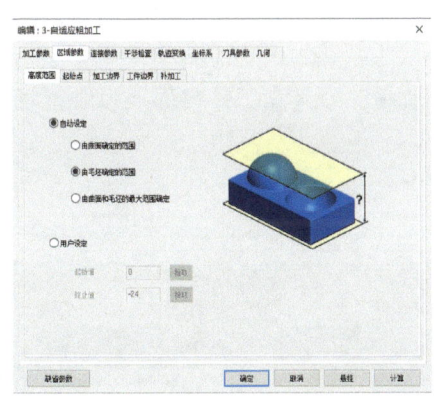

图 5-8 "高度范围"设置界面

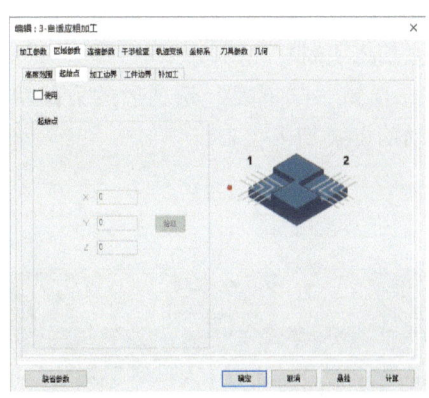

图 5-9 "起始点"设置界面

图 5-10 "加工边界"设置界面

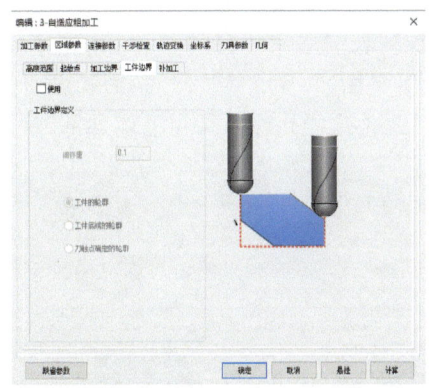

图 5-11 "工件边界"设置界面

二次开粗可以选择打开"补加工"功能，输入第一次开粗的刀具直径和刀具圆角半径，同时设置补加工余量类型和余量值，即可对未粗加工完全的区域进行二次开粗。

3）设置连接参数。"连接参数"选项卡的设置如图 5-13 所示。

① 常规加工情况下，"连接方式"按照系统默认参数设置即可。

② 角度定位套工件开粗时有内轮廓存在，必须选择"连接方式"中的"加下刀"选项，如图 5-13 所示，防止垂直下刀造成刀具损坏。

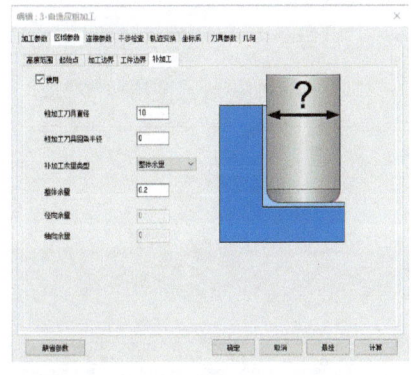

图 5-12 "补加工"设置界面

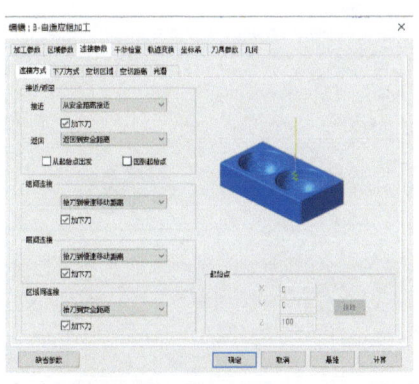

图 5-13 "连接参数"选项卡

③ 若不选择"加下刀"选项，则刀路轨迹如图 5-14 所示。刀具在工件内部下刀时，刀具垂直切入工件。

④ 选择"加下刀"选项后的刀路轨迹如图 5-15 所示。刀具在工件内部下刀时，将以螺旋运动的方式切入工件。

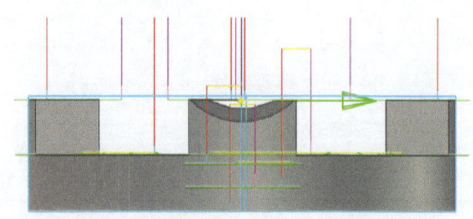 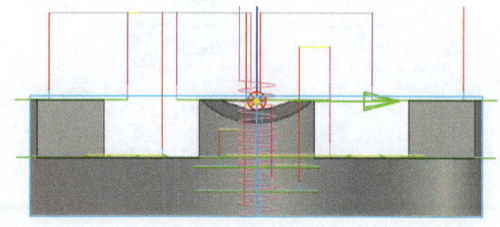

图 5-14　未选择"加下刀"选项的刀路轨迹　　　图 5-15　选择"加下刀"选项后的刀路轨迹

⑤ "下刀方式"设置界面如图 5-16 所示，选择"中心可切削刀具"（如键槽铣刀等），在下拉列表中选择"自动"（可根据零件情况选择合适的方式，如图 5-17 所示），"倾斜角（与 XY 平面）"为"5"，"斜面长度（刀具直径%）"为"80"，"毛坯余量（层高%）"为"100"，选择"允许刀具在毛坯外部"。

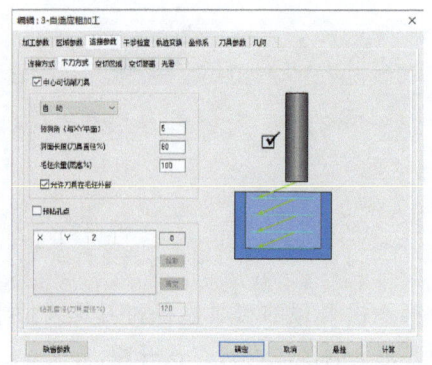 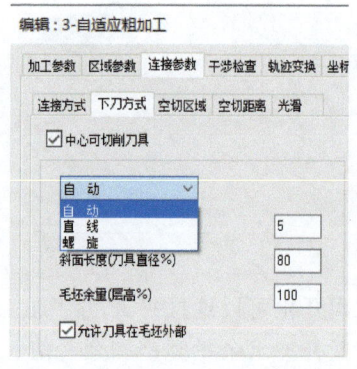

图 5-16　"下刀方式"设置界面　　　图 5-17　"下刀方式"下拉列表选择界面

⑥ "空切区域"设置界面如图 5-18 所示，"区域类型"为"平面"，"平面参数"中"平面法矢量平行于"为"Z 轴"（参考刀具退刀方向，也可根据实际情况选择，如图 5-19

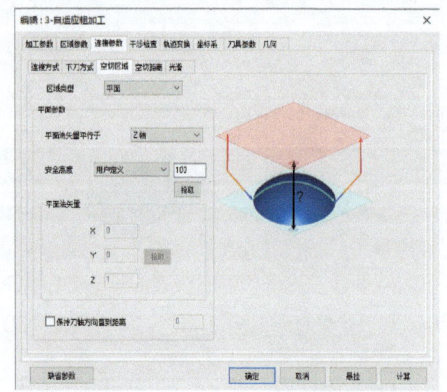 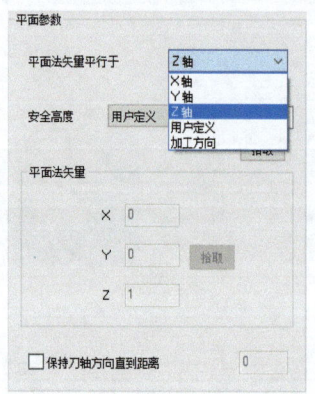

图 5-18　"空切区域"设置界面　　　图 5-19　"平面法矢量平行于"设置界面

所示），"安全高度"为"100"，设置"安全高度"的目的是保证刀具安全高度，防止因抬刀距离不够而导致撞机。

⑦"空切距离"设置界面如图5-20所示，"距离"中"快速移动距离"为"10"、"切入慢速移动距离"为"3"、"切出慢速移动距离"为"2"、"空走刀安全距离"为"10"，为保证加工速度，应尽量减少慢速移动距离。

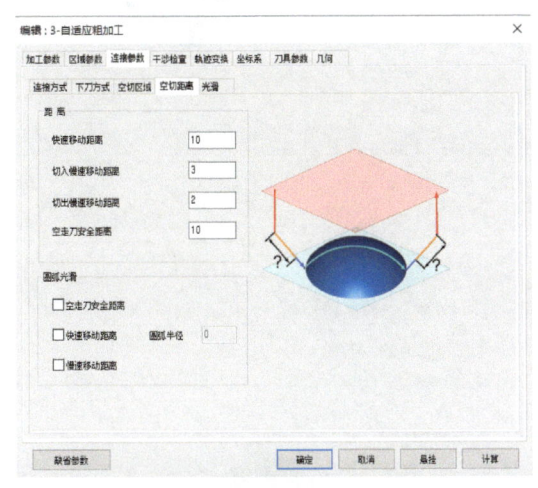

图 5-20 "空切距离"设置界面

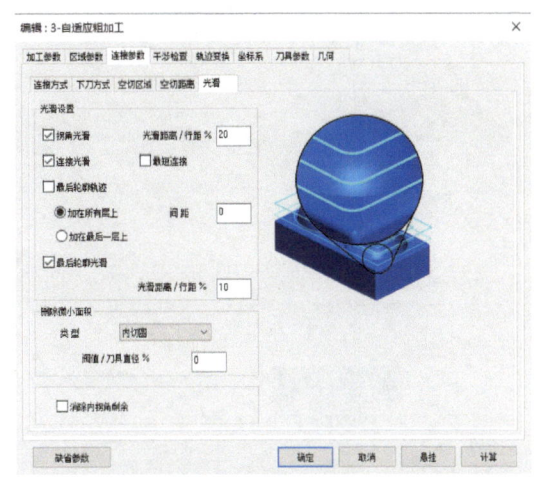

图 5-21 "光滑"设置界面

⑧"光滑"设置界面如图5-21所示，在刀路拐角处进行光滑处理，能减少移动冲击，此处可按系统默认参数设置。

4）设置干涉检查。"干涉检查"选项卡的设置如图5-22所示，干涉检查主要用于检查刀具切削刃是否足够，刀具形状是否适合，刀柄与工件是否会出现碰撞等情况，三轴加工中一般无须进行干涉检查，干涉检查常用于多轴联动加工中，此处按系统默认参数设置。

5）设置轨迹变换。"轨迹变换"选项卡的设置如图5-23所示，"平移与旋转"多用于拷贝刀路轨迹，可以避免重复设置相同形状零件的刀路参数。"圆柱包裹"为回转类零件四轴加工功能。

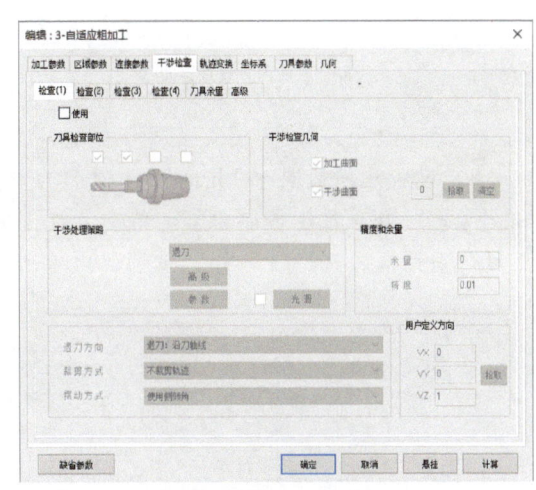

图 5-22 "干涉检查"选项卡

6）设置坐标系。"坐标系"选项卡的设置如图5-24所示，因当前加工工序的"工件坐标系"（加工坐标系）采用造型时的"世界坐标系"，所以按系统默认参数设置即可，无须另外选择"工件坐标系"。

7）设置刀具参数。"刀具参数"选项卡的设置如图5-25所示，选用φ10mm高速钢立铣刀，"刀杆类型"为"圆柱"，"刃长"为"25"，"刀杆长"为"30"，"刀具号（T）"为"1"，"半径补偿号（D）"为"1"，"长度补偿号（H）"为"1"，"主轴转速"为"3500"，"慢速下刀速度（F0）"为"500"，"切入切出连接速度（F1）"为"700"，"切削速度（F2）"为"900"，"退刀速度（F3）"为"10000"。

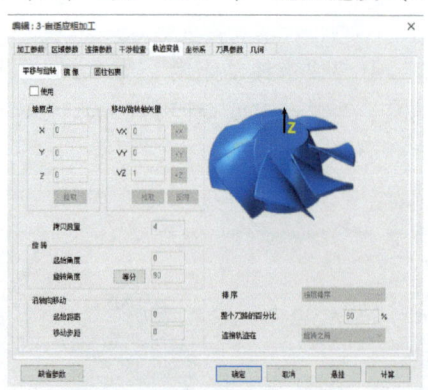

图5-23 "轨迹变换"选项卡

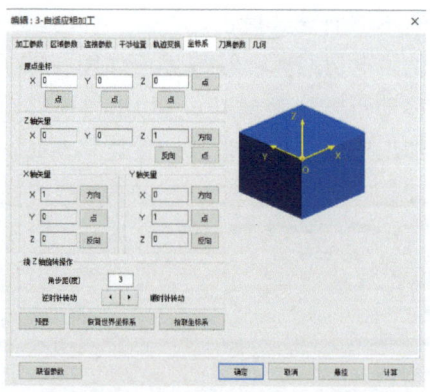

图5-24 "坐标系"选项卡

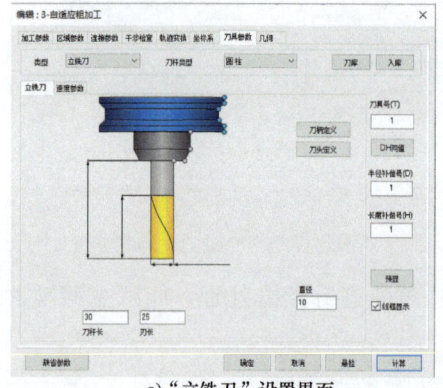

a) "立铣刀"设置界面

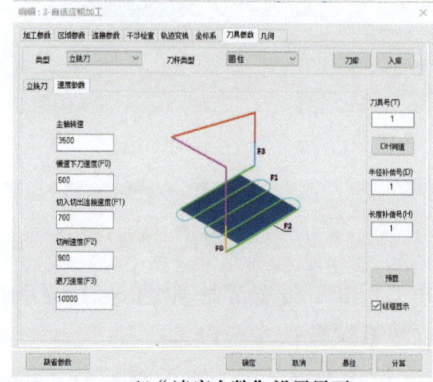

b) "速度参数"设置界面

图5-25 "刀具参数"选项卡

8）设置几何拾取。"几何"选项卡的设置如图5-26所示，本刀路需选取"加工曲面"和"毛坯"两项加工控制要素。单击"加工曲面"按钮后，弹出如图5-27所示的"面拾取工具"对话框，选择"零件"选项，再单击零件造型实体即可。

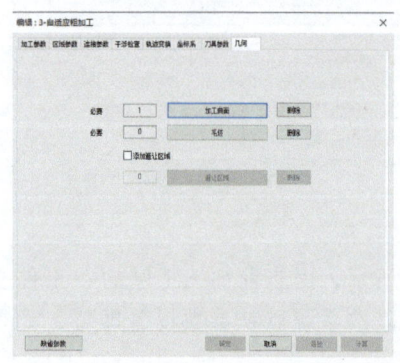

图5-26 "几何"选项卡选择"加工曲面"

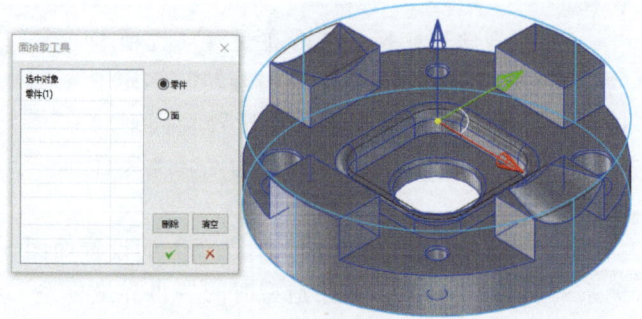

图5-27 "面拾取工具"对话框

加工曲面选择完成，继续拾取加工毛坯，如图5-28所示，单击"毛坯"按钮后，再单击毛坯轮廓，待毛坯轮廓显示为红色线框，如图5-29所示，单击鼠标右键确定完成毛坯选取。

最终生成三轴自适应粗加工刀路轨迹，如图5-30所示。

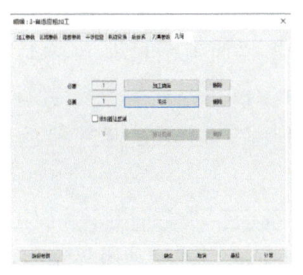

图 5-28 "几何"选项卡选择"毛坯"

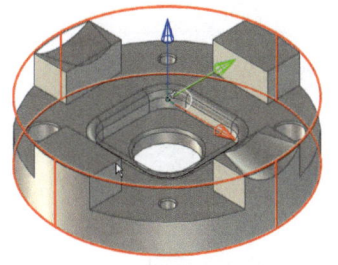

图 5-29 毛坯拾取完成状态

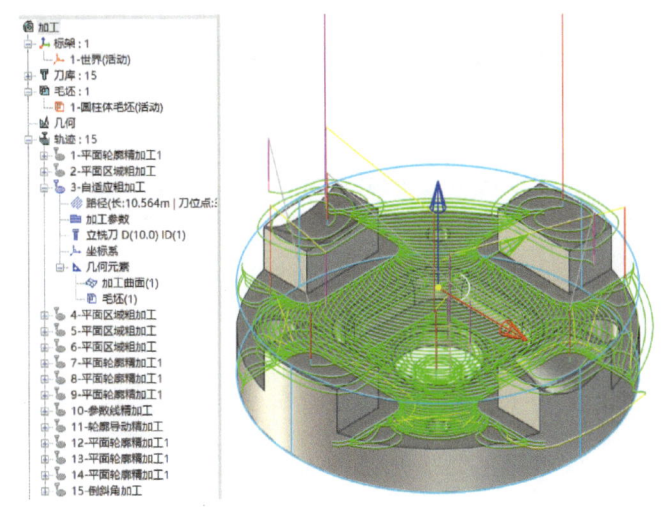

图 5-30 三轴自适应粗加工刀路轨迹

（2）**工步 9**（ 参数线精加工） 粗、精加工 $R15^{+0.07}_{0}$ mm 圆弧面至尺寸要求，生成的刀路轨迹如图 5-31 所示，拾取零件加工曲面如图 5-32 所示。

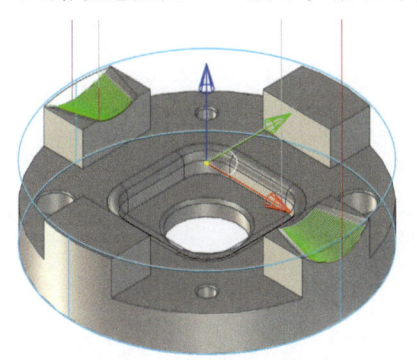

图 5-31 粗、精加工圆弧面生成的刀路轨迹

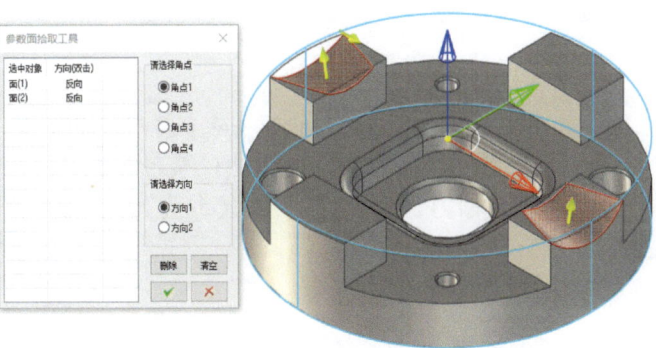

图 5-32 拾取零件加工曲面

1）设置加工参数。"加工参数"选项卡的设置如图 5-33 所示，"切入方式"和"切出方式"用于设置刀路轨迹的延伸。"行距定义方式"用于设置残留高度、刀次和行距等参数，这些参数决定每次切削的厚度和加工表面质量，一般选择"行距"方式，行距最大可取刀具圆角的 10%（行距越小，表面质量越高，但程序段数也相应增加）。"遇干涉面"可设置为"抬刀"或"投影"，为防止过切可选择"抬刀"。"走刀方式"可设置为"往复"或"单向"，选择"往复"可提高加

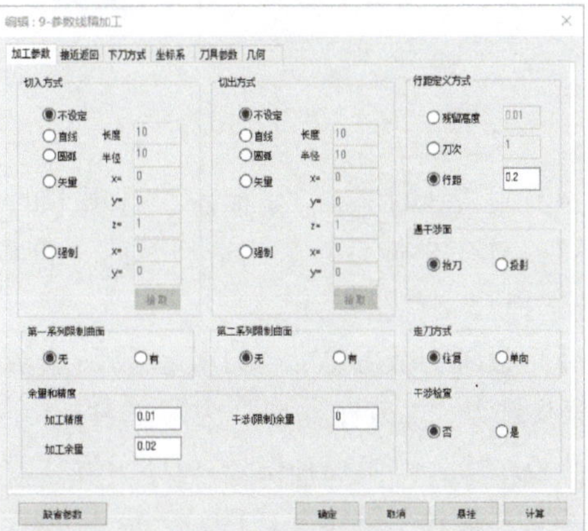

图 5-33 "加工参数"选项卡

工效率，减少抬刀。在"余量和精度"中设置"加工精度"参数时，为提高加工效率，对于粗加工可设置为"0.1"，对于精加工可设置为"0.01"；设置"加工余量"参数时，对于精加工可设置为"0"，对于粗加工可适当留精加工余量。其余参数按系统默认设置即可。

2）设置接近返回。"接近返回"选项卡的设置如图 5-34 所示，可设置接近和返回时的下刀位置和轨迹，一般无特殊要求时可不设定。

3）设置下刀方式。"下刀方式"选项卡的设置如图 5-35 所示，"安全高度（H0）"为"100"，"慢速下刀距离（H1）"为"3"，"退刀距离（H2）"为"0"。"切入方式"有 3 种，分别为"垂直""Z 字形"和"倾斜线"。

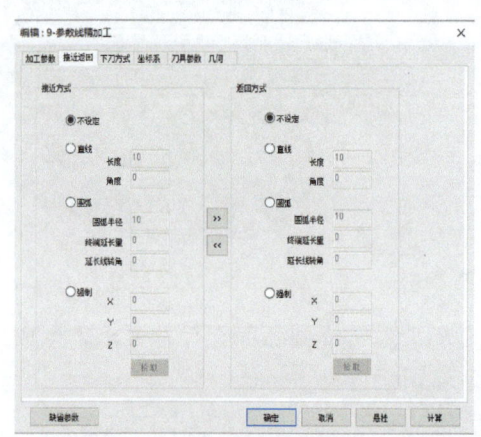 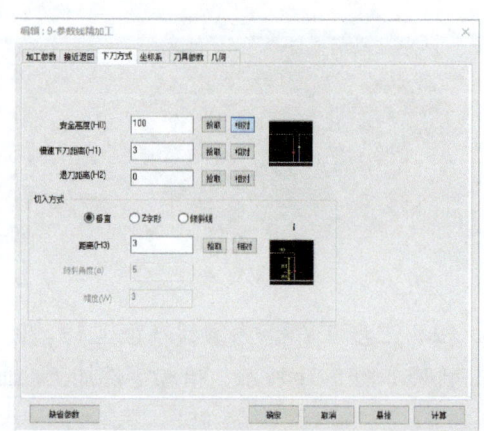

图 5-34 "接近返回"选项卡　　　　　　　图 5-35 "下刀方式"选项卡

① 垂直：常用于精加工和曲面去除余量较少的情况，"垂直"切入方式如图 5-36 所示。

② Z 字形/倾斜线：常用于曲面去除余量较大时的粗加工刀路，防止第一刀切入时余量太大导致过切或断刀，"Z 字形"切入方式如图 5-37 所示，"倾斜线"切入方式如图 5-38 所示。

 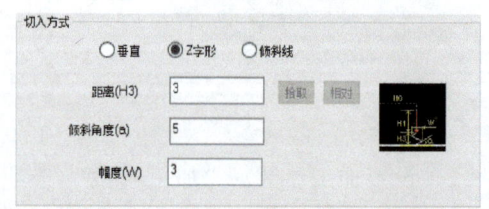

图 5-36 "垂直"切入方式　　　　　　　图 5-37 "Z 字形"切入方式

4）设置坐标系。"坐标系"选项卡的设置如图 5-39 所示，因当前加工工序的"工件坐标系"（加工坐标系）采用造型时的"世界坐标系"，所以按系统默认参数设置即可，无须另外选择"工件坐标系"。

5）设置刀具参数。"刀具参数"选项卡的设置如图 5-40 所示，曲面精加工选用 $\phi 6mm$ $R3$ 球头铣刀，"刀杆类型"为"圆柱"，"刃长"为"15"，"刀杆长"为"20"，"刀具号（T）"为"2"，"半径补偿号（D）"为"2"，"长度补偿号（H）"为"2"，"主轴转速"为"6000"，"慢速下刀速度（F0）"为"1000"，"切入切出连接速度（F1）"为"1200"，"切削速度（F2）"为"2000"，"退刀速度（F3）"为"10000"。

图 5-38 "倾斜线"切入方式

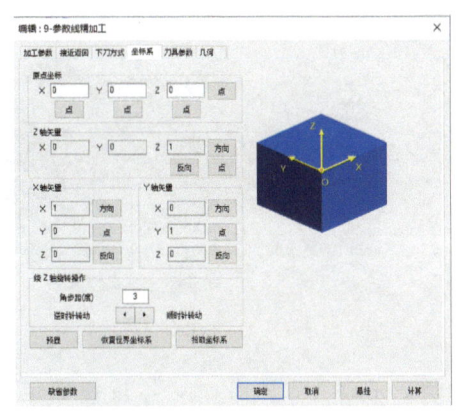

图 5-39 "坐标系"选项卡

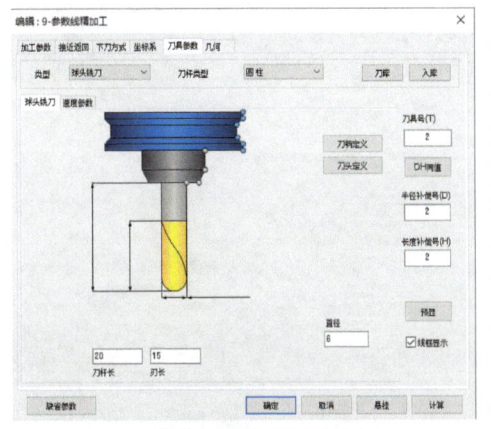

a) "球头铣刀"设置界面

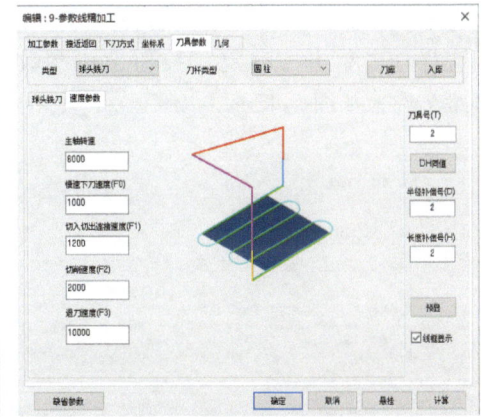

b) "速度参数"设置界面

图 5-40 "刀具参数"选项卡

6) 设置几何。"几何"选项卡的设置如图 5-41 所示,单击"加工曲面"按钮,弹出"参数面拾取工具"对话框,如图 5-42 所示。

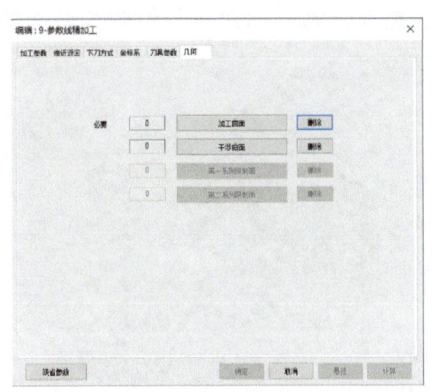

图 5-41 "几何"选项卡

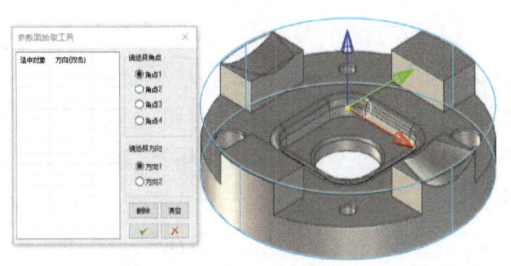

图 5-42 "参数面拾取工具"对话框

单击需要加工的曲面,如图 5-43 所示。此时观察曲面上的黄色箭头,该箭头决定了加工时刀具的位置与进给方向,若箭头所指方向不正确,则可以进行调整,如图 5-44 所示。

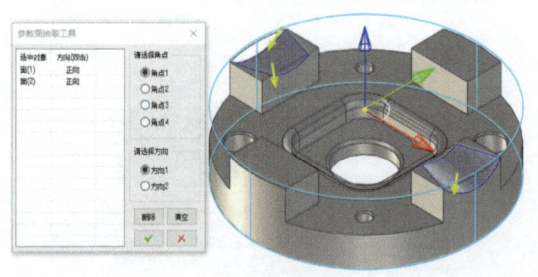

图 5-43 加工面拾取　　　　　图 5-44 调整加工方向

调整完成后，单击"√"按钮确定，图 5-45 所示为完成加工方向设置的状态。

加工曲面选择完成的界面如图 5-46 所示，若对加工设置干涉曲面，则可继续选择"干涉曲面"进行相应操作。单击"确定"按钮生成参数线精加工刀路轨迹，如图 5-47 所示。

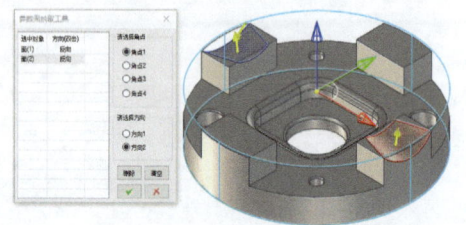

图 5-45 完成加工方向设置

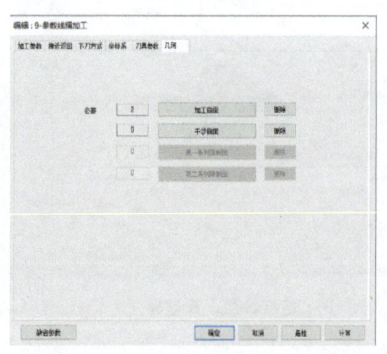

图 5-46 加工曲面选择完成　　　　图 5-47 参数线精加工刀路轨迹

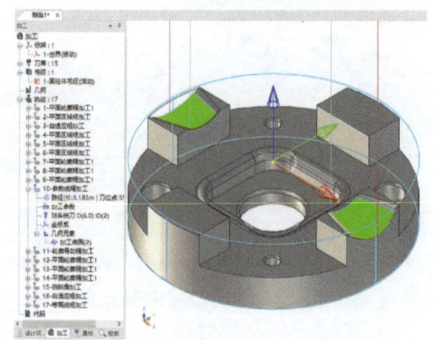

（3）工步 10（ 轮廓导动精加工）　粗、精加工 $R3$ 轮廓倒圆角至尺寸要求，轮廓导动精加工生成的刀路轨迹如图 5-48 所示，刀路生成前需提前绘制轮廓曲线与倒圆角截面曲线。轮廓导动精加工-轮廓曲线如图 5-49 所示，轮廓导动精加工-截面曲线如图 5-50 所示。

1）设置加工参数。"加工参数"选项卡的设置如图 5-51 所示，"加工参数"中可选择"行距"和"残留高度"，决定每次切削厚度和加工表面质量，一般选择"行距"方式，行距最大可取刀具圆角的 10%（行距越小表面质量越高，但程序量也相应增加）。"走刀方式"包括"往复"和"单向"，选择"往复"可提高加工效率，减少抬刀。"拐角过渡方式"包括"尖角"和"圆弧"，选择"圆弧"可提高表面质量。"截面线侧向"包括"内侧"和"外侧"。"轮廓曲线方向（要求与几何拾取方向一致）"包括"顺时针"和"逆时针"，无特殊要求均选择"顺时针"。

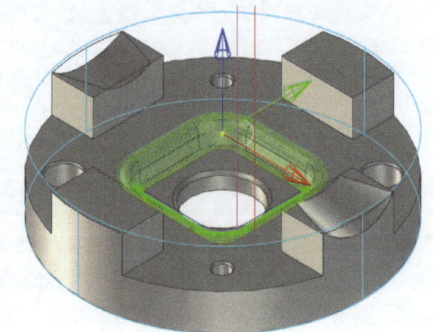

图 5-48 轮廓导动精加工生成的刀路轨迹

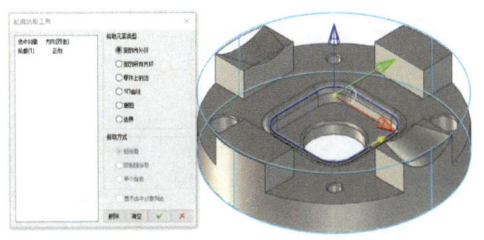

图 5-49　轮廓导动精加工-轮廓曲线

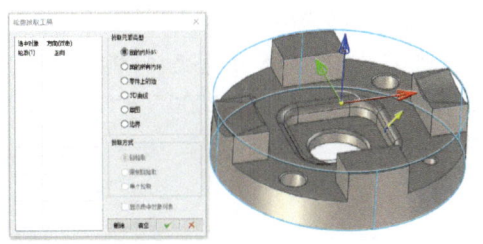

图 5-50　轮廓导动精加工-截面曲线

2）设置接近返回。"接近返回"选项卡的设置如图 5-52 所示，可设置接近和返回时的下刀位置和轨迹，原理与平面轮廓精加工一样，可在进刀点添加直线或圆弧轨迹，减少轮廓进刀处的进刀痕迹。

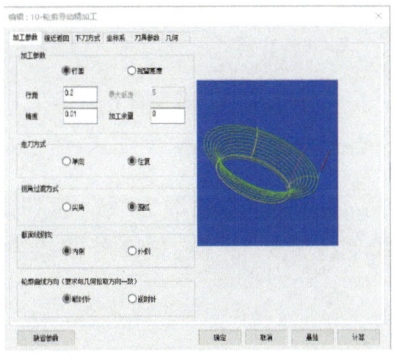

图 5-51　"加工参数"选项卡

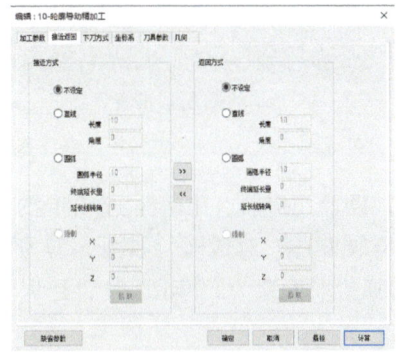

图 5-52　"接近返回"选项卡

3）设置下刀方式。"下刀方式"选项卡的设置如图 5-53 所示，"安全高度（H0）"为"100"，"慢速下刀距离（H1）"为"3""退刀距离（H2）"为"0"。"切入方式"为"垂直"，因此刀路应用于轮廓精加工之后，已没有多余加工余量，可不考虑下刀方式。

4）设置坐标系。"坐标系"选项卡的设置如图 5-54 所示，当前加工工序的"工件坐标系"（加工坐标系）采用造型时的"世界坐标系"，所以按系统默认参数设置即可，无须另外选择"工件坐标系"。

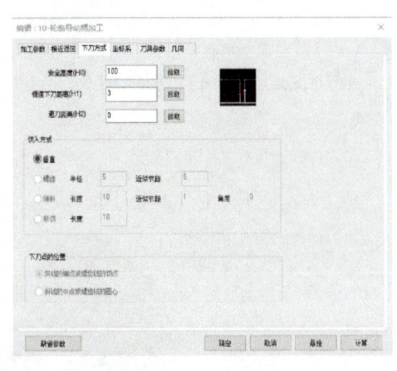

图 5-53　"下刀方式"选项卡

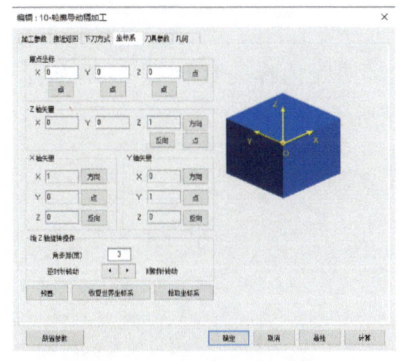

图 5-54　"坐标系"选项卡

5）设置刀具参数。"刀具参数"选项卡的设置如图 5-55 所示，曲面精加工选用 $\phi 6mm$ $R3$ 球头铣刀，"刀杆类型"为"圆柱"，"刃长"为"15"，"刀杆长"为"20"，"刀具号

(T)"为"2","半径补偿号(D)"为"2","长度补偿号(H)"为"2","主轴转速"为"6000","慢速下刀速度(F0)"为"1000","切入切出连接速度(F1)"为"1200","切削速度(F2)"为"2000","退刀速度(F3)"为"10000"。

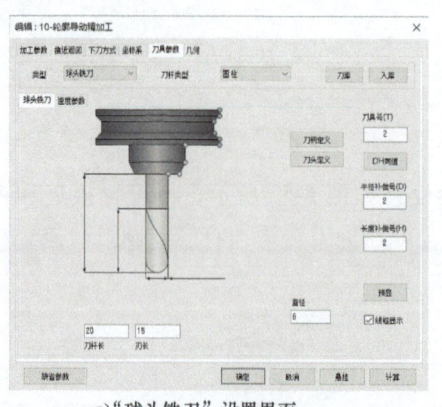
a)"球头铣刀"设置界面

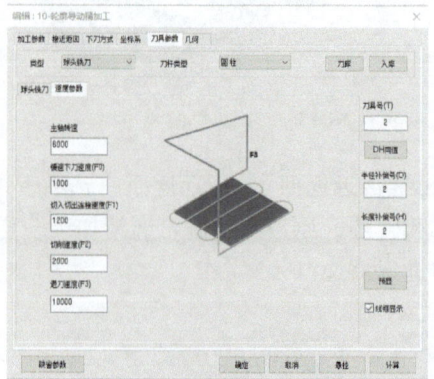
b)"速度参数"设置界面

图 5-55 "刀具参数"选项卡

6) 设置几何。"几何"选项卡的设置如图 5-56 所示,单击"轮廓曲线"按钮,弹出"轮廓拾取工具"对话框,如图 5-57 所示,拾取提前绘制完成的轮廓曲线,若曲线为草图,则先选择拾取元素为"草图",再选取轮廓曲线。

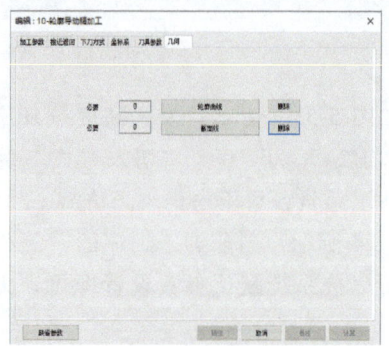

图 5-56 "几何"选项卡

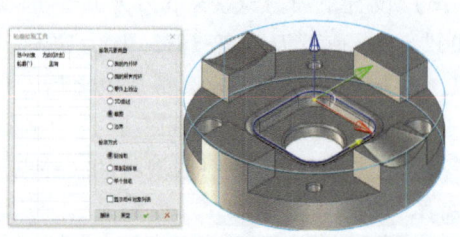

图 5-57 "轮廓拾取工具"对话框

轮廓曲线选择完成如图 5-58 所示,继续选择"截面线"进行倒圆角截面的选择,如图 5-59 所示。

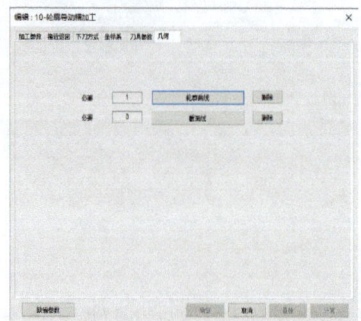

图 5-58 轮廓曲线选择完成

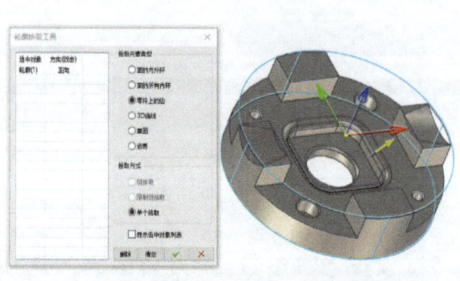

图 5-59 倒圆角截面的选择

几何拾取完成界面如图 5-60 所示。

最终生成参数线精加工刀路轨迹，如图 5-61 所示。

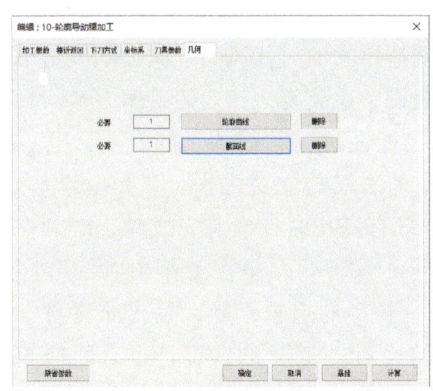

图 5-60　几何拾取完成界面

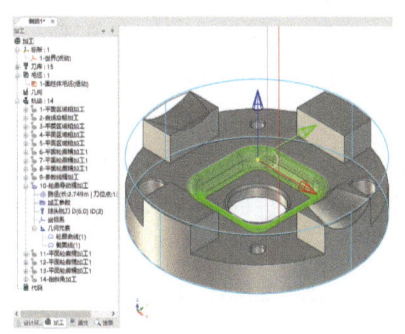

图 5-61　参数线精加工刀路轨迹

【任务注意事项】

1. 三轴自适应粗加工时设置的各项参数类似于平面自适应粗加工，并具有根据实体造型进行整体开粗的优点。

2. 三轴自适应粗加工适用于有实体造型的复杂轮廓类零件，通过"大切深、小切宽"的加工方式进行动态开粗，大大提高加工效率。

3. 参数线精加工命令适合加工常规曲面，通过行距来控制表面质量，加工时注意加工方向，优先选用从下往上加工。

4. 应用参数线精加工命令选取多个加工曲面时，需注意选取的顺序和位置，防止出现同一个刀路两种加工方向。

5. 轮廓导动精加工适合加工规则的轮廓倒角，需要有轮廓曲线和截面曲线。

6. 使用轮廓导动精加工命令时，轮廓曲线和截面曲线的位置决定了刀路轨迹，在绘制这两种曲线时需注意其方向和位置。

【知识广角】

工 匠 精 神

2020 年 11 月 24 日，在全国劳动模范和先进工作者表彰大会上，习近平总书记高度概括了工匠精神的深刻内涵："在长期实践中，我们培育形成了爱岗敬业、争创一流、艰苦奋斗、勇于创新、淡泊名利、甘于奉献的劳模精神，崇尚劳动、热爱劳动、辛勤劳动、诚实劳动的劳动精神，执着专注、精益求精、一丝不苟、追求卓越的工匠精神。"强调劳模精神、劳动精神、工匠精神是以爱国主义为核心的民族精神和以改革创新为核心的时代精神的生动体现，是鼓舞全党全国各族人民风雨无阻、勇敢前进的强大精神动力。

2021 年 9 月，党中央批准了中央宣传部梳理的第一批纳入中国共产党人精神谱系的伟大精神，劳模精神（劳动精神、工匠精神）在此之列。

劳模精神、劳动精神、工匠精神是中国共产党在团结带领全国各族人民为争取民族独立、人民解放和实现国家富强、人民幸福的伟大实践中积累的宝贵精神财富。作为中国共产党人精神谱系的重要组成部分，劳模精神、劳动精神、工匠精神是中国共产党人的光荣传统和优良作风在劳动生产领域的具体体现和继承发扬。新时代新征程，要大力弘扬劳模精神、劳动精神、工匠精神，推动在全社会形成劳动光荣、技能宝贵、创造伟大的时代风尚，调动激发亿万职工群众在高质量发展中建功立业，汇聚起全面推进强国建设、民族复兴伟业的磅礴力量。

"择一事终一生"的执着专注，是对某一事物和技能在时间和精神上的专心致志、坚持不懈，是劳动者在追求卓越之路上不懈努力的基石，是工匠的立身之本。"干一行专一行"的精益求精，是对标准的高要求、对品质的高追求，只有进行时，没有完成时，时刻保持不断提升、不断精进的精神状态。"偏毫厘不敢安"的一丝不苟，是在工作中对细节高度关注，在平凡的岗位上干出不平凡的业绩。"千万锤成一器"的追求卓越，是工匠终身学习的动力，也是工匠推陈出新的要求，有对"技"的超越、对"道"的践行，也有面向未来的传承与创新。

【任务巩固】

某企业需加工一批角度定位板，如图 5-62 所示，通过零件实体造型、设计加工工艺和刀路轨迹，并生成加工程序，完成角度定位板的加工。此任务要求在 FANUC 数控加工中心完成角度定位板钻削、铰削和铣削加工，零件材料为 2A12，毛坯尺寸为 100mm×100mm×32mm，加工数量为 100 件。

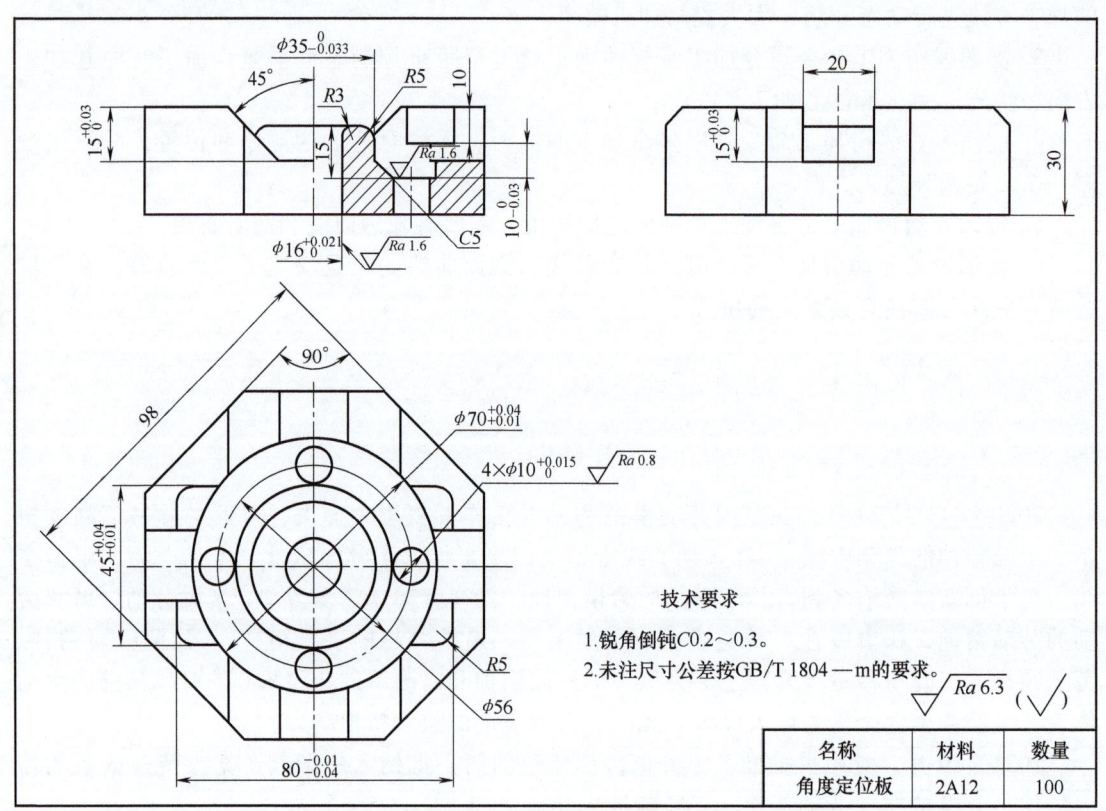

图 5-62　角度定位板零件图

任务六 侧板加工

【能力目标】

1. 能根据侧板零件图样要求应用拉伸（增料、除料）、自定义孔和边倒角命令进行实体造型。
2. 能根据侧板的加工要求进行加工工艺的编制。
3. 能正确选用 CAM 软件中各孔加工命令参数。
4. 能根据侧板的加工要求合理选择孔加工命令及刀具。
5. 能根据侧板的加工要求，应用 CAM 软件钻孔、攻螺纹、铣螺纹及镗孔命令进行刀路设计。

【任务说明】

侧板是传动部件中常见的支承件。某企业需加工一批侧板，如图 6-1 所示，通过侧板实体造型、设计加工工艺和刀路轨迹，生成加工程序，完成侧板的加工。

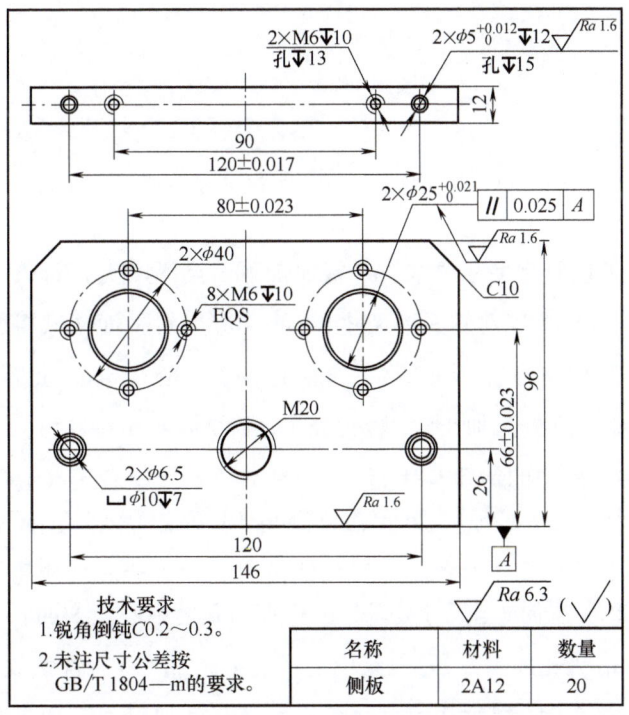

图 6-1 侧板零件图

本任务要求在 FANUC 数控加工中心上完成侧板零件钻削、攻螺纹、镗削和铣削加工，零件材料为 2A12，毛坯尺寸为 150mm×100mm×15mm，加工数量为 20 件。

【任务实施】

一、任务分析

1. 造型分析

侧板特征结构主要包括板、螺纹孔和孔，结构比较简单。可以先用"拉伸"命令增料，生成 146mm×96mm×12mm 的实体特征，再用"拉伸"命令除料，并用"圆型阵列"命令阵列特征，再用"镜像曲线"命令完成各类螺纹底孔、孔特征的造型，最后用"边倒角"命令进行侧板轮廓及孔口倒角，完成侧板零件造型（或者在草图中绘制一个圆，用"圆型阵列"命令阵列特征，再用"镜像曲线"命令镜像特征，最后用"拉伸"命令除料，完成各类螺纹底孔、孔特征的造型）。

2. 加工工艺分析

该侧板的毛坯材料为 2A12，毛坯尺寸为 150mm×100mm×15mm，主要加工内容为顶面 $2×\phi25^{+0.021}_{0}$ mm 轴承孔，前侧面 $2×\phi5^{+0.012}_{0}$ mm 定位销孔，标准公差等级均为 IT7 级，并要求该轴承孔的轴线与基准面 A 的平行度公差为 0.025mm，分别需要进行镗削和铰削加工；M20 螺纹孔公称直径较大，采用螺纹铣削加工，但 M6 螺纹孔较小，可采用钻削和攻螺纹加工。总体而言，侧板外形规则，需多工位装夹加工，其工艺及装夹难度不高，但加工精度要求较高。

二、实施方案

1. 工艺路线及 CAM 工艺设计

采用 2A12 型材（截面 100mm×15mm），毛坯尺寸为 150mm×100mm×15mm，工艺路线及 CAM 工艺设计如下。

工序 1：粗精加工顶面至尺寸要求。半精加工顶面至厚度 14.6mm，半精加工外轮廓至尺寸 146mm×96.2mm，精加工前侧面至尺寸 96mm（应用"平面区域粗加工"和"平面轮廓精加工 1"刀路）→粗铣 $2×\phi25^{+0.021}_{0}$ mm 孔，直径留 0.6mm 余量，粗铣 M20 螺纹底孔至尺寸要求（应用"铣圆孔加工"刀路）→钻 $2×\phi6.5$ mm 通孔，锪 $2×\phi10$ mm 沉孔（应用"孔加工"刀路中的钻孔 G81 指令）→钻 8×M6 螺纹底孔（应用"孔加工"刀路中的钻孔 G81 指令）→$2×\phi25^{+0.021}_{0}$ mm 孔口倒角 C1mm，$2×\phi6.5$ mm 孔口倒角 C0.5mm，M20 和 8×M6 螺纹孔的孔口倒角及各轮廓锐角倒钝 C0.2~0.3mm（应用"倒斜角加工"刀路）→精镗孔 $2×\phi25^{+0.021}_{0}$ mm 至尺寸要求，并保证两孔的中心距 80mm±0.023mm 和基准尺寸 66±0.023mm（应用"孔加工"刀路中的镗孔 G86 指令）→铣螺纹 M20（应用"铣螺纹加工"刀路）→攻 8×M6 螺纹孔的螺纹至尺寸要求（应用"孔加工"刀路中的攻螺纹 G84 指令）。

工序2：半精加工底面至尺寸要求。半精加工底面至厚度12mm（应用"平面区域粗加工"▣刀路）→2×φ25$_0^{+0.021}$mm 孔口倒角 $C1$mm，M20 螺纹孔的孔口倒角及各轮廓锐角倒钝 $C0.2$~0.3mm（应用"倒斜角加工"▽刀路）。

工序3：加工前侧面至尺寸要求。钻 2×φ5$_0^{+0.012}$mm 孔至尺寸 2×φ4.85mm（应用"孔加工"▽刀路中的钻孔 G81 指令）→钻 2×M6 螺纹底孔（应用"孔加工"▽刀路中的钻孔 G81 指令）→2×φ5$_0^{+0.012}$mm 孔口倒角 $C0.5$mm，2×M6 螺纹孔的孔口倒角（应用"倒斜角加工"▽刀路）→铰 2×φ5$_0^{+0.012}$mm 孔至尺寸要求（应用"孔加工"▽刀路中的钻孔 G81 指令）→攻 2×M6 螺纹至尺寸要求（应用"孔加工"▽刀路中的攻螺纹 G84 指令）。

2. 夹具选择及加工坐标系确定

该侧板毛坯外形为长方体，属于规则形状。因此，工序 1、2 选用通用夹具机用虎钳装夹。此外，为保证 2×φ5$_0^{+0.012}$mm 定位销孔与 2×φ25$_0^{+0.021}$mm 轴承孔之间的位置精度，工序 3 选择简易一面两销夹具装夹。各工序工件装夹及工件坐标系设置分别如图 6-2、图 6-3 和图 6-4 所示。另外，加工工序 1 时，钳口高度为 50mm，毛坯材料厚度为 15mm，夹持厚度为 2.3mm（铣削最深处为 12.4mm），因此，需选用 47.7mm 高的等高块定位工件。

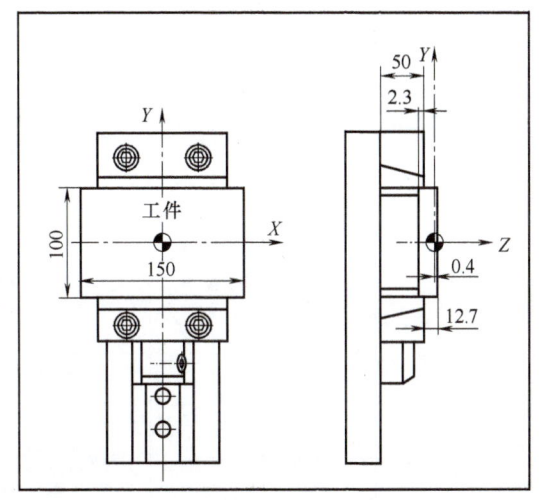

图 6-2 工序 1 工件装夹及工件坐标系设置

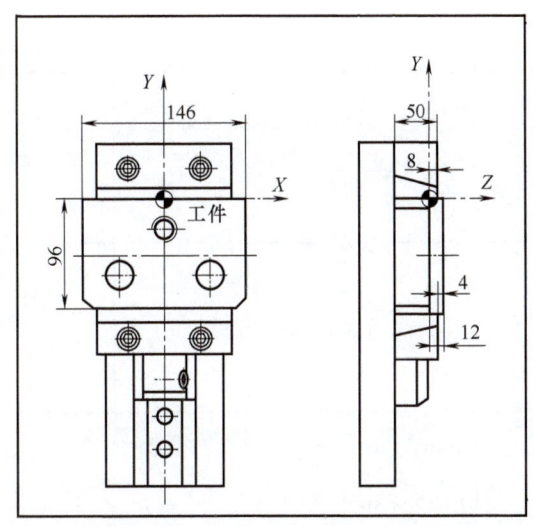

图 6-3 工序 2 工件装夹及工件坐标系设置

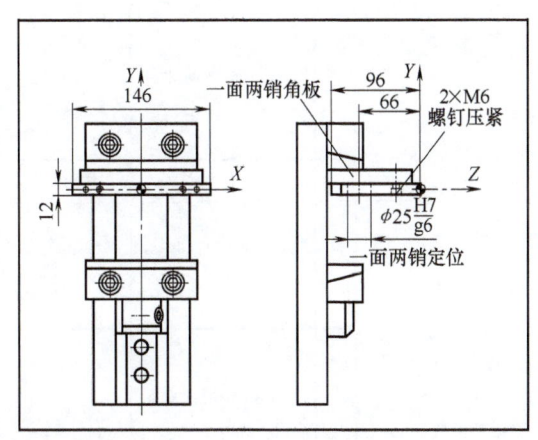

图 6-4 工序 3 工件装夹及工件坐标系设置

3. 侧板 CAM 工艺简卡（表 6-1）

表 6-1 侧板 CAM 工艺简卡

工序号	工序内容	工步号	工步内容	工步切削模型	加工策略	刀具规格及尺寸	切削参数（参考值）	备注
工件名称		侧板		材料	2A12	加工设备型号及系统	MV850 加工中心 FANUC 数控加工中心	
0	备料 150mm×100mm×15mm							型材截面 100mm×15mm
1	粗、精加工顶面至尺寸要求	1	半精加工顶面至厚度 14.6mm		平面区域粗加工	φ12mm 高速钢立铣刀		
		2	半精加工外轮廓至尺寸 146mm×96.2mm		平面轮廓精加工 1	φ12mm 高速钢立铣刀		
		3	精加工前侧面至尺寸 96mm		平面轮廓精加工 1	φ12mm 高速钢立铣刀		
		4	粗铣 $2×φ25^{+0.021}_{0}$ mm 孔，直径留 0.6mm 余量，粗铣 M20 螺纹底孔至尺寸要求		铣圆孔加工	φ12mm 高速钢立铣刀	$S=3200$r/min $F=900$mm/min $a_p=2$mm $a_e=12$mm	本任务详解刀路设计
		5	钻 2×φ6.5mm 通孔		孔加工-钻孔 G81 指令	φ6.5mm 高速钢麻花钻	$S=2500$r/min $F=200$mm/min $a_p=3.25$mm	本任务详解刀路设计
		6	锪 2×φ10mm 沉孔		孔加工-钻孔 G81 指令	φ10mm 高速钢立铣刀		
		7	钻 8×M6mm 螺纹底孔		孔加工-钻孔 G81 指令	φ5.1mm 高速钢麻花钻		

（续）

工件名称			侧板	材料	2A12	加工设备型号及系统	MV850加工中心 FANUC数控加工中心		
工序号	工序内容	工步号	工步内容	工步切削模型		加工策略	刀具规格及尺寸	切削参数（参考值）	备注
1	粗、精加工顶面至尺寸要求	8	$2\times\phi25_0^{+0.021}$ mm 孔口倒角 C1mm，$2\times\phi$6.5mm 孔口倒角 C0.5mm，M20 和 8×M6 螺纹孔的孔口倒角及各轮廓锐角倒钝 C0.2~0.3mm			倒斜角加工	ϕ6mm V90° 高速钢倒角刀		
		9	精镗孔 $2\times\phi25_0^{+0.021}$ mm 至尺寸要求，并保证两孔的中心距 80±0.023mm 和基准尺寸 66±0.023mm			孔加工-镗孔 G86 指令	ϕ20~25mm 微调精镗刀	$S=2000$r/min $F=100$mm/min $a_p=0.15$mm	本任务详解刀路设计
		10	铣螺纹 M20			铣螺纹加工	ϕ10mm P2.5mm 整体式螺纹铣刀	$S=3000$r/min $F=400$mm/min $a_p=1.6$mm	本任务详解刀路设计
		11	攻 8×M6 螺纹孔的螺纹至尺寸要求			孔加工-攻螺纹 G84 指令	M6机用丝锥	$S=200$r/min $F=200$mm/min $a_p=0.65$mm	本任务详解刀路设计
2	半精加工底面至尺寸要求	1	半精加工底面至厚度 12mm			平面区域粗加工	ϕ12mm 高速钢立铣刀		
		2	$2\times\phi25_0^{+0.021}$ mm 孔口倒角 C1mm，M20 螺纹孔的孔口倒角及各轮廓锐角倒钝 C0.2~0.3mm			倒斜角加工	ϕ6mm V90° 高速钢倒角刀		

(续)

工序号	工序内容	工步号	工步内容	工步切削模型	加工策略	刀具规格及尺寸	切削参数(参考值)	备注
3	加工前侧面至尺寸要求	1	钻 $2\times\phi 5_{0}^{+0.021}$ mm 孔至尺寸 $2\times\phi 4.85$mm		孔加工-钻孔 G81 指令	$\phi 4.85$mm 高速钢麻花钻		
		2	钻 $2\times M6$ 螺纹底孔		孔加工-钻孔 G81 指令	$\phi 5.1$mm 高速钢麻花钻		
		3	$2\times\phi 5_{0}^{+0.012}$mm 孔口倒角 $C0.5$mm，$2\times M6$ 螺纹孔的孔口倒角 $C0.2\sim 0.3$mm		倒斜角加工	$\phi 6$mm V90° 高速钢倒角刀		
		4	铰 $2\times\phi 5_{0}^{+0.012}$mm 孔至尺寸要求		孔加工-钻孔 G81 指令	$\phi 5$mmH7 高速钢机用铰刀		
		5	攻 $2\times M6$ 螺纹至尺寸要求		孔加工-攻螺纹 G84 指令	M6 机用丝锥		
4	去毛刺，清洗							
5	检验，入库							

三、实施过程

1. 相关实体造型及特征修改

（1）拉伸 单击"拉伸"命令，启动拉伸命令管理栏，如图6-5所示，该命令可对二维草图轮廓添加一个高度，使其沿第3条坐标轴拉伸生成三维特征。可以用该命令把矩形拉伸成长方体，或把圆形拉伸成圆柱。在管理栏中能够设置选择的轮廓（二维草图）、拉伸方向（拉伸深度）、一般操作（生成实体或曲面及增料或除料）和加厚特征等项目。CAXA 3D 实体设计既可新建草图轮廓进行拉伸，也可以对已存在的草图轮廓进行拉伸，并提供高度值、贯穿、到顶点、到曲面、到下一面、到面和中性面等7种设置拉伸深度方式，还可设置拉伸实体拔模值。

1）激活拉伸命令。CAXA 3D 实体设计中激活拉伸命令的方式如下：

① 在创新模式中，选择"特征"选项卡中的"拉伸"按钮。

② 选择"特征生成"工具条中的"拉伸"按钮。

③ 依次在主菜单栏中选择"生成"→"特征"→"拉伸"。

④ 选定要拉伸的面或草图，单击鼠标右键，从弹出的立即菜单中选择"生成"→"拉伸"。

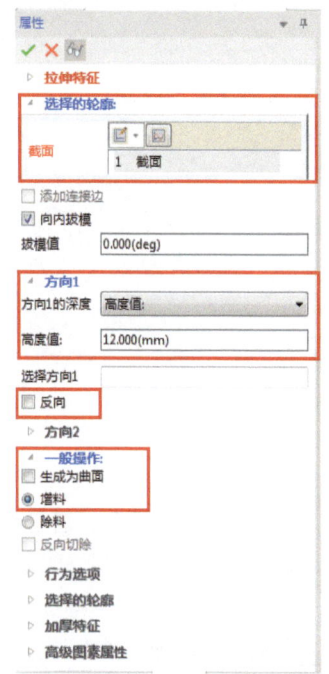

图 6-5 拉伸命令管理栏

2）拉伸特征中的各选项功能。

① 选择的轮廓：生成三维特征的二维草图轮廓（生成实体所用草图必须为封闭轮廓，生成曲面所用草图可为开放轮廓）或实体的面。如果设计环境中已存在拉伸需要的草图，则单击该草图，其名称会出现在"选择草图"下；如果没有草图，则可以单击"2D草图"来创建一个新草图进行拉伸。选择截面或创建草图后，在设计环境中会有该拉伸的预显，可以根据预显情况再进行其他选择。

② 拔模：可以选择"向内拔模"，然后输入"拔模值"，在拉伸的同时进行拔模，生成一个有拔模斜度的拉伸零件。

③ 方向选择：选择拉伸方向，选择"反向"后将进行与目前预显拉伸方向相反的拉伸。"方向1的深度"为拉伸深度，可以用高度值表示，也可以选择到某特征，如到顶点、到曲面和到中性面等选项。

④ 其他选项：选择"生成为曲面"后将拉伸成曲面。"增料"指将进行拉伸增料操作。"除料"指对已存在零件进行拉伸除料操作。

3）编辑拉伸特征。即使二维草图已经拉伸成三维状态，只要对所生成的三维造型不满意，仍然可以编辑它的草图轮廓或其他属性。

① 利用三角形拉伸手柄编辑拉伸长度。在"智能图素"编辑状态中选中已拉伸特征或双击已拉伸特征。三角形拉伸手柄用于编辑拉伸特征的表面，通过拖动来改变拉伸体的长度，如图6-6所示。

② 右键弹出菜单编辑。在设计环境管理树上选择要编辑的拉伸特征，单击鼠标右键后

弹出如图6-7所示的特征编辑菜单界面。也可以在设计环境中，选择处于智能图素状态的拉伸特征单击鼠标右键。

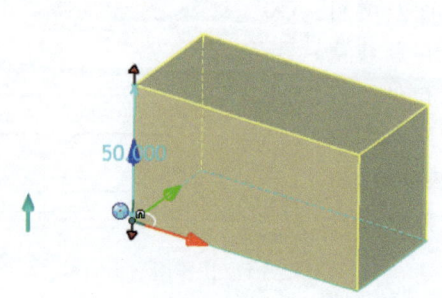

图6-6 利用图素手柄编辑拉伸长度

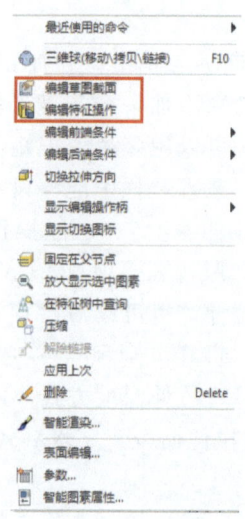

图6-7 特征编辑菜单

a. 编辑草图截面。通过修改二维草图轮廓来修改三维拉伸特征。

b. 编辑特征操作。进入拉伸特征操作的命令管理栏，可以修改生成特征时的各项设置。

4) 创建侧板拉伸特征。单击"拉伸"命令→显示"选项"界面，选择"新生成一个独立的零件"，如图6-8所示。若选择"从设计环境中选择一个零件"，则要在设计环境中选择一个零件，在此零件上添加拉伸的特征→在图6-5所示的拉伸特征命令管理栏界面中，截面选择已存在拉伸需要的草图，如图6-9所示→"方向1的深度"选择"高度值"，并输入"12.000（mm）"→选择"增料"，此时设计环境中会有该拉伸的预显→单击 ✓ 确定，生成拉伸实体并退出命令，如图6-10所示。

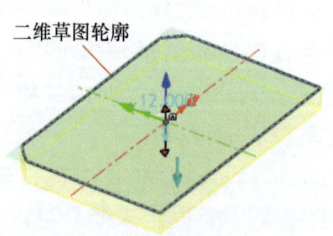

图6-9 已存在拉伸需要的草图

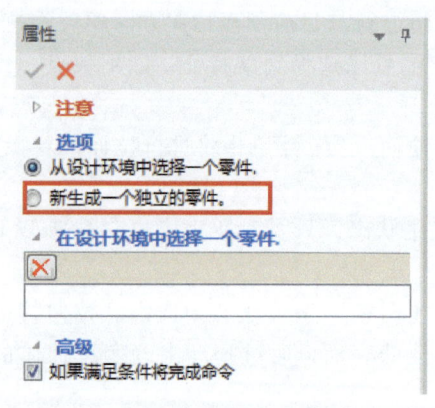

图6-8 选项管理栏

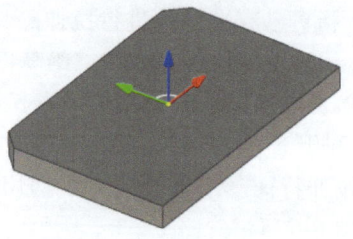

图6-10 生成拉伸实体

(2) 自定义孔　单击"自定义孔"命令，将启动自定义孔命令管理栏，如图 6-11 所示，该命令可以利用草图绘制多个点，一次生成多个不同位置的自定义孔。在管理栏中能够设置定位草图、孔类型、孔直径、螺纹和锥度等项目。CAXA 3D 实体设计既可以新建定位草图，也可以对已存在的定位草图进行自定义孔操作。

1）激活自定义孔命令。CAXA 3D 实体设计中激活自定义孔命令的方式如下：

① 在创新模式中，选择"特征"选项卡中的"自定义孔"按钮。

② 从选择"特征生成"工具条中的"自定义孔"按钮。

③ 依次在主菜单栏中选择"生成"→"特征"→"自定义孔"。

2）自定义孔特征中各选项的功能。

① 定位草图：绘制孔位置的草图。如果设计环境中已存在孔位置的草图，则单击该草图，其名称会出现在"选择草图"下；如果没有草图，则可以单击"2D 草图"来创建一个新草图进行自定义孔。选择或创建定位草图后，在设计环境中会有该自定义孔的预览，可以根据预显情况再进行其他选择。

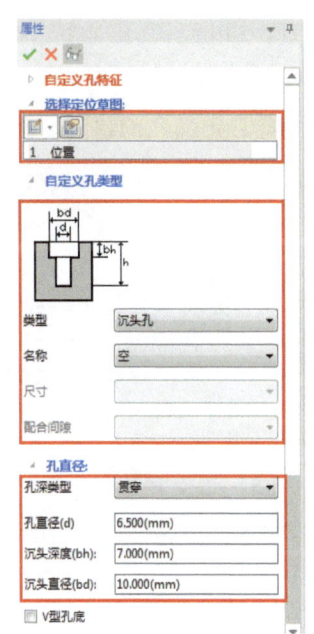

图 6-11　自定义孔命令管理栏

② 孔类型：包括简单孔、沉头孔、锥形沉头孔、复合孔和管螺纹孔，可以在名称栏中选取更多符合需求的孔类型。

③ 孔深类型：可选择深度或贯穿。

3）编辑自定义孔特征。在设计环境管理树上选择要编辑的自定义孔特征，单击鼠标右键后弹出如图 6-12 所示的自定义孔编辑菜单。

① 编辑位置：通过修改二维草图位置点来修改自定义孔位置。

② 编辑特征操作：进入自定义孔特征操作的命令管理栏，可以修改生成特征时的各项设置。

4）创建侧板自定义孔特征。单击"自定义孔"命令→显示在设计环境中选择一个零件管理栏，如图 6-13 所示，此时可以在设计环境中选择一个零件，在此零件上添加自定义孔的特征→在图 6-11 所示的自定义孔特征命令管理栏中，定位草图选择已存在孔位置的草图，

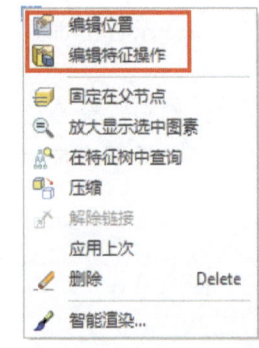

图 6-12　自定义孔编辑菜单界面

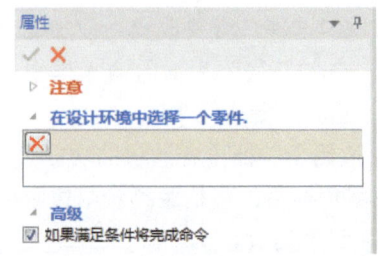

图 6-13　在设计环境中选择一个零件管理栏界面

如图6-14所示,孔类型选择"沉头孔"→孔深类型选择"贯穿",并输入孔直径为"6.500（mm）"、沉头深度为"7.000（mm）"、沉头直径为"10.000（mm）",此时设计环境中会有相应自定义孔的预显→单击 ✓ 确定,生成自定义孔特征并退出命令,如图6-15所示。

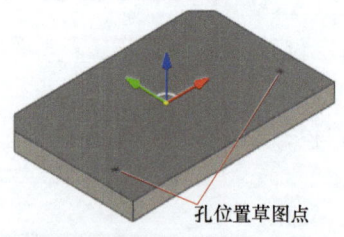

图6-14　已存在孔位置的草图

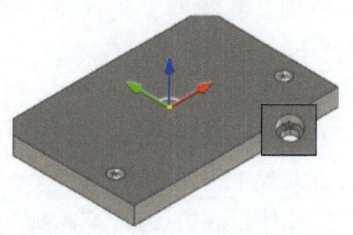

图6-15　生成自定义孔特征

（3）边倒角　单击"边倒角"命令,将启动边倒角命令管理栏,如图6-16所示,该命令可将零件尖锐的棱边倒成平滑的斜角。在管理栏中,能够设置倒角类型、几何和距离等项目。CAXA 3D实体设计提供距离、两边距离、距离-角度、双距离、四距离、二距离-角度和变距离等7种倒角方式。

1）激活边倒角命令。CAXA 3D实体设计中激活边倒角命令的方式如下：

① 在创新模式中,选择"修改"选项卡中的"边倒角"按钮。

② 选择"特征生成"工具条中的"边倒角"按钮。

③ 依次选择主菜单栏中的"修改"→"边倒角"。

④ 选定要倒角的边,单击鼠标右键,弹出立即菜单,选择"边倒角"。

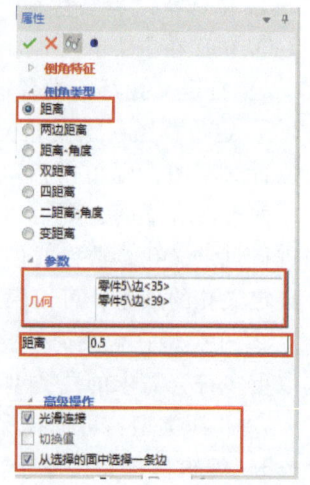

图6-16　边倒角命令管理栏

⑤ 在实体智能图素状态下,选择"智能图素属性",在"棱边编辑"标签中选择"边倒角",并设置对哪些边进行倒角。

2）选取倒角边。

① 选择：在进行边倒角时,可以选取单个边,也可以选择一个面。如果是在"边倒角"命令管理栏启动状态下进行的选择,则这些面、边的名称会进入"几何"后面的输入框中。如果是先选择面和边,则可以按住<Shift>键进行多选,同时进行边倒角。

② 选择提示信息：选定边呈亮绿色,且显示为加亮状态,每一条边上都显示默认倒角类型和尺寸。

③ 取消选择：若要改变当前加亮显示的边的值,则可在"边倒角"命令管理栏启动的状态下,在"几何"后面的输入框中选择某一个面或边的名称,然后单击鼠标右键,在立即菜单中选择"删除"即可。

3）边倒角特征中各选项的功能。

① 倒角类型：包括距离、两边距离、距离-角度、双距离、四距离、二距离-角度和变距离等7种倒角类型。

② 几何：选择要进行边倒角的面或边。

③ 距离：设置边倒角的值。两个方向上边倒角的值不同时，要分别输入这两个值。

④ 光滑连接：自动选择光滑连接的边，可以对与所选择的棱边光滑连接的所有棱边都进行边倒角。

⑤ 切换值：利用此选项可交换倒角的两个值。

4）编辑边倒角特征。在设计环境管理树上选择要编辑的边倒角特征或直接在零件上选择需要修改的倒角，再单击鼠标右键，弹出如图6-17所示的边倒角编辑菜单。也可通过直接在零件上选择倒角来修改倒角大小。

① 编辑形状：通过修改倒角类型和距离大小来修改边倒角。

② 使用偏置距离：直接在零件上双击倒角值来修改倒角大小。

③ 删除：删除选中的倒角。

5）创建沉孔边倒角。单击"边倒角"命令→倒角类型选择"距离"→倒角距离输入"0.500（mm）"，如图6-16所示→选取两条孔口倒角边，如图6-18所示→单击 ✓ 确定，生成倒角并退出命令，如图6-19所示。

图6-17 边倒角编辑菜单界面

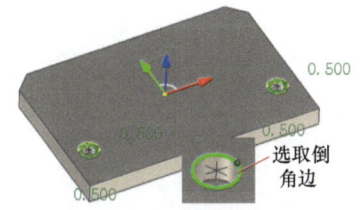

图6-18 选取两条孔口倒角边

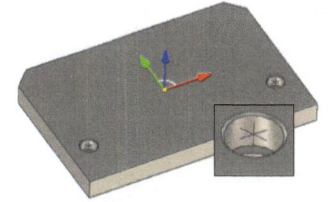

图6-19 生成倒角

2. 相关加工刀路设计

以工序1粗、精加工顶面至尺寸要求中的工步4、5、9、10和11为例（表6-1），介绍"铣圆孔加工""铣螺纹加工""孔加工-钻孔G81指令""孔加工-镗孔G86指令"和"孔加工-攻螺纹G84指令"等刀路命令的实际应用方法。

（1）工步4（ 铣圆孔加工） 粗铣$2\times\phi25^{+0.021}_{0}$mm孔，直径留0.6mm余量，深度至尺寸15mm，图6-20所示为粗铣$2\times\phi25^{+0.021}_{0}$mm孔生成的刀路轨迹，拾取铣圆孔轮廓如图6-21所示。

1）设置加工参数。"加工参数"选项卡的设置如图6-22所示，螺旋铣孔时螺距P一般取螺旋轨迹半径的1/3，即（孔半径12.5mm—刀半径6mm）/3≈2mm；为保证精镗孔的标准公差等级为IT7级，一般在铣圆孔后分二次镗削，因此单边余量留0.3mm，每次精镗孔的单边镗削余量为0.15mm。

2）设置切入切出。"切入切出"选项卡的设置如图6-23所示，因本工步的铣圆孔加工为对$2\times\phi25^{+0.021}_{0}$mm孔进行的粗加工，所以"切入方式"和"切出方式"一般设置为"不设定"，即切入切出轨迹为法向。

3）设置空切区域。"空切区域"选项卡的设置如图6-24所示，"安全高度（绝对）"为"20"指第一个孔粗加工结束后，刀具快速退刀（G00）至绝对高度20mm处，再快速移动（G00）至下一个钻孔位置上方处。

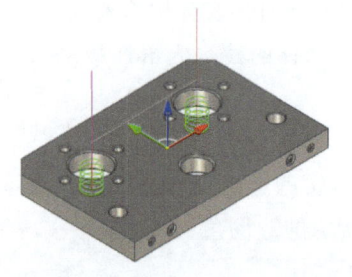

图 6-20 粗铣两个孔生成的刀路轨迹

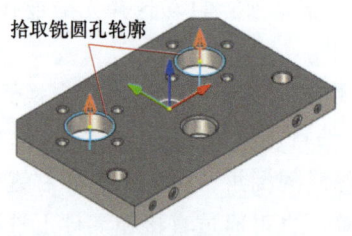

图 6-21 拾取铣圆孔轮廓

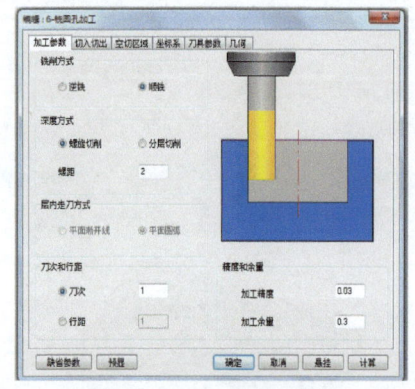

图 6-22 "加工参数"选项卡

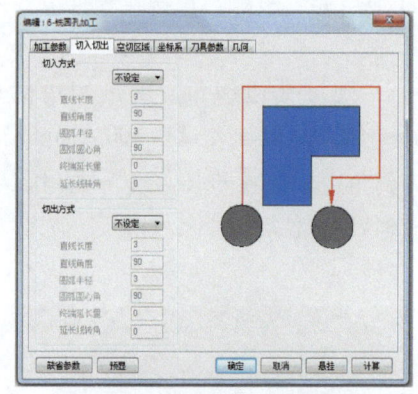

图 6-23 "切入切出"选项卡

4)设置坐标系。"坐标系"选项卡的设置,如图 6-25 所示,因当前加工工序的"工件坐标系"(加工坐标系)采用造型时的"世界坐标系",所以按系统默认参数设置即可,无须另外选择"工件坐标系"。

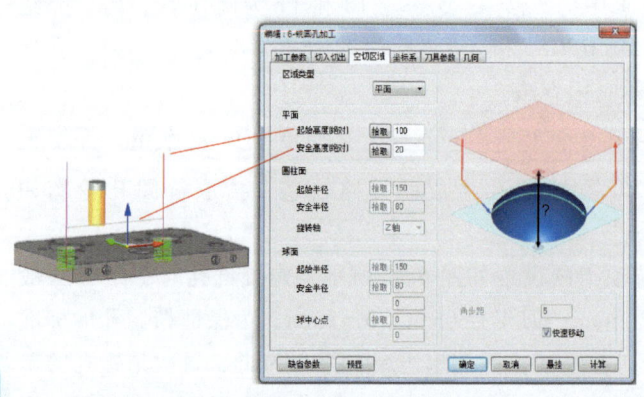

图 6-24 "空切区域"选项卡

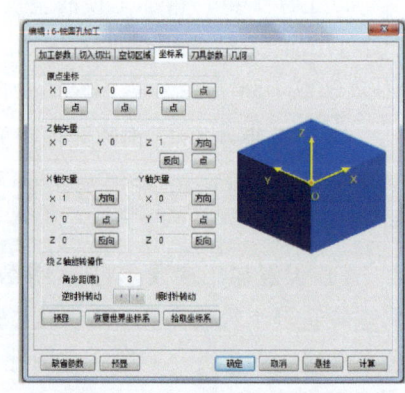

图 6-25 "坐标系"选项卡

5)设置刀具参数。"刀具参数"选项卡的设置如图 6-26 所示,选用 φ12mm 高速钢立铣刀,"刃长"为"25","刀杆长"为"30","刀具号(T)"为"1","半径补偿号(D)"为"1","长度补偿号(H)"为"1"。"速度参数"按图 6-26b 所示进行设置。

6)设置几何。"几何"选项卡的设置如图 6-27 所示,单击"拾取"按钮后弹出如图 6-28 所示"圆孔拾取工具"对话框,再选择"圆孔面"按钮,选取侧板工件实体造型的内孔面，拾取完成后如图 6-29 所示，其中 "Z" 值为铣圆孔起始平面高度值。另外，通过修改 "圆孔轴矢量" 中的选项可以改变加工孔的刀轴（Z 轴）下刀方向。

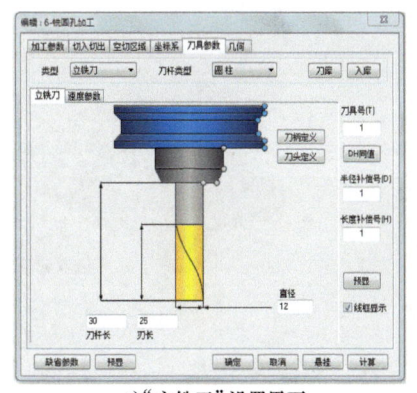
a) "立铣刀" 设置界面

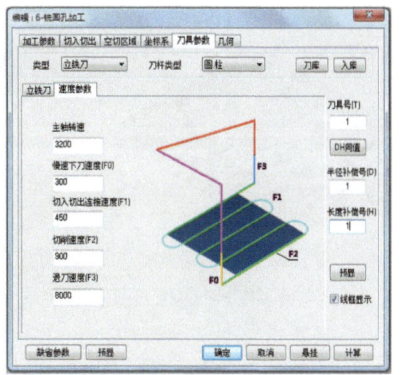
b) "速度参数" 设置界面

图 6-26　"刀具参数" 选项卡

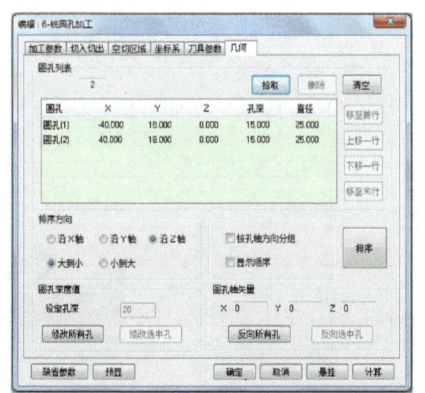

图 6-27　"几何" 选项卡

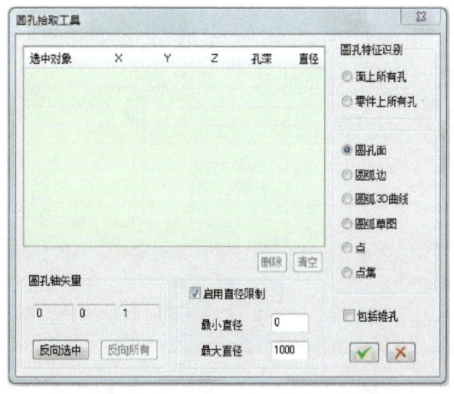

图 6-28　"圆孔拾取工具" 对话框

如图 6-30 所示，单击 "圆孔（2）" 数据行后弹出 "编辑" 对话框，可以修改此圆孔的中心位置 X/Y/Z 坐标、孔深和直径数据。若只需修改孔深，则可在 "设定孔深" 文本框中输入相应数据再单击 "修改所有孔" 或 "修改选中孔" 即可。另外，通过 "移至首行" "上移一行" 等命令可以调整孔的加工顺序。

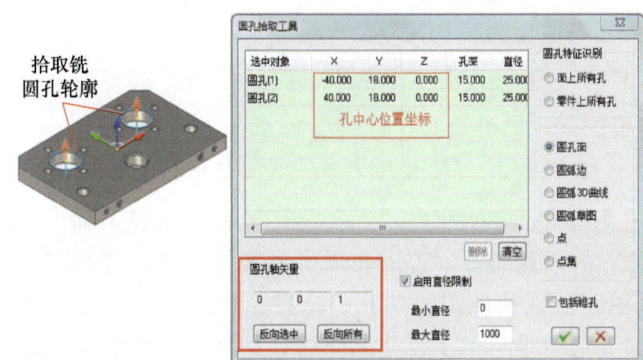

图 6-29　圆孔轮廓拾取完成

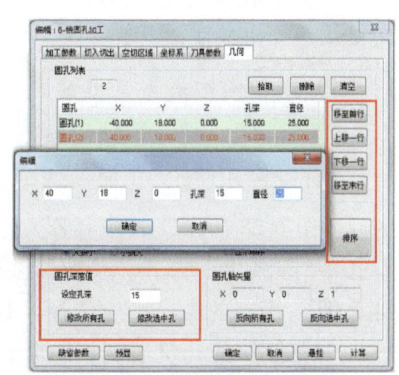

图 6-30　"编辑" 对话框

(2) 工步 5（ 孔加工-钻孔指令 G81） 钻 2×φ6.5mm 通孔生成的刀路轨迹如图 6-31 所示，钻孔位置轮廓可以拾取 φ10mm 沉孔的圆，如图 6-32 所示。

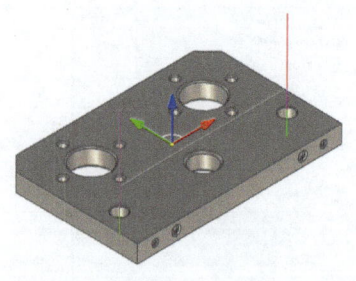

图 6-31 钻孔生成的刀路轨迹

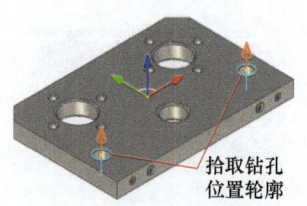

图 6-32 拾取钻孔位置轮廓

1）设置加工参数。"加工参数"选项卡的设置，如图 6-33 所示，在 12mm 厚侧板上钻削 φ6.5mm 通孔属于浅孔钻削，因此"孔加工类型"选择"钻孔"。"安全间隙"指 R（安全）平面与钻削起始平面之间的距离，为保证加工效率，安全间隙一般设置为 1~2mm。

2）设置空切区域。"空切区域"选项卡的设置如图 6-34 所示，"安全高度（绝对）"为"15"指第一个孔钻削完成后刀具快速退刀（G00）至绝对高度 15mm 处，再快速移动（G00）至下一个钻孔位置上方处。

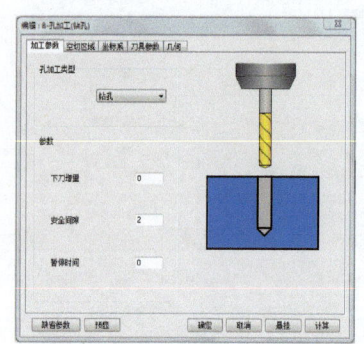

图 6-33 "加工参数"选项卡

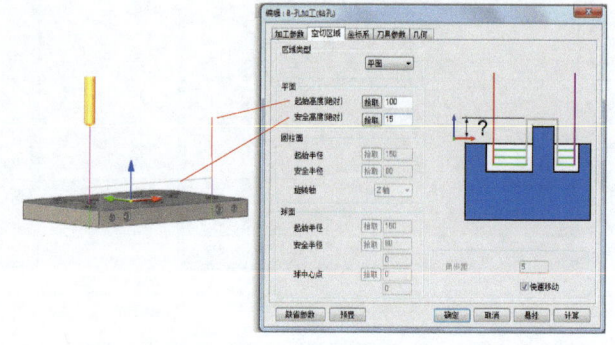

图 6-34 "空切区域"选项卡

3）设置刀具参数。"刀具参数"选项卡的设置如图 6-35 所示，选用 φ6.5mm 高速钢麻花钻，"刀尖角"为"118"，"刃长"为"40"，"刀杆长"为"45"，"刀具号（T）"为"3"，"半径补偿号（D）"为"3"，"长度补偿号（H）"为"3"，"主轴转速"为"2500"，"切削速度（F2）"为"200"，其余速度参数均为 0。

4）设置坐标系。"坐标系"选项卡的设置同工步 4（ 铣圆孔加工），选择造型的"世界坐标系"，按系统默认参数设置即可，无须另外选择"工件坐标系"。

5）设置几何。"几何"选项卡的设置同工步 4（ 铣圆孔加工），具体设置界面如图 6-27、图 6-28 所示，其中"Z"值为钻孔起始平面高度值。"圆孔特征识别"选择"面上所有孔"-"圆弧边"方式，拾取需要钻孔位置的内孔或圆，若该孔未生成实体特征，仅有"二维草图"绘制的圆，则应选择"圆弧草图"方式拾取需要钻孔的位置，如图 6-36 所示。另外，为保证钻的孔贯通侧板，"设定孔深"应修改为"15"（钻削通孔深度 L 一般设置为侧板厚度 $L1$ 与麻花钻半径 R 之和）。

任务六 侧板加工

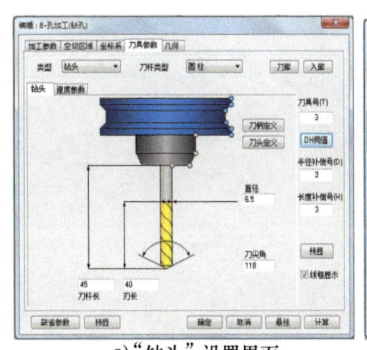 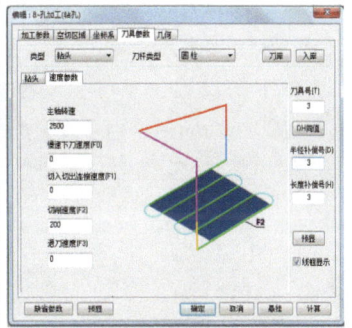

a)"钻头"设置界面   b)"速度参数"设置界面

图 6-35   刀具参数选项卡

(3) 工步 9（孔加工-镗孔指令 G86） 精镗孔 $2\times\phi25^{+0.021}_{0}$ mm 至尺寸要求，并保证两孔的中心距 80±0.023mm 和基准尺寸 66±0.023mm，生成的刀路轨迹如图 6-37 所示，拾取 $\phi25$mm 孔的倒角边作为精镗孔位置轮廓，如图 6-38 所示。

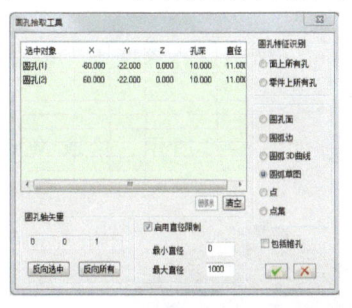 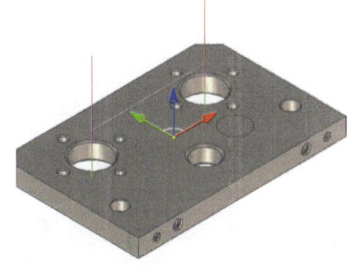 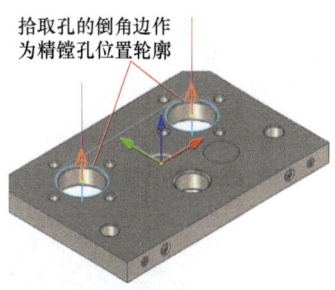

图 6-36   "圆孔拾取工具"对话框   图 6-37   精镗孔生成的刀路轨迹   图 6-38   拾取精镗孔位置轮廓

1）设置加工参数。"加工参数"选项卡的设置如图 6-39 所示，$2\times\phi25^{+0.021}_{0}$ mm 为轴承孔，允许孔壁有浅划痕，因此"孔加工类型"选择"镗孔（主轴停）"。"安全间隙"指 R（安全）平面与镗削起始平面之间的距离，为保证加工效率，安全间隙一般设置为 1~2mm。

2）设置空切区域。"空切区域"选项卡的设置如图 6-40 所示，"安全高度（绝对）"为"15"，指第一个孔镗削完成后刀具快速退刀（G00）至绝对高度 15mm 处，再快速移动（G00）至下一个镗孔位置上方处。

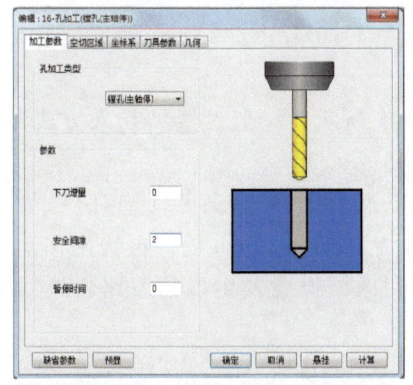 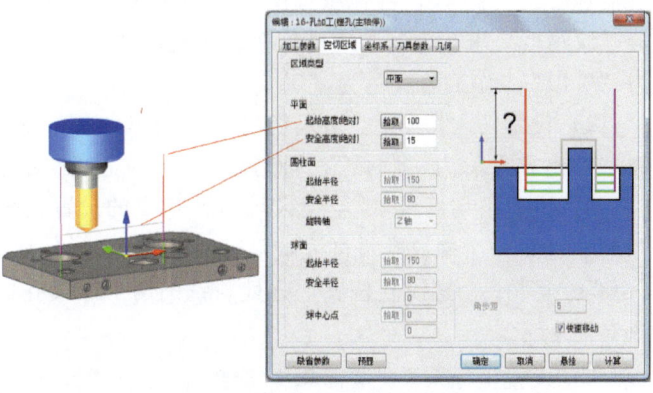

图 6-39   "加工参数"选项卡   图 6-40   "空切区域"选项卡

3)设置刀具参数。刀具库中没有镗刀,可选择用铰刀代替,"刀具参数"选项卡的设置如图6-41所示,选用φ20~25mm微调精镗刀,"刃长"为"6"(精镗刀片边长6mm),"刀杆长"为"50","刀具号(T)"为"6","长度补偿号(H)"为"6","主轴转速"为"2000","切削速度(F2)"为"100",其余速度参数均为0。

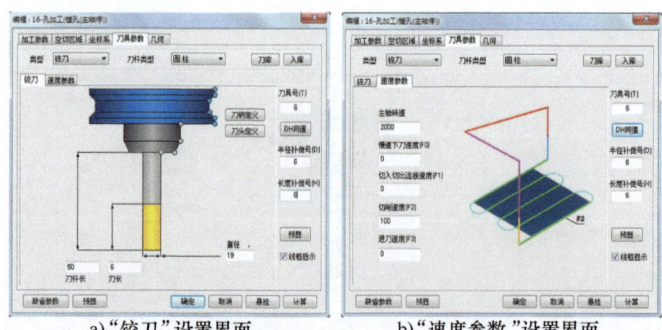

图6-41 "刀具参数"选项卡

a)"铰刀"设置界面 b)"速度参数"设置界面

4)设置坐标系。"坐标系"选项卡的设置同工步4(铣圆孔加工),选择造型的"世界坐标系",按系统默认参数设置即可,无须另外选择"工件坐标系"。

5)设置几何。"几何"选项卡的设置同工步4(铣圆孔加工)、工步5(孔加工-钻孔G81)。为保证镗的孔贯通侧板,"设定孔深"应修改为16mm(镗削通孔深度L一般设置为侧板厚度$L1+1$mm)。

(4)工步10(铣螺纹加工) 铣螺纹M20生成的刀路轨迹如图6-42所示,拾取M20螺纹孔口倒角边作为铣螺纹位置轮廓,如图6-43所示。

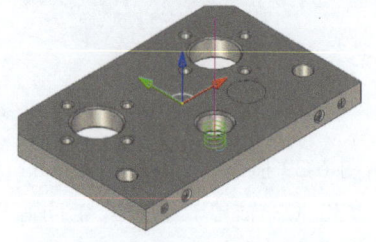

图6-42 铣螺纹生成的刀路轨迹

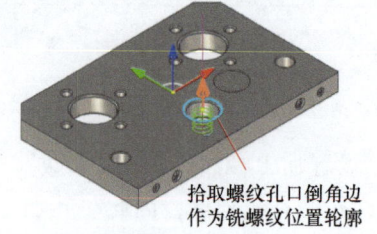

图6-43 拾取铣螺纹位置轮廓

1)设置加工参数。"加工参数"选项卡的设置如图6-44所示,"类型"为"内螺纹","旋向"为"右旋","加工顺序"为"从上往下",设置M20粗牙"螺距"P为"2.5"、"螺纹长度"为"13"(侧板厚度12mm+1mm),"刀次"为"1"(一次铣削完成螺纹加工,若螺纹精度要求较高,则应进行粗、精铣两次加工,"刀次"设置为"2"),"加工精度"为"0.01""加工余量"为"0"。

2)设置切入切出。"切入切出"选项卡的设置如图6-45所示,一般设置"切入方式"和"切出方式"为"圆弧","圆弧半径"约为螺纹铣刀半径的1/3。

3)设置空切区域。"空切区域"选项卡的设置如图6-46所示,"安全高度(绝对)"为"15",指第一个螺纹孔铣削完成后刀具快速退刀(G00)至绝对高度15mm处,再快速移动(G00)至下一个螺纹孔位置上方处。铣削两个螺纹孔的空切区域设置及生成的刀路轨迹如图6-47所示。

4)设置坐标系。"坐标系"选项卡的设置同工步4(铣圆孔加工),选择造型的"世界坐标系",按系统默认参数设置即可,无须另外选择"工件坐标系"。

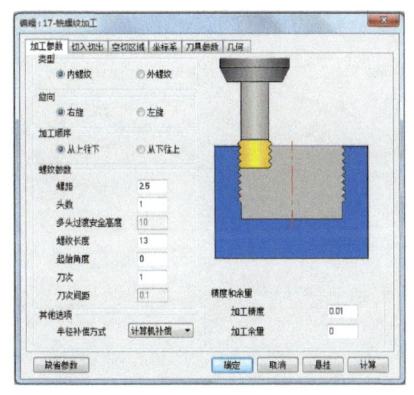

图 6-44 "加工参数"选项卡

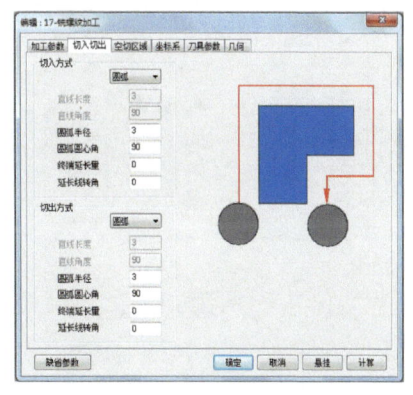

图 6-45 "切入切出"选项卡

5）设置刀具参数。"刀具参数"选项卡的设置如图 6-48 所示，选用 φ10mm P2.5mm 整体式螺纹铣刀，"刃长"为"10"，"刀杆长"为"30"，"刀具号（T）"为"8"，"半径补偿号（D）"为"8"，"长度补偿号（H）"为"8"，"主轴转速"为"3000"，"慢速下刀速度（F0）"为"200"，"切入切出连接速度（F1）"为"400"，"切削速度（F2）"为"400""退刀速度（F3）"为"8000"。

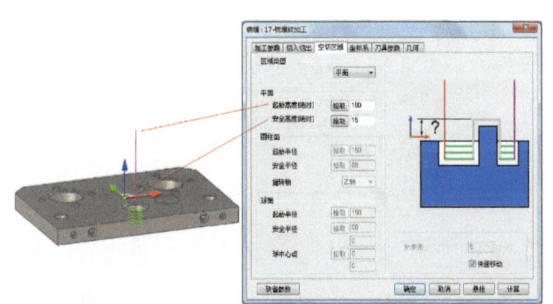

图 6-46 "空切区域"选项卡

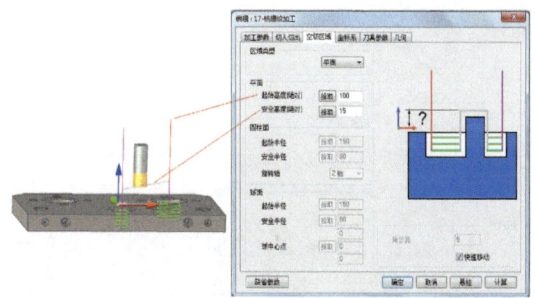

图 6-47 铣削两个螺纹孔的空切区域
设置及生成的刀路轨迹

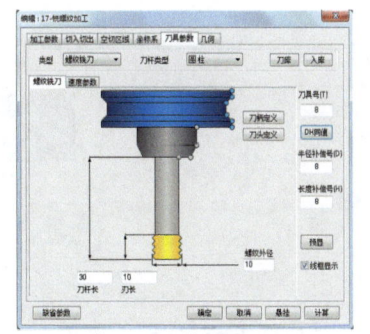

a)"螺纹铣刀"设置界面

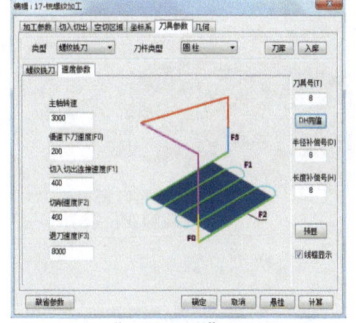

b)"速度参数"设置界面

图 6-48 "刀具参数"选项卡

6）设置几何。"几何"选项卡的设置，如图 6-49 所示，单击"圆"命令后弹出如图 6-50 所示"圆拾取工具"对话框，拾取 M20 螺纹孔口倒角边作为铣螺纹位置，如图 6-51 所示。另外，默认铣螺纹起始平面高度值就是螺纹孔口倒角边高度。

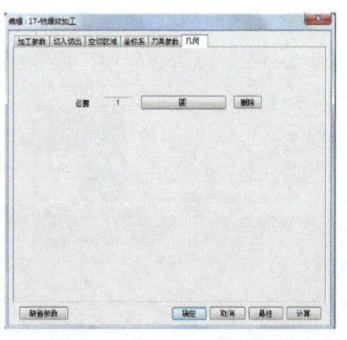
图 6-49 "几何"选项卡

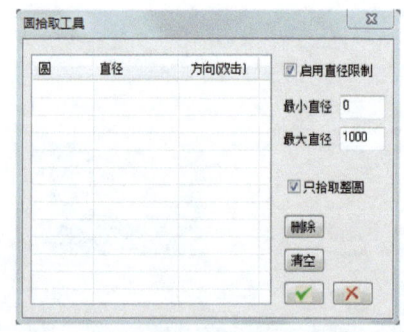
图 6-50 "圆拾取工具"对话框

(5) **工步 11**（孔加工-攻螺纹指令 G84）

攻 8×M6 螺纹生成的刀路轨迹如图 6-52 所示。拾取 8×M6 螺纹孔口倒角边作为攻螺纹位置轮廓，如图 6-53 所示。

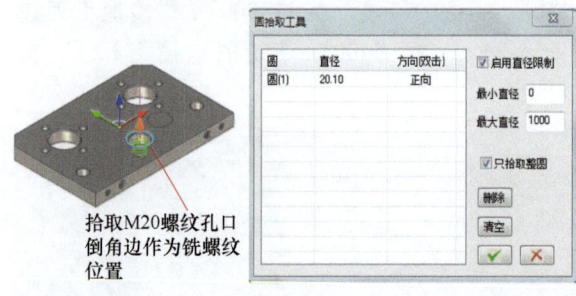
图 6-51 拾取螺纹孔口倒角边作为螺纹位置

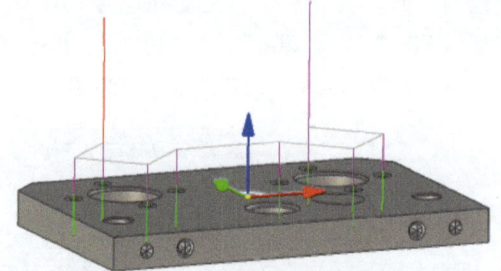
图 6-52 攻螺纹生成的刀路轨迹

1）设置加工参数。"加工参数"选项卡的设置如图 6-54 所示，8×M6 为右旋螺纹，因此"孔加工类型"选择"攻丝"。"安全间隙"指 R（安全）平面与攻螺纹起始平面之间的距离，为保证加工效率，安全间隙一般设置为 2~5mm。

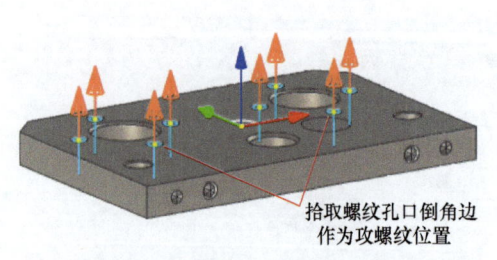
图 6-53 拾取攻螺纹位置轮廓

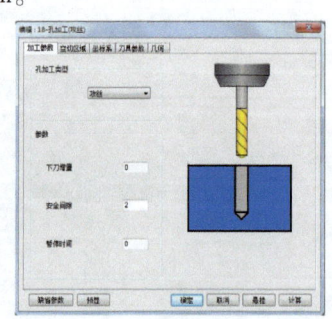
图 6-54 "加工参数"选项卡

2）设置刀具参数。"刀具参数"选项卡的设置如图 6-55 所示，选用右旋 M6 机用丝锥，"螺距" P 为"1"，"刃长"为"20"，"刀杆长"为"40"，"刀具号（T）"为"7"，"半径补偿号（D）"为"7"，"长度补偿号（H）"为"7"，"主轴转速"为"200"，"切削速度（F2）"为"200"（攻螺纹进给速度=主轴转速×螺距），其余速度参数均为 0。

○ "攻丝"的标准术语为"攻螺纹"，但鉴于类似处来自软件，因此暂保留"攻丝"。

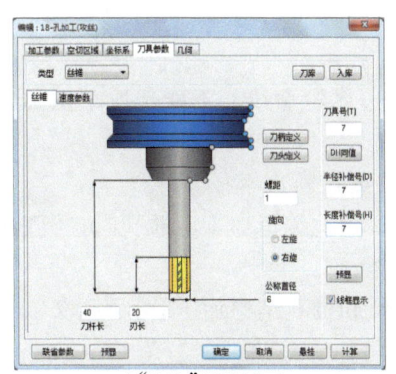 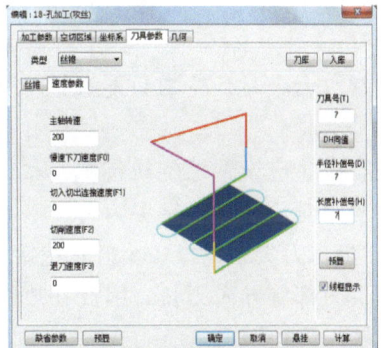

a)"丝锥"设置界面　　　　　　　b)"速度参数"设置界面

图 6-55　"刀具参数"选项卡

3）设置空切区域、坐标系。"空切区域"和"坐标系"选项卡的设置可参考图 6-24、图 6-25。

4）设置几何。"几何"选项卡的设置同工步 4（ 铣圆孔加工）、工步 5（ 孔加工-钻孔 G81），拾取螺纹孔口倒角边作为攻螺纹位置，如图 6-56 所示。为保证 M6 螺纹深度 10mm，攻螺纹"孔深"设置为"13"（攻螺纹深度 L 一般设置为螺纹深度+丝锥公称直径/2）。

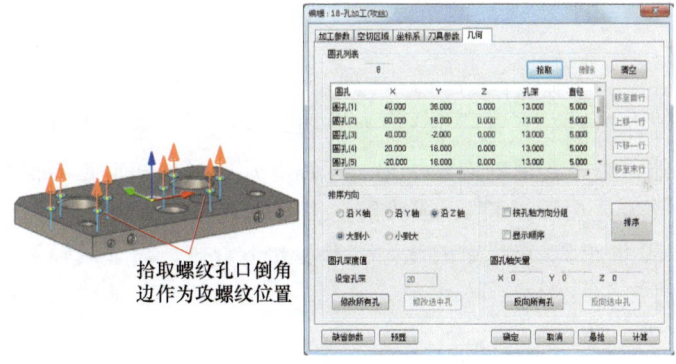

图 6-56　拾取螺纹孔口倒角边作为攻螺纹位置

【任务注意事项】

1. CAM 加工设计时"工件坐标系"原点应设置在尺寸设计基准或测量基准上，便于加工策略铣削深度的坐标设定。这样，在反面加工本任务侧板时，要应用"坐标系" 命令设置反面加工的"工件坐标系"。

2. CAM 加工设计时先进行三维实体造型，可以比较直观地观察设计的刀路轨迹并判断其合理性。

3. 本任务主要应用二维加工策略，也可在 CAM 设计时应用"三维曲线" 命令，只绘制二维线框进行刀路设计。

4. CAM 加工轨迹生成之后一定要逐个测量并核对深度、余量以及加工精度等参数，确保 CAM 加工设计的正确性，并正确选用后置处理文件，生成正确的数控加工程序。

5. 孔加工固定循环中"暂停时间"的单位为 ms，刀具若要暂停 1s，则要设置为"1000"。

6. 执行铣螺纹命令时，轮廓只能选取实体边界轮廓线，不能选取草图圆，并且余量不能为负值。

7. 螺旋铣孔时，应设置螺旋轨迹螺距≤1/3 螺旋轨迹半径。

8. 麻花钻对刀时一般都以钻尖为刀长基准，因此编程加工不通孔时，"孔深"参数应设置为"孔深+钻尖与刀尖距离（0.6 倍麻花钻半径）"。

9. 丝锥和铰刀都有导向刃长，因此在攻螺纹和铰孔编程加工时，"孔深"参数应设置为"孔深+丝锥或铰刀直径/2"。

10. 倒角加工工步应在精镗孔、攻螺纹加工前进行，以避免产生毛刺。

11. 若零件高精度孔为活塞孔，则应选用"孔加工-精镗孔 G76"加工策略，以免应用其他镗孔循环加工后，在孔壁留下刀尖划痕。

12. 应用"孔加工-精镗孔 G76"加工策略加工前，应先进行主轴定向和 G76 刀尖退刀操作，明确镗孔时主轴镗刀刀尖停留角度位置和退刀方向，以免精镗孔时刀尖与孔壁碰撞。主轴定向操作方法为在 MDI 方式下输入 M19 再按启动键或在 JOG 方式下按机床面板上的定向键。

【知识广角】

大国工匠洪家光：航空工业的金刚石

在辽阔的中国东北大地上，有一个名字如同镶嵌在沈阳这座城市航空工业王冠上的璀璨宝石——洪家光。他，一个普通的农家子弟，却以非凡的毅力和卓越的技术，攻克了一个又一个技术难题，被誉为"大国工匠"，成为航空工业领域的一颗耀眼明星。

洪家光出生于 20 世纪 70 年代末的沈阳，家境并不富裕。为了减轻家庭的经济负担，他早早地选择了进入技工院校学习，专攻车工技术。从这一刻起，他的人生便与航空发动机紧密地联系在了一起。

在技校的日子里，洪家光展现了惊人的学习毅力和天赋。他利用每天往返学校与家的 2h 车程，自学了多个技工专科知识，为自己的未来打下了坚实的基础。毕业后他进入中航工业沈阳黎明航空发动机（集团）有限责任公司，成为一名车间技术工人。

洪家光并没有满足于现状。他深知，作为一名技术工人，只有不断学习和进步，才能为国家的发展做出贡献。因此，他不断地钻研技术，提升自己的能力。当上级下达了加工金刚石滚轮的生产任务时，他毫不犹豫地接下了这个挑战。

金刚石滚轮是制造航空发动机叶片的核心设备，其加工精度要求极高。洪家光明白，这个任务不仅是对他个人技术的考验，更是对中国航空工业的一次重要突破。他带领团队日夜奋战，反复试验，终于攻克了技术难关，成功制造出了符合要求的金刚石滚轮。

这一成果不仅为中国航空工业赢得了荣誉，更为洪家光赢得了"大国工匠"的美誉。他的事迹在业内引起了广泛关注，成为众多技术工人的楷模。

然而，洪家光并没有因此而满足。他深知，中国的航空工业还有很长的路要走。因此，他继续深耕技术，不断挑战自我，为中国航空工业的发展贡献着自己的力量。

如今,洪家光已经是中国航空工业领域的一位重要人物。他的事迹不仅激励着广大技术工人追求卓越、精益求精,也展现了中国航空工业从跟跑到并跑、再到领跑的坚定步伐。

在洪家光的身上,展现了一个普通工人对技术的执着追求和对国家的深深热爱。无数个像他一样的技术工人坚守信念、甘于奉献,用汗水和智慧书写着属于中国航空工业的辉煌篇章。

【任务巩固】

某企业需要加工一批侧板,如图 6-57 所示,通过零件实体造型、设计加工工艺和刀路轨迹,生成加工程序,完成侧板上各类孔的加工。此任务要求在 FANUC 数控加工中心上完成侧板钻削、攻螺纹、镗削和铣削加工,零件材料为 2A12,毛坯尺寸为 152mm×102mm×32mm,加工数量为 100 件。

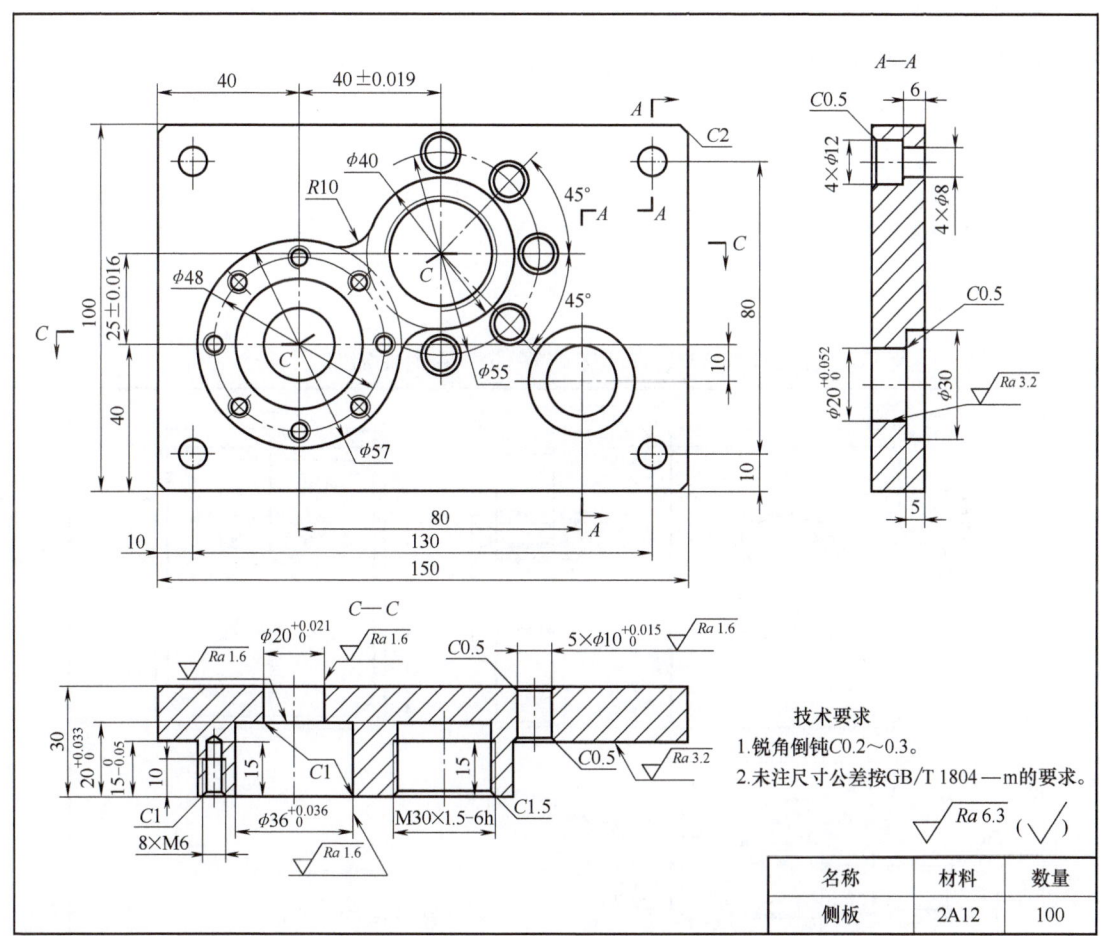

图 6-57 侧板零件图

任务七
壳体加工

【能力目标】

1. 能根据壳体零件图样要求应用圆角过渡、阵列和镜像等命令进行实体造型。
2. 能根据壳体加工要求编制加工工艺，解决切削应力引起的变形问题。
3. 能根据壳体加工要求合理选择粗、精加工命令及刀具。
4. 能根据壳体加工要求创建工件坐标系进行多工位加工。
5. 能根据壳体加工要求，应用CAM软件自适应粗加工、平面自适应粗加工等命令进行刀路设计。
6. 能根据壳体零件加工要求，绘制加工区域轮廓（草图曲线）及加工避让区域轮廓（草图曲线），避让直纹面。

【任务说明】

壳体是一种支承、固定和保护传动机构的零件。某企业需加工一个壳体，如图7-1所

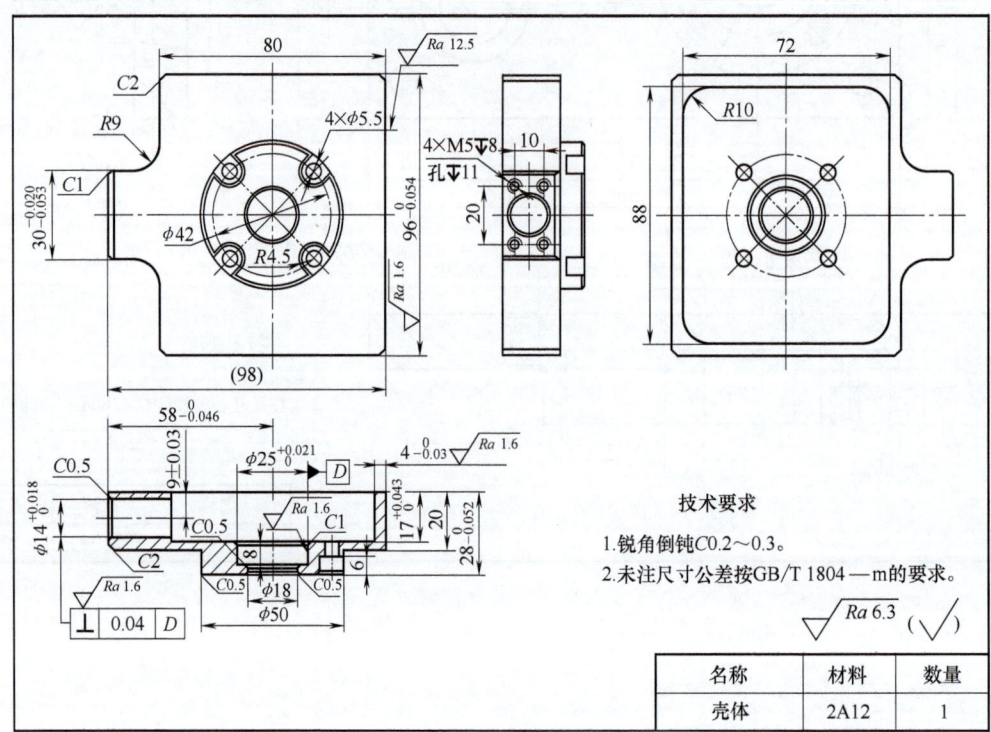

图7-1　壳体零件图

示，通过零件实体造型、设计加工工艺（消除切削应力引起变形）和刀路，生成加工程序，完成壳体上各类凸台、槽（腔）和孔的加工。

本任务要求在 FANUC 数控加工中心上完成壳体钻削、攻螺纹和铣削加工，零件材料为 2A12，毛坯尺寸为 100mm×100mm×30mm，加工数量为一件，该零件为车间设备维修配件。

【任务实施】

一、任务分析

1. 造型分析

壳体特征结构主要包括腔体、圆柱凸台、均布槽、螺纹孔及孔，结构复杂程度一般。其造型坐标系 X、Y 原点设在腔体中心，Z 原点设在壳体底面。用"拉伸" 命令增料，生成 95.973mm（$96_{-0.054}^{0}$mm 的中间值）×97.977mm（80mm/2+$58_{-0.046}^{0}$mm 的中间值）×20mm 的主体 T 形实体特征，其中 $30_{-0.053}^{-0.020}$mm 取中间值绘制成 29.963mm→用"拉伸" 命令除料，生成底面 88mm×72.03mm（侧壁厚 $4_{-0.03}^{0}$mm）×17.022mm（$17_{0}^{+0.043}$mm 的中间值）腔体→正面用"拉伸" 命令增料，生成 φ50mm 圆柱凸台，保证壳体总厚 27.974mm（$28_{-0.052}^{0}$mm 的中间值）→用"拉伸" 命令除料，生成 1 个深 6mm 的 R4.5mmU 形槽和 1 个 φ5.5mm 通孔→用"阵列特征" 圆形命令输入数量 4，切出其余 3 个深 6mm 的 R4.5mmU 形槽和 3 个 φ5.5mm 通孔→用"拉伸" 命令除料，生成 $φ25_{0}^{+0.021}$mm×8mm、φ18mm 孔；左侧面用"拉伸" 命令除料生成 $φ14_{0}^{+0.018}$mm 通孔→用"自定义孔"命令生成 4×M5 深为 11mm 的螺纹底孔；用"边倒角" 命令进行壳体轮廓及孔口倒角操作，完成壳体造型。

2. 加工工艺分析

该壳体的生产类型为单件生产，毛坯材料为 2A12，毛坯尺寸为 100mm×100mm×30mm，主要加工内容为底面 $96_{-0.054}^{0}$mm×98mm×20mm 的外形轮廓含宽 $30_{-0.053}^{-0.020}$mm，（其中，为保证 $58_{-0.046}^{0}$mm，尺寸 98mm 取 97.97mm = 80mm/2+$58_{-0.046}^{0}$mm 的中间值）和 88mm×72mm×$17_{0}^{+0.043}$mm 腔体（其中，为保证侧壁厚 $4_{-0.03}^{0}$mm，尺寸 72mm 取 72.03mm），同时保证侧壁厚 $4_{-0.03}^{0}$mm，轮廓标准公差等级为 IT8 级，因材料去除较多，零件易变形，需整体粗加工后再统一精加工才能保证加工精度；底面 $φ25_{0}^{+0.021}$mm 台阶孔和左侧面 $φ14_{0}^{+0.018}$mm 通孔，并保证通孔与底面中心距为 9mm±0.03mm、垂直度公差为 0.04mm，标准公差等级为 IT7 级，可以采用粗、精铣，保证孔径尺寸与垂直度精度；其余 φ5.5mm 通孔、4×M5 螺纹孔采用钻孔及攻螺纹即可。总体而言，壳体材料去除较多，属于异形、变形件，为避免零件变形需整体粗加工后再统一精加工，并需多工位加工底面、上面和左侧面，其装夹校正难度较大、加工精度偏高，工艺相对复杂。

二、实施方案

1. 工艺路线及 CAM 工艺设计

采用 2A12 型材（截面 100mm×30mm），毛坯尺寸为 100mm×100mm×15mm，工艺路线

及 CAM 工艺设计如下。

工序 1：粗加工底面，单侧面和底面各留 0.3mm 余量。粗加工底面至厚度 29.5mm（应用"平面区域粗加工" 刀路）→粗加工 $96_{-0.054}^{0}$ mm×98mm 外形轮廓深 20.5mm 和 88mm×72mm 腔体深 17mm，单侧面留 0.3mm 余量（应用"自适应粗加工" 刀路）→粗加工 $\phi25_{0}^{+0.021}$ mm 台阶孔深 8mm、ϕ18mm 通孔，单侧面留 0.3mm 余量（应用"自适应粗加工" 刀路）。壳体底部各平面留 0.3mm 余量的方法：粗加工时腔体铣削深度为 17mm、$\phi25_{0}^{+0.021}$ mm 孔铣削深度为 8mm，当底面精加工铣削深度为 0.3mm 时，腔体深度和 $\phi25_{0}^{+0.021}$ mm 孔深分别变为 16.7mm 和 7.7mm，相当于各底面留有 0.3mm 余量。

工序 2：粗加工顶面，单侧面、底面留 0.3mm 余量。粗加工 ϕ50mm 圆柱凸台为 52mm×52mm 正方形凸台（工艺凸台），高 8mm，实际铣削材料深度为 8.9mm = 8mm + 0.9mm（应用"平面自适应粗加工" 刀路）→粗加工顶面至厚度 28.6mm（应用"平面区域粗加工" 刀路）。其中顶面各平面留 0.3mm 余量的方法同工序 1：粗加工 52mm×52mm 正方形凸台高 8mm，当顶面精加工铣削深度为 0.3mm 时，凸台高变为 7.7mm，相当于凸台底面留有 0.3mm 余量。

工序 3：半精、精加工底面至尺寸要求。精加工底面，铣削深度为 0.3mm（应用"平面区域粗加工" 刀路）→半精、精加工 88mm×72mm 腔体底面，保证深度 $17_{0}^{+0.043}$ mm（应用"平面区域粗加工" 刀路）→半精加工 $\phi25_{0}^{+0.021}$ mm 台阶孔底面，保证深度 8mm（应用"平面轮廓精加工 1" 刀路）→半精、精加工 88mm×72mm 腔体轮廓至尺寸 88mm×72.03mm（应用"平面轮廓精加工 1" 刀路）→半精、精加工宽 $30_{-0.053}^{-0.02}$ mm 至尺寸要求（应用"平面轮廓精加工 1" 刀路）→半精、精加工宽 $96_{-0.054}^{0}$ mm 至尺寸要求（应用"平面轮廓精加工" 刀路）→半精、精加工右侧面，保证侧壁厚 $4_{-0.03}^{0}$ mm（应用"平面轮廓精加工 1" 刀路）→半精、精加工左侧面，保证尺寸 $58_{-0.046}^{0}$ mm（应用"平面轮廓精加工" 刀路）→半精、精加工 $\phi25_{0}^{+0.021}$ mm 台阶孔径至尺寸要求（应用"平面轮廓精加工 1" 刀路）→半精加工 ϕ18mm 通孔至尺寸要求（应用"平面轮廓精加工 1" 刀路）→钻 4×ϕ5.5mm 通孔至尺寸要求（应用"孔加工" 刀路中的钻孔 G81）→$\phi25_{0}^{+0.021}$ mm 孔口 C1mm、ϕ18mm 孔口 C0.5mm 倒角以及各轮廓锐角倒钝 C0.2~0.3mm（应用"倒斜角加工" 刀路）。

工序 4：粗、精加工顶面至尺寸要求。粗加工 52mm×52mm 正方形凸台为 ϕ50.4mm 圆柱凸台，底面留 0.3mm 余量（应用"平面自适应粗加工" 刀路）→粗加工 4×R4.5mm U 形槽，单侧面、底面留 0.2mm 余量（应用"平面自适应粗加工" 刀路）→半精、精加工顶面至厚度尺寸 $28_{-0.052}^{0}$ mm（应用"平面区域粗加工" 刀路）→半精加工 ϕ50mm 圆柱凸台底面至尺寸 20mm（应用"平面区域粗加工" 刀路）→半精加工 ϕ50mm 圆柱凸台至尺寸要求（应用

"平面轮廓精加工 1" ∿刀路)→半精加工 4×R4.5mmU 形槽底面至深度 6mm（应用"平面轮廓精加工 1" ∿刀路)→半精加工 4×R4.5mmU 形槽轮廓至尺寸要求（应用"平面轮廓精加工 1" ∿刀路)→φ50mm 圆柱凸台、φ18mm 孔口、4×R4.5mmU 形槽 C0.5mm 倒角，左侧面 C2mm 倒角以及各轮廓锐角倒钝 C0.2~0.3mm（应用"倒斜角加工" ∨刀路)。

工序 5：粗、精加工左侧面至尺寸要求。粗加工左侧面 $\phi14^{+0.018}_{0}$ mm 通孔至尺寸 $\phi14.4$ mm（应用"铣圆孔加工" ⓖ或"平面轮廓精加工 1" ∿刀路)→半精、精加工左侧面 $\phi14^{+0.018}_{0}$ mm 通孔至尺寸要求，并保证轴线到底面的距离为 9mm±0.03mm、且垂直度公差为 0.04mm（应用"铣圆孔加工" ⓖ或"平面轮廓精加工 1" ∿刀路)→钻 4×M5 螺纹底孔至尺寸要求（应用"孔加工" ∪刀路中的钻孔指令 G81）→4×M5 螺纹孔口倒角（应用"倒斜角加工" ∨刀路)→攻 4×M5 螺纹至尺寸要求（应用"孔加工" ∪刀路中的攻螺纹指令 G84）。

2. 夹具选择及加工坐标系确定

该壳体为单件生产，毛坯外形为四方体，属于规则形状，工序 2 粗加工 φ50mm 圆柱凸台为 52×52mm 正方形凸台，可在半精、精加工底面时用于装夹，因此各工序都选用通用夹具机用虎钳装夹。各工序工件装夹深度及工件坐标系设置分别如图 7-2~图 7-6 所示。

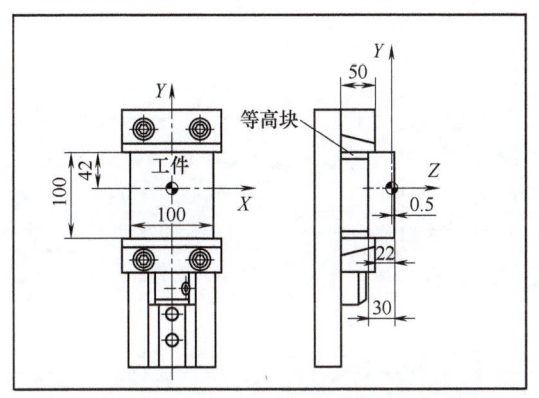

图 7-2　工序 1 工件装夹及工件坐标系设置

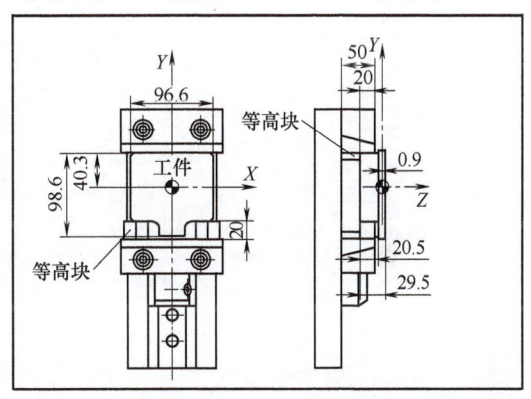

图 7-3　工序 2 工件装夹及工件坐标系设置

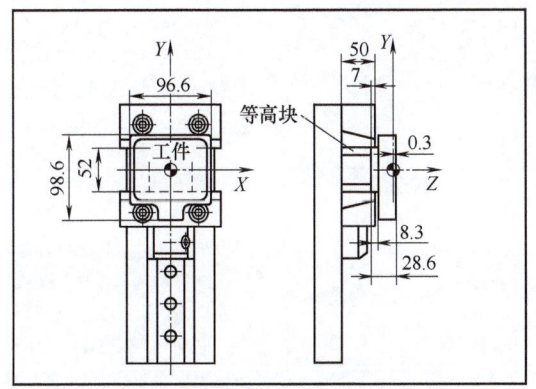

图 7-4　工序 3 工件装夹及工件坐标系设置

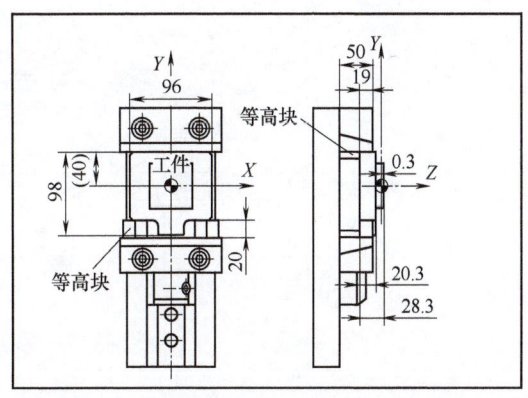

图 7-5　工序 4 工件装夹及工件坐标系设置

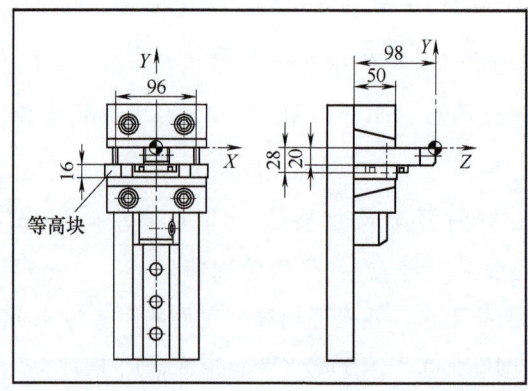

图 7-6 工序 5 工件装夹及工件坐标系设置

3. 壳体 CAM 工艺简卡（表 7-1）

表 7-1 壳体 CAM 工艺简卡

工件名称			壳体		材料	2A12	加工设备型号及系统	MV850 加工中心 FANUC 数控加工中心		
工序号	工序内容	工步号	工步内容		工步切削模型	加工策略	刀具规格及尺寸	切削参数（参考值）	备注	
0	备料 100mm× 100mm×30mm								型材截面 100mm×30mm	
1	粗加工底面、单侧面、底面各留 0.3mm 余量	1	粗加工底面至厚度 29.5mm			平面区域粗加工	ϕ12mm 硬质合金立铣刀			
		2	粗加工 $96_{-0.054}^{0}$mm × 98mm 外形轮廓深 20.5mm 和 88mm×72mm 腔体深 17mm，单侧面留 0.3mm 余量			自适应粗加工	ϕ12mm 硬质合金立铣刀	$S=3500$r/min $F=2000$mm/min $a_p=20.5$mm $a_e=2$mm	本任务详解刀路设计（绘制、应用加工避让直纹面）	
		3	粗加工 $\phi25_{0}^{+0.021}$mm 台阶孔深 8mm、ϕ18mm 通孔，单侧面留 0.3mm 余量			自适应粗加工	ϕ12mm 硬质合金立铣刀	$S=3500$r/min $F=600$mm/min $a_p=8$mm $a_e=1.5$mm	本任务详解设置加工深度层高优化刀路轨迹	

任务七　壳体加工

（续）

工件名称		壳体		材料	2A12	加工设备型号及系统	MV850加工中心 FANUC数控加工中心		
工序号	工序内容	工步号	工步内容	工步切削模型		加工策略	刀具规格及尺寸	切削参数（参考值）	备注
2	粗加工顶面，单侧面、底面留0.3mm余量	1	粗加工ϕ50mm圆柱凸台为52mm×52mm正方形凸台，高8mm，实际铣削材料深度为8.9mm=8mm+0.9mm			平面自适应粗加工	ϕ12mm硬质合金立铣刀	$S=3500\text{r/min}$ $F=2000\text{mm/min}$ $a_p=8\text{mm}$ $a_e=2\text{mm}$	本任务详解创建、选择工件坐标系，通过草图创建加工、避让区域轮廓
		2	粗加工顶面至厚度28.6mm			平面区域粗加工	ϕ12mm硬质合金立铣刀		
3	半精、精加工底面至尺寸要求	1	精加工底面，铣削深度为0.3mm			平面区域粗加工	ϕ12mm硬质合金立铣刀		
		2	半精、精加工88mm×72mm腔体底面，保证深度$17^{+0.043}_{0}$mm			平面区域粗加工	ϕ12mm硬质合金立铣刀		
		3	半精加工$\phi 25^{+0.021}_{0}$mm台阶孔底面，保证深度8mm			平面轮廓精加工1	ϕ12mm硬质合金立铣刀		
		4	半精、精加工88mm×72mm腔体轮廓至尺寸88mm×72.03mm			平面轮廓精加工1	ϕ12mm硬质合金立铣刀		

（续）

工件名称			壳体		材料	2A12	加工设备型号及系统	MV850 加工中心 FANUC 数控加工中心		
工序号	工序内容	工步号	工步内容		工步切削模型		加工策略	刀具规格及尺寸	切削参数（参考值）	备注
3	半精、精加工底面至尺寸要求	5	半精、精加工宽$30_{-0.053}^{-0.02}$mm至尺寸要求				平面轮廓精加工1	ϕ12mm硬质合金立铣刀	$S=5000$r/min $F=1000$mm/min $a_p=21$mm $a_e=0.15$mm	本任务详解X、Y单向控制尺寸精度
		6	半精、精加工宽$96_{-0.054}^{0}$mm至尺寸要求				平面轮廓精加工1	ϕ12mm硬质合金立铣刀		
		7	半精、精加工右侧面,保证侧壁厚$4_{-0.03}^{0}$mm				平面轮廓精加工1	ϕ12mm硬质合金立铣刀		
		8	半精、精加工左侧面,保证尺寸$58_{-0.046}^{0}$mm				平面轮廓精加工1	ϕ12mm硬质合金立铣刀		
		9	半精、精加工$\phi25_{0}^{+0.021}$mm台阶孔径至尺寸要求				平面轮廓精加工1	ϕ12mm硬质合金立铣刀		
		10	半精加工ϕ18mm通孔至尺寸要求				平面轮廓精加工1	ϕ12mm硬质合金立铣刀		

（续）

工件名称		壳体	材料		2A12	加工设备型号及系统	MV850 加工中心 FANUC 数控加工中心		
工序号	工序内容	工步号	工步内容		工步切削模型	加工策略	刀具规格及尺寸	切削参数（参考值）	备注
3	半精、精加工底面至尺寸要求	11	钻 4×ϕ5.5mm 通孔至尺寸要求			孔加工-钻孔指令 G81	ϕ5.5mm 高速钢麻花钻		
		12	$\phi25^{+0.021}_{0}$mm 孔口 C1mm、ϕ18mm 孔口 C0.5mm 倒角以及各轮廓锐角倒钝 C0.2~0.3mm			倒斜角加工	ϕ6mm V90° 高速钢倒角刀		
4	粗、精加工顶面至尺寸要求	1	粗加工 52mm×52mm 正方形凸台为 ϕ50.4mm 圆柱凸台，底面留 0.3mm 余量			平面自适应粗加工	ϕ12mm 硬质合金立铣刀	$S=3500$r/min $F=2000$mm/min $a_p=8.9$mm $a_e=2$mm	通过草绘创建加工轮廓、避让区域轮廓，同工序 2 工步 1
		2	粗加工 4×R4.5mmU 形槽，单侧面、底面留 0.2mm 余量			平面自适应粗加工	ϕ6mm 硬质合金立铣刀	$S=6000$r/min $F=1500$mm/min $a_p=5.8$mm $a_e=1$mm	本任务详解草绘创建加工轮廓、阵列刀路轨迹（旋转）
		3	半精、精加工顶面至厚度尺寸 $28^{0}_{-0.052}$mm			平面区域粗加工	ϕ12mm 硬质合金立铣刀		
		4	半精加工 ϕ50mm 圆柱凸台底面至尺寸 20mm			平面区域粗加工	ϕ12mm 硬质合金立铣刀		

（续）

工件名称		壳体		材料	2A12	加工设备型号及系统	MV850 加工中心 FANUC 数控加工中心		
工序号	工序内容	工步号	工步内容	工步切削模型		加工策略	刀具规格及尺寸	切削参数（参考值）	备注
4	粗、精加工顶面至尺寸要求	5	半精加工 ϕ50mm 圆柱凸台至尺寸要求			平面轮廓精加工 1	ϕ12mm 硬质合金立铣刀		
		6	半精加工 4× R4.5mmU 形槽底面至深度 6mm			平面轮廓精加工 1	ϕ6mm 硬质合金立铣刀		
		7	半精加工 4× R4.5mmU 形槽轮廓至尺寸要求			平面轮廓精加工 1	ϕ6mm 硬质合金立铣刀		
		8	ϕ50mm 圆柱凸台、ϕ18mm 孔口、4× R4.5mmU 形槽 C0.5mm 倒角，左侧面 C2mm 倒角以及各轮廓锐角倒钝 C0.2~0.3mm			倒斜角加工	ϕ6mm V90° 高速钢倒角刀		
5	粗、精加工左侧面至尺寸要求	1	粗加工左侧面 $\phi14_0^{+0.018}$mm 通孔至尺寸 ϕ14.4mm			铣圆孔加工或平面轮廓精加工 1	ϕ10mm 硬质合金立铣刀		
		2	半精、精加工左侧面 $\phi14_0^{+0.018}$mm 通孔至尺寸要求，并保证轴线到底面的距离为 9mm±0.03mm 且垂直度公差为 0.04mm			铣圆孔加工或平面轮廓精加工 1	ϕ10mm 硬质合金立铣刀		

任务七 壳体加工

（续）

工件名称		壳体		材料	2A12	加工设备型号及系统	MV850 加工中心 FANUC 数控加工中心		
工序号	工序内容	工步号	工步内容	工步切削模型		加工策略	刀具规格及尺寸	切削参数（参考值）	备注
5	粗、精加工左侧面至尺寸要求	3	钻 4×M5 螺纹底孔至尺寸要求			孔加工-钻孔指令 G81	φ4.2mm 高速钢麻花钻		
		4	4×M5 螺纹孔口倒角			倒斜角加工	φ6mm V90° 高速钢倒角刀		
		5	攻 4×M5 螺纹至尺寸要求			孔加工-攻螺纹指令 G84	M5 机用丝锥		
6	去毛刺,清洗								
7	检验,入库								

三、实施过程

1. 相关实体与曲面造型及创建工件坐标系

（1）圆角过渡 单击"圆角过渡"命令，启动圆角过渡命令管理栏，并显示在属性管理树中，如图 7-7 所示。该命令可对零件的棱边实施凸面过渡或凹面过渡。在属性管理树中，能够设置检查过渡类型、几何和（圆角）半径等项目。CAXA 3D 实体设计提供等半径、两个点、变半径、等半径面过渡、边线和三面过渡等 6 种过渡类型。

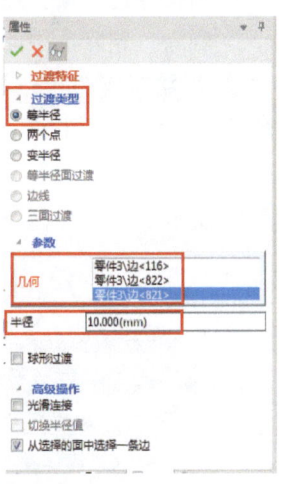

图 7-7 圆角过渡命令管理栏

1）激活圆角过渡命令。CAXA 3D 实体设计中激活圆角过渡命令的方式如下：

① 在创新模式中，选择"修改"选项卡中的"圆角过渡"按钮。

② 选择"特征生成"工具条中的"圆角过渡"按钮。

③ 从主菜单栏中依次选择"修改"→"圆角过渡"。

④ 选定要过渡的边，单击鼠标右键，从弹出的立即菜单中选择"圆角过渡"。

⑤ 在实体智能图素状态下，选择"智能图素属性"，在"棱边编辑"界面中选择"圆

角过渡"并设置过渡哪些边。

2）选取过渡边。

① 选择：在进行圆角过渡时，可以选取单个边，也可以选择一个面。如果是在"圆角过渡"命令管理栏启动的状态下进行的选择，则这些面、边的名称会进入"几何"后面的输入框中。如果是先选择面和边，则可以按住<Shift>键进行多选，同时进行圆角过渡。

② 选择提示信息：选定边呈亮绿色，且显示为加亮状态，每一条边上都显示默认过渡类型和尺寸。

③ 取消选择：若要改变当前加亮显示边的值，则可在"圆角过渡"命令管理栏启动的状态下，在"几何"后面的输入框中选择某一个面或边的名称，然后单击鼠标右键，在立即菜单中选择"删除"即可。

3）圆角过渡特征中的各选项功能。

① 过渡类型：包括等半径、两个点、变半径、等半径面过渡、边线和三面过渡等 6 种过渡类型。

② 几何：选择要进行圆角过渡的面或边。

③ 半径：设置圆角过渡的半径值。

④ 光滑连接：自动选择光滑连接的边，可以对与所选择的棱边光滑连接的所有棱边都进行圆角过渡。

4）编辑圆角过渡特征。在设计环境管理树上选择要编辑的圆角过渡特征或直接在零件上选择需要修改的圆角，再单击鼠标右键，弹出如图 7-8 所示圆角过渡编辑菜单。也可通过直接在零件上选择圆角来修改圆角大小。

① 编辑特征选项：通过修改圆角类型和半径大小来修改倒圆角。

② 删除：删除选中的倒圆角。

图 7-8 圆角过渡编辑菜单

5）创建腔体圆角过渡。单击"圆角过渡"命令→"过渡类型"选择"等半径"→"半径"输入"10.000（mm）"，如图 7-7 所示→选取腔体上 4 条倒圆角实体边，如图 7-9 所示→单击 ✓ 确定，生成腔体圆角并退出命令，如图 7-10 所示。

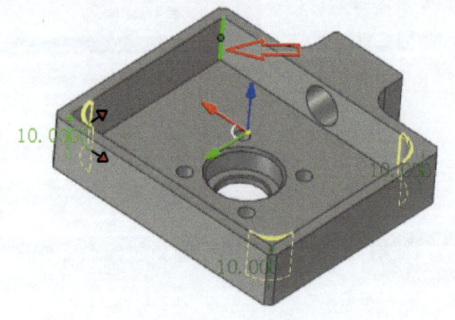

图 7-9 选取腔体上 4 条倒圆角实体边

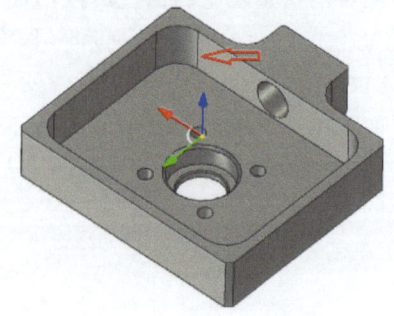

图 7-10 生成腔体圆角

(2) 阵列特征（圆型阵列） 单击"阵列特征" 命令，启动阵列特征命令管理栏，并显示在属性管理树中，如图 7-11 所示。该命令可对特征以线型阵列、圆型阵列等方式将其阵列为多个加特征或减特征的实体。在属性管理树中，能够设置阵列类型、特征、（基准）轴和阵列相关数值等项目。CAXA 3D 实体设计提供线型阵列、双向线型阵列、圆型阵列、边阵列、草图阵列和填充阵列等 6 种阵列方式。其中，使用圆型阵列命令可使特征绕某基准轴旋转阵列为多个沿圆周分布的特征。

1）激活阵列特征命令。CAXA 3D 实体设计中激活阵列特征命令的方式如下：

① 在创新模式中，选择"变换"选项卡中的"阵列特征"按钮。

② 选择"特征生成"工具条中的"阵列特征"按钮。

③ 从主菜单栏中依次选择"修改"→"特征变换"→"阵列特征"。

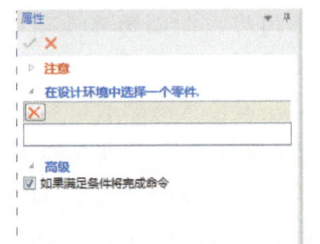

图 7-11 阵列特征命令管理栏

2）选取边/基准轴。

① 选取：边/基准轴为圆型阵列旋转的基准轴，可以选取实体单个边，也可以选择一个圆柱面。

② 选择提示信息：选定后呈灰色箭头状态显示。

3）创建 U 形槽和 ϕ5.5mm 通孔均布特征。单击"阵列特征"命令→属性管理树中显示"在设计环境中选择一个零件"，选择实体主体，如图 7-12 所示→在图 7-11 所示阵列特征命令管理栏中，"阵列类型"选择"圆型阵列"→选择"指定间距和个数"→

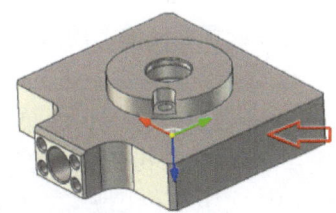

图 7-12 在设计环境中选择一个零件

"角度"和"数量"分别输入"90.000（deg）"和"4"→选取圆型阵列特征 U 形槽和 ϕ5.5mm 通孔，如图 7-13 所示→选取中间孔为旋转基准轴，如图 7-14 所示→单击 ✓ 确定，生成 U 形槽和 ϕ5.5mm 通孔的圆型阵列并退出命令，如图 7-15 所示。

（3）直纹面 单击"直纹面"命令，启动直纹面命令管理栏，并显示在属性管理树中，如图 7-16 所示。该命令可选择实体边界、曲面边界或用草图曲线创建的由一根直线两端点分别在两曲线上匀速运动而形成的轨迹曲面。在属性管理树中，能够设置检查直纹面类型、选择操作曲线或点等项目。CAXA 3D 实体设计提供曲线-曲线、曲线-点、曲线-曲面和垂直于面等 4 种直纹面类型。

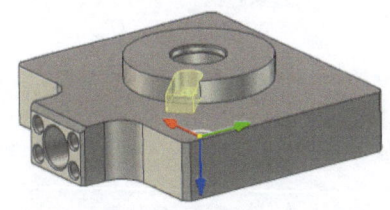

图 7-13 选取圆型阵列特征 U 形槽和 ϕ5.5mm 通孔

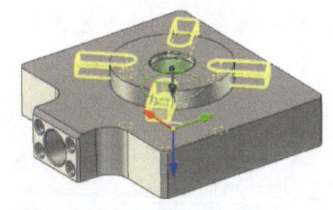

图 7-14 选取中间孔为旋转基准轴

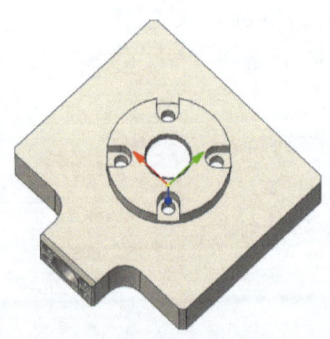
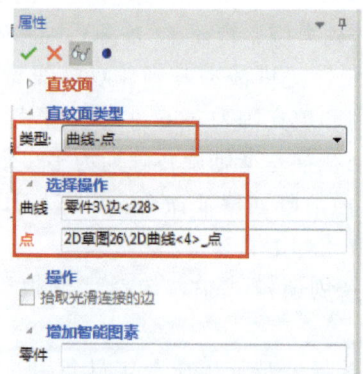

图 7-15　生成 U 形槽和 $\phi5.5$mm 通孔的圆型阵列

图 7-16　直纹面命令管理栏

1）激活直纹面命令。CAXA 3D 实体设计中激活直纹面命令的方式如下：

① 在创新模式中，选择"曲面"选项卡中的"直纹面"按钮。

② 选择"曲面"工具条中的"直纹面"按钮。

③ 从主菜单栏中依次选择"生成"→"曲面"→"直纹面"。

2）选取曲线/点。

① 选取：曲线可以选取实体边界、曲面边界或草图曲线，点可以选择选取实体边界、曲面边界或草图曲线上的点。

② 选择提示信息：选定后边呈蓝色状态显示。

3）创建避让直纹面。单击直纹面命令→直纹面类型选择"曲线-点"→"曲线"选取 $\phi25^{+0.021}_{0}$mm 孔的孔口倒角边，"点"选取 $\phi25^{+0.021}_{0}$mm 孔的中心点，如图 7-17 所示→单击 ✓ 确定，生成 $\phi25^{+0.021}_{0}$mm 孔口倒角边直纹面并退出命令，如图 7-18 所示。

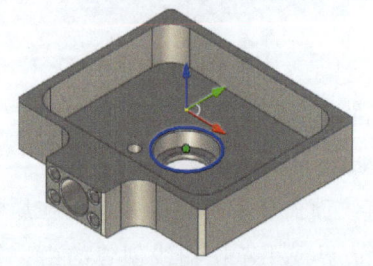
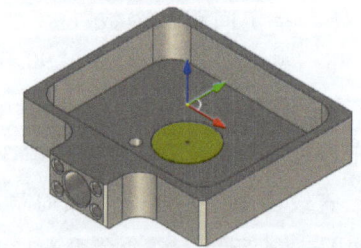

图 7-17　选取 $\phi25^{+0.021}_{0}$mm 孔的中心点

图 7-18　生成 $\phi25^{+0.021}_{0}$mm 孔口倒角边直纹面

（4）创建工件坐标系　加工管理树的"标架"节点下记录了文档中所有的坐标系，如图 7-19 所示。

1）工件坐标系相关基本操作如下：

① 创建坐标系：在"标架"节点上单击鼠标右键，可以在弹出的立即菜单中使用"创建坐标系"命令来新建坐标系，也可以使用"显示"或"隐藏"命令来显示或隐藏文档中的所有坐标系。

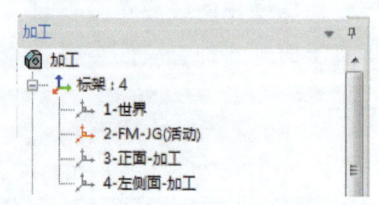

图 7-19　"标架"节点下的工件坐标系

② 编辑坐标系：在单个坐标系子节点上单击鼠标右键，可以在弹出的立即菜单中显示、

隐藏、激活或编辑该坐标系。

③ 删除坐标系：选中单个坐标系后，按<Delete>键可以删除该坐标系，但是世界坐标系无法被删除。

2）创建工件坐标系的步骤。正面加工工件坐标系的原点设置在顶面 φ18mm 孔的中心处，X 轴方向与宽度 96mm 所示方向平行，具体创建步骤如下：

① 输入坐标系名称：光标移至加工管理树"标架"上单击鼠标右键→选择"创建坐标系"，弹出如图 7-20 所示"创建坐标系"对话框→输入工件坐标系名称"正面"。

② 设置坐标系原点：单击"原点坐标"中最右侧的"点"按钮，弹出如图 7-21 所示"点拾取工具"对话框→选择"面的所有圆孔中心点"→光标移至顶面后其边界呈绿色，靠近 φ18mm 孔处单击顶面，即完成坐标系原点的设置，如图 7-22 所示，在"点拾取工具"对话框中的"参考点 1"后显示原点坐标 X、Y、Z 的坐标值→单击 ✓ 确认退出，坐标系的状态如图 7-23 所示。

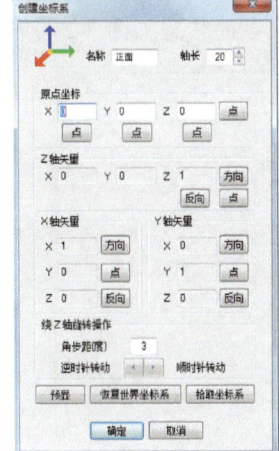

图 7-20 "创建坐标系"对话框

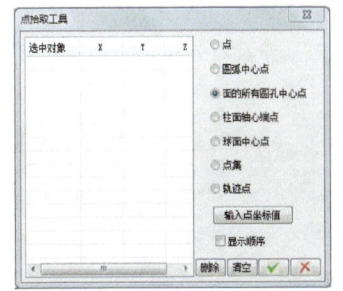

图 7-21 "点拾取工具"对话框

图 7-22 完成坐标系原点的设置

③ 设置 Z 轴矢量：单击"Z 轴矢量"右侧的"点"按钮，弹出"方向拾取工具"对话框，如图 7-24 所示→拾取 Z 轴方向任意边界后（光标靠近后边界呈绿色），矢量箭头向下，双击"正向"后矢量箭头向上，即 Z 轴正向向上，如图 7-24 所示→单击 ✓ 确认退出，设置 Z 轴矢量后坐标系的状态如图 7-25 所示。

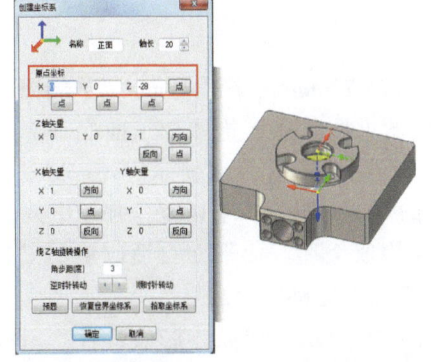

图 7-23 设置坐标系原点后坐标系的状态

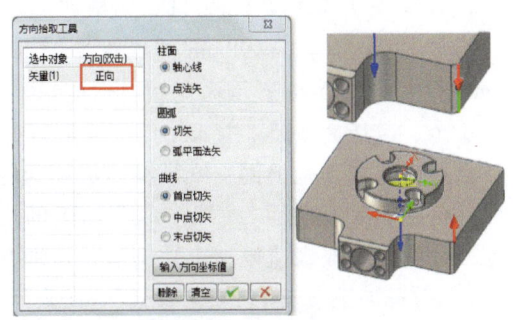

图 7-24 拾取 Z 轴方向

④ 设置X轴矢量：单击"X轴矢量"右侧的"点"按钮，弹出"方向拾取工具"对话框→拾取X轴方向任意边界后（光标靠近后边界呈绿色），矢量箭头向左，双击"正向"后矢量箭头向右，即X轴正向向右，如图7-26所示→单击 ✓ 确认退出，设置X轴矢量后坐标系的状态如图7-27所示→单击"确定"按钮，即完成"正面"工件坐标系的创建。

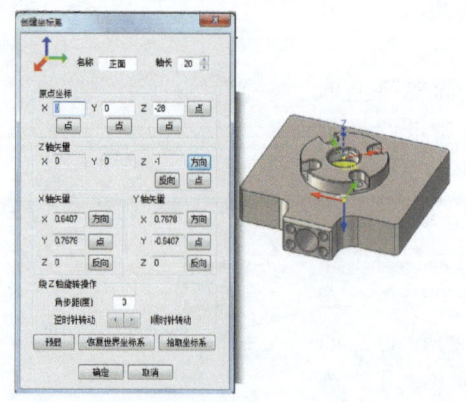

图7-25 设置Z轴矢量后坐标系的状态

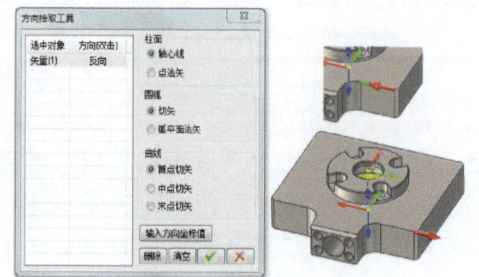

图7-26 拾取X轴方向

2. 相关加工刀路设计

以工序1的工步2~3、工序2的工步1、工序3的工步5和工序4的工步2为例（表7-1），介绍"自适应粗加工""平面自适应粗加工"等刀路命令和创建工件坐标系的实际应用方法。根据零件加工要求，对相应工步中加工区域轮廓（草图曲线）、避让区域轮廓和避让直纹面的绘制以及XY向尺寸精度分别控制、优化刀路轨迹的方法进行介绍。

另外，在CAM软件编程时，造型轮廓和深度尺寸都采用尺寸公差中间值设计（如外形尺寸 $96_{-0.054}^{0}$ mm 取 95.973mm），所以刀路在理论设计时，

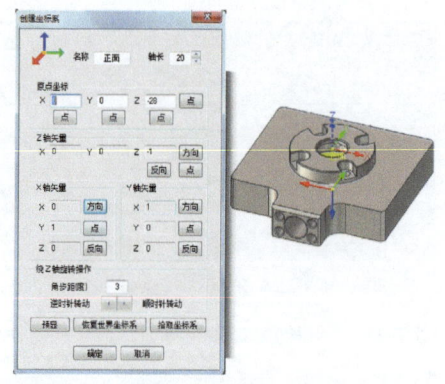

图7-27 设置X轴矢量后坐标系的状态

各加工轮廓精加工刀路的余量都设置为"0"。在实际加工时，半精加工尺寸应为96.073mm，而实际测量轮廓尺寸为96.083mm，则精加工余量值应设置为（96.073mm-96.083mm）/2=-0.005mm。

（1）工序1工步2（ 自适应粗加工）

粗加工 $96_{-0.054}^{0}$ mm×98mm 外形轮廓深20.5mm和88mm×72mm腔体深17mm，单侧面留0.3mm余量，图7-28所示为应用自适应粗加工命令生成的刀路轨迹，拾取加工曲面（壳体实体1个、避让面 $\phi 25_{0}^{+0.021}$ mm 孔口倒角边直纹面1个）和毛坯如图7-29所示。

自适应粗加工是根据三维模型生成高速粗加工轨迹的（"大切深、小切宽"加工方式），拾取几何为"加工曲面"（即拾取要加工的模型），并要拾取毛坯。而平面自适应粗加工是根据二维轮廓生成高速粗加工轨迹的，拾取几何为二维"加工轮廓"。

1）设置加工参数。"加工参数"选项卡的设置如图7-30所示，因壳体底面留有0.3mm余量，根据造型88mm×72mm腔体的铣削深度为17mm，精加工时底面的铣削深度为

0.3mm，则 88mm×72mm 腔体的深度变为 16.7mm，底面相当于留有 0.3mm 余量，所以粗加工时只需设置"径向余量"为"0.3"即可；"层高"为"20.5"，在此采用"大切深、小切宽"的加工方式，即一次粗加工至要求深度 20.5mm；"行距"即为切宽，一般设置为刀具直径的 15%~20%，如图 7-31 所示，在"自适应抬刀连接"对话框中，"抬刀高度"默认设置为"0.5"，"连接长度"默认设置"5"（×刀直径）。

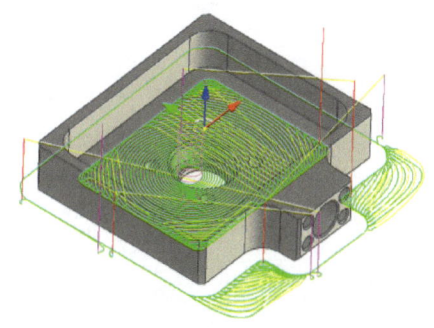

图 7-28　应用自适应粗加工命令生成的刀路轨迹

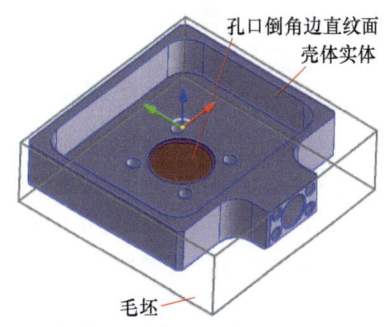

图 7-29　拾取加工曲面和毛坯

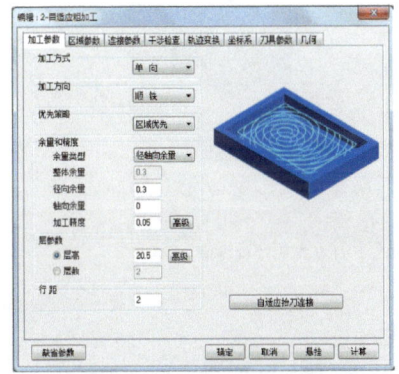

图 7-30　"加工参数"选项卡

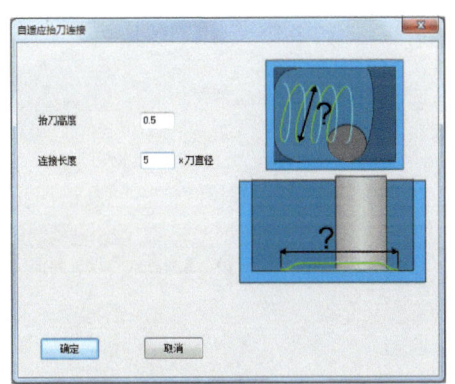

图 7-31　"自适应抬刀连接"对话框

2）设置区域参数。"区域参数"选项卡的设置如图 7-32 所示，因本工步中的底面为 Z 轴"0"平面，外轮廓铣削深度为 20.5mm，所以"终止值"为"-20.5"。若没有特殊要求，则"起始点""加工边界""工件边界"和"补加工"中的参数一般不设置。

3）设置连接参数。"连接参数"选项卡的设置如图 7-33 所示。

① 连接方式：分为接近/返回、组间连接、层间连接和区域间连接，如图 7-33a 所示。"加工参数"选项卡中"加工方向"为"顺铣"（从外向里）加工，即先粗加工外形再加工腔体）或"逆铣"（从里向外加工，即先粗加工腔体再加工外形）时，"连接方式"中"接近/返回"需选择"加下刀"，则在加工壳体、腔体时才会生成"螺旋"或"斜向"下刀轨迹。"组间连

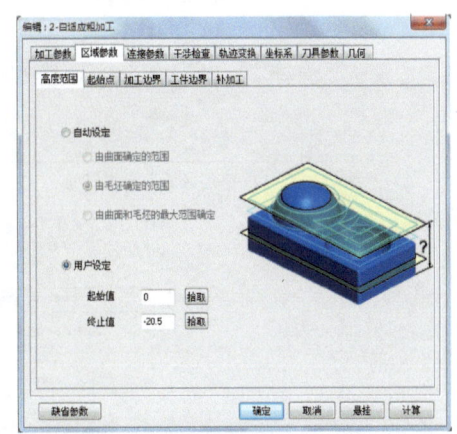

图 7-32　"区域参数"选项卡

接"是刀具从一个区域到另外一个区域铣削过程中抬刀、铣削的连接轨迹。"层间连接"是刀具从当前铣削深度层到下一铣削深度层铣削过程中抬刀、铣削的连接轨迹,若需要产生"螺旋"或"斜向"下刀轨迹,则需要选中"加下刀"。

另外,在加工零件的表面结构比较复杂时,为避免下刀Z向直插,可以把"接近/返回""组间连接""层间连接"和"区域间连接"中的"加下刀"都选中,系统会根据零件结构自动判断生成"螺旋"或"斜向"下刀轨迹。

② 下刀方式:下刀方式有自动、直线(斜向)和螺旋3种,如图7-33b所示。"倾斜角(与XY平面)"为直线下刀或螺旋下刀,一般设置为5°左右。"毛坯余量(层高%)"为加工参数中"行距"的百分比,外形轮廓余量≤2mm、行距为2mm时一般设置为100%。本工步中自适应粗加工的有外形和内腔,应同时选中"中心可切削刀具"和"允许刀具在毛坯外部"。若加工刀具不能进行中心切削,则不能选中"中心可切削刀具",而应选中"预钻孔点",选择预钻孔点位置。

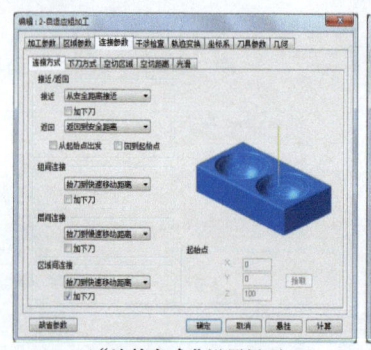

a)"连接方式"设置界面　　　　b)"下刀方式"设置界面

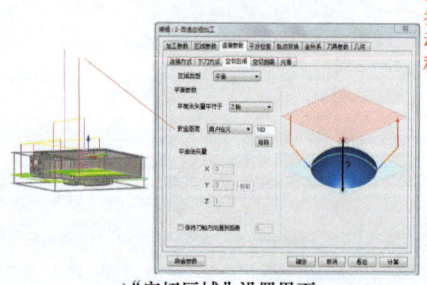 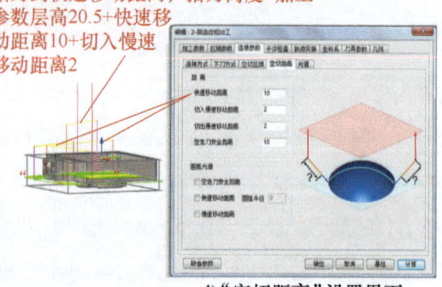

c)"空切区域"设置界面　　　　d)"空切距离"设置界面

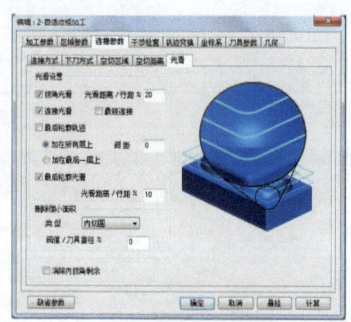

e)"光滑"设置界面

图7-33 "连接参数"选项卡

③ 空切区域：在三轴加工中"区域类型"为"平面"，"平面法矢量平行于"为"Z轴"，也就是刀轴退刀方向；"安全高度"为"用户定义"，一般设置为"100"，即此刀路铣削开始前和铣削结束后，刀具位于高度100mm处，如图7-33c所示。

④ 空切距离：因自适应粗加工是粗加工刀路，一般只设置"距离"中的4个参数，而不设置"圆弧光滑"中的参数，如图7-33d所示。在粗加工时，"切出慢速移动距离"可设置为"2"；"快速移动距离"一般设置为"10"，若"连接方式"中的"组间连接""层间连接"选择了"快速移动距离"，则"10"是指刀具在一处加工结束后沿X、Y向移动至下一处加工下刀点时，刀具比所经过工件区域最高处高10mm，从而避免撞刀；"空走刀安全距离"类似"快速移动距离"，所不同的是"空走刀安全距离"是指刀具比整个工件最高处高10mm，从而避免撞刀。

⑤ 光滑：一般按系统默认参数设置，如图7-33e所示。

4）设置几何。"几何"选项卡的设置如图7-34所示，拾取加工曲面（壳体实体一个、避让面$\phi25^{+0.021}_{0}$mm孔口倒角边直纹面一个）和毛坯。其中，$\phi25^{+0.021}_{0}$mm孔口倒角边直纹面的作用是为避让$\phi25^{+0.021}_{0}$mm孔粗加工。

5）设置其他参数。在此刀路中一般不使用"干涉检查"和"轨迹变换"，"刀具参数"的设置同其他刀路命令，此处不再介绍。

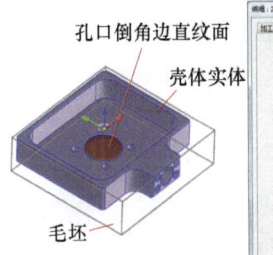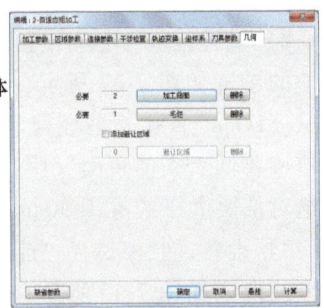

图7-34 "几何"选项卡

（2）工序1工步3（自适应粗加工） 粗加工$\phi25^{+0.021}_{0}$mm台阶孔深8mm、$\phi18$mm通孔，单侧面留0.3mm余量，图7-35所示为应用自适应粗加工命令生成的刀路轨迹，拾取加工曲面（壳体实体一个）和毛坯如图7-36所示。

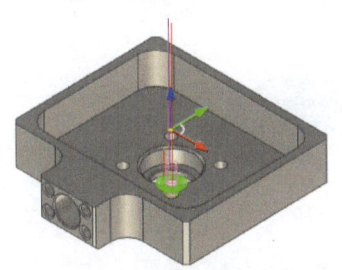 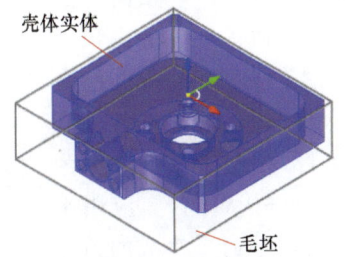

图7-35 应用自适应粗加工命令生成的刀路轨迹　　图7-36 拾取加工曲面和毛坯

1）设置加工参数。"加工参数"选项卡的设置如图7-37所示，因壳体底面留有0.3mm余量，$\phi25^{+0.021}_{0}$mm台阶孔深8mm，精加工时底面铣削深度为0.3mm，则$\phi25^{+0.021}_{0}$mm台阶孔深变为7.7mm，台阶面相当于留有0.3mm余量，所以粗加工时只需设置"径向余量"为"0.3"即可；因$\phi25^{+0.021}_{0}$mm台阶孔深8mm，即一次粗加工至尺寸要求，所以加工参数中"层高"设置为"8"，与造型模型深度一致，若设置"层高"大于造型模型深度（8mm），则生成的刀路轨迹会多出一圈，如图7-38所示；"行距"即为切削宽度，此加工孔区域相对较小，为防止啃刀，应减小"行距"，设置为1~1.5mm。

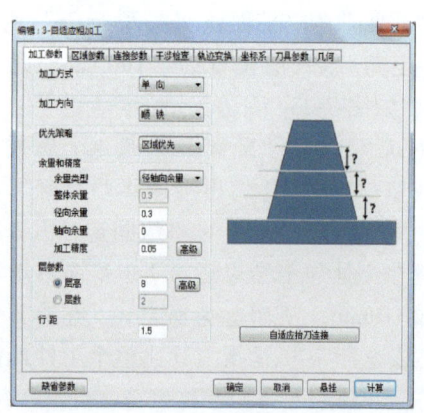

图 7-37 "加工参数"选项卡

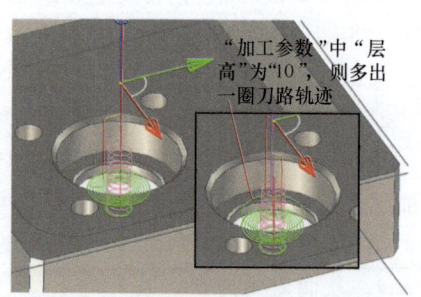

图 7-38 "层高"为"8"和"层高"为"10"的刀路轨迹对比

2) 设置区域参数。"区域参数"选项卡的设置如图 7-39 所示,因本工步要加工 φ18mm 通孔、毛坯厚为 30mm,刀路轨迹要低于壳体顶面,所以"终止值"的绝对值要大于或等于 30mm。

3) 设置连接参数。"连接参数"选项卡的设置如图 7-40 所示,因本工步中深度方向分二层加工,需选择"层间连接"的"加下刀"选项,否则加工第二层深度 8mm 时无螺旋下刀。

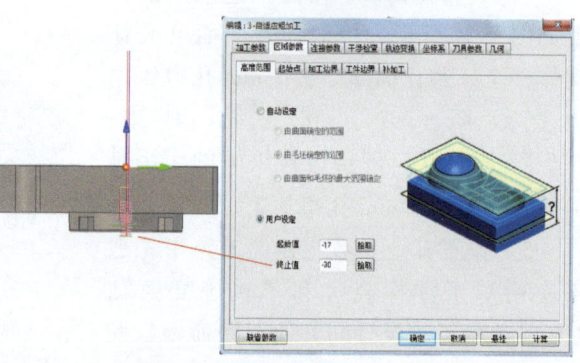

图 7-39 "区域参数"选项卡

(3) 工序 2 工步 1(自适应粗加工) 粗加工壳体零件顶面各项目时应选择"正面"工件坐标系,Z 轴正向应远离顶面方向。粗加工 φ50mm 圆柱凸台为 52mm×52mm 正方形凸台,高 8mm(实际铣削材料深度为 8.9mm = 8mm + 0.9mm),应用平面自适应粗加工命令生成的刀路轨迹如图 7-41 所示,拾取加工轮廓和避让区域如图 7-42 所示。

1) 设置加工参数。"加工参数"选项卡的设置,如图 7-43、图 7-44 所示,粗加工 φ50mm 圆柱凸台为 52mm×52mm 正方形凸台,高 8mm,顶面留有 0.9mm 余量,因此"层参数"中的"顶层高度"设置为"0.9","底层高度"设置为"-8",实际铣削材料深度为 8.9mm。另外,要求粗加工一次铣削至尺寸要求,则"层高"应大于或等于 8.9mm,此处设置为"9"。"自适应抬刀连接"对话框中的参数设置如图 7-44 所示。

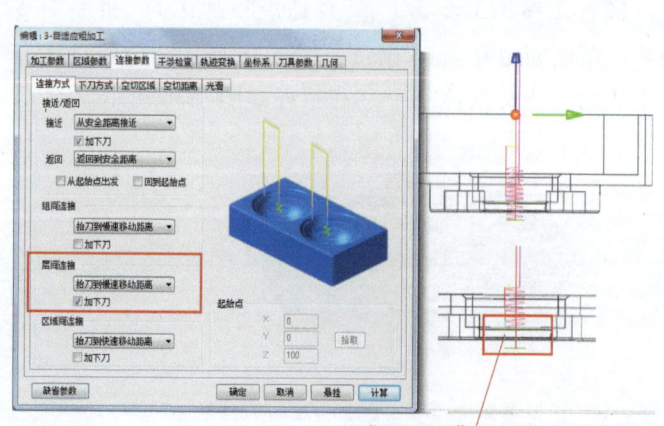

图 7-40 "连接参数"选项卡

任务七　壳体加工

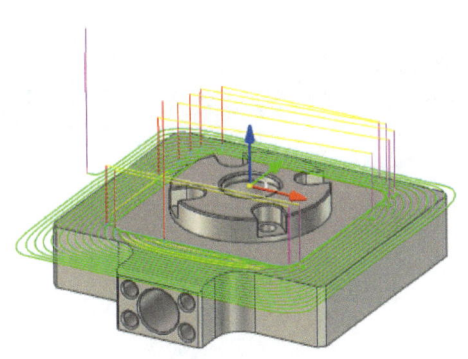

图 7-41　应用平面自适应粗加工
命令生成的刀路轨迹

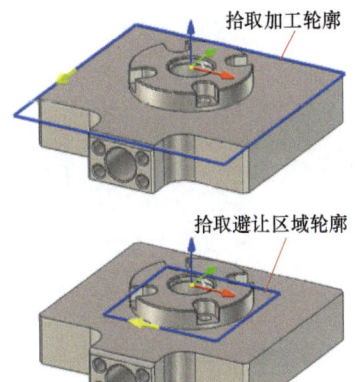

图 7-42　拾取加工轮廓和避让区域轮廓

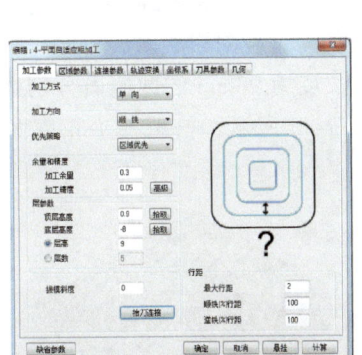

图 7-43　"加工参数"选项卡

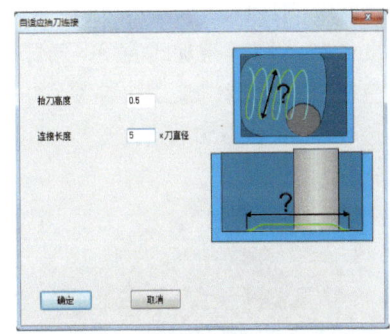

图 7-44　"自适应抬刀连接"对话框

2) 设置坐标系。"坐标系"选项卡的设置，如图 7-45 所示。单击"拾取坐标系"，选择"正面"工件坐标系，如图 7-46 所示。单击鼠标右键即完成选择。"原点坐标""Z轴矢量"和"X轴矢量"的参数设置如图 7-47 所示。

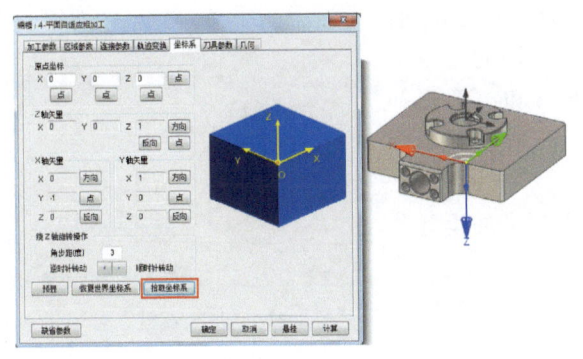

图 7-45　"坐标系"选项卡

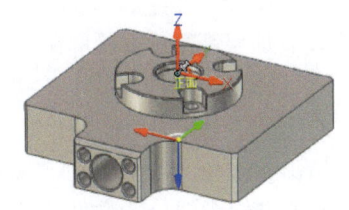

图 7-46　选择"正面"工件坐标系

3) 设置几何。"几何"选项卡的设置如图 7-48 所示，拾取加工轮廓一个（尺寸同毛坯外形尺寸 100mm×100mm），拾取避让区域一个（尺寸为 52mm×52mm 的正方形）。

4) 设置其他参数。此处不介绍其他参数的设置。

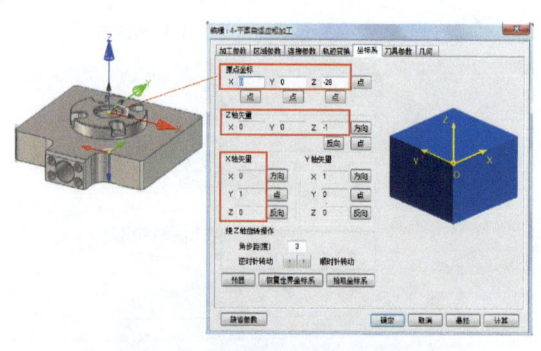

图7-47 "原点坐标""Z轴矢量"和"X轴矢量"的参数设置

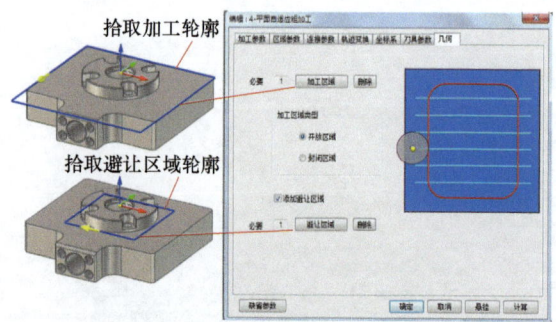

图7-48 "几何"选项卡

(4) 工序3 工步5（ 平面轮廓精加工1） 由于数控机床存在反向间隙，若对长方形轮廓长和宽的尺寸精度要求较高（即标准公差等级小于或等于IT8级或尺寸精度小于或等于0.04mm），则精加工时需要进行X、Y单向控制，以免同时控制影响X、Y方向长和宽的尺寸精度。如半精、精加工宽$30_{-0.053}^{-0.02}$mm至尺寸要求与长度为98mm的两侧面分别进行加工控制，应用平面轮廓精加工1命令生成的刀路轨迹如图7-49所示，拾取加工轮廓曲线（两个实体边界）如图7-50所示。

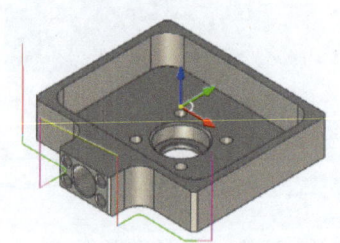

图7-49 应用平面轮廓精加工1命令生成的刀路轨迹

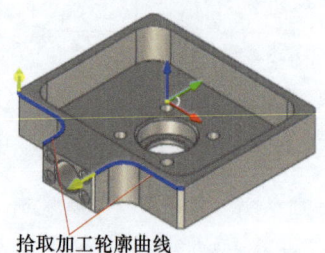

图7-50 拾取加工轮廓曲线

1）设置加工参数。"加工参数"选项卡的设置如图7-51所示，精加工时为获得较高的表面质量和尺寸精度，应采用顺铣、刀具半径补偿G41的加工方式，因此"偏移方向"和"补偿方式"分别设置为"左偏"和"磨损补偿"。另外，宽$30_{-0.053}^{-0.02}$mm为外轮廓，"层高"至少设置为20.5mm，即层高高度≥轮廓深度（20mm）。

2）设置切入切出参数。"切入切出"选项卡的设置分别如图7-52、图7-53所示，精加工时应将"切入方式"和"切出方式"分别设置为"直线"和"圆弧"，特别是在精加工内轮廓时，为防止切入点产生"凹痕"，必须设置以圆弧方式切入、切出，"直线长度"和"圆弧半径"一般设置为1~2mm。

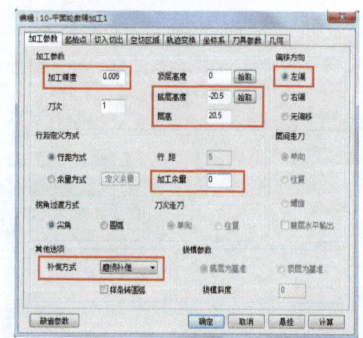

图7-51 "加工参数"选项卡

3）设置其他项目。此处不介绍其参数的设置。

(5) 工序4 工步2（ 平面自适应粗加工、 阵列轨迹） 利用阵列轨迹命令可以阵列选定的刀路轨迹，简化刀路设计。阵列轨迹分为线形阵列、双向线形阵列和圆形阵列3种。

任务七 壳体加工

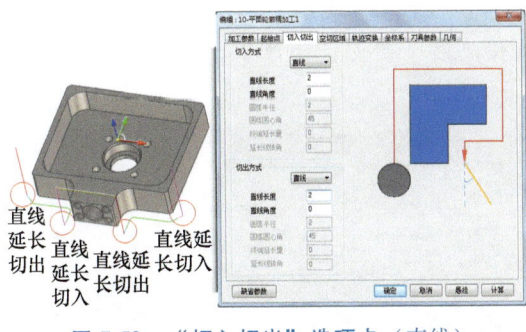

图 7-52 "切入切出"选项卡（直线）

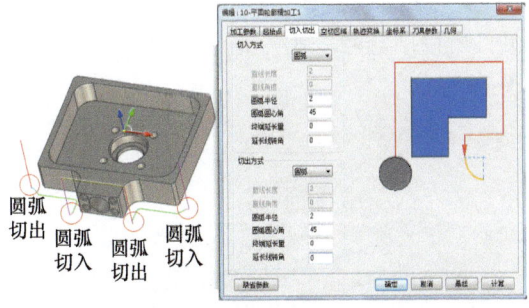

图 7-53 "切入切出"选项卡（圆弧）

设计加工轨迹阵列，首先生成单个 $R4.5$mmU 形槽的粗加工刀路轨迹，如图 7-54 所示（U 形槽单侧面和底面留 0.2mm 余量，应用"平面自适应粗加工"命令），拾取加工轮廓（草图曲线+实体边界）如图 7-55 所示，再应用阵列轨迹命令生成 4 个 $R4.5$mmU 形槽粗加工刀路轨迹，如图 7-56 所示。

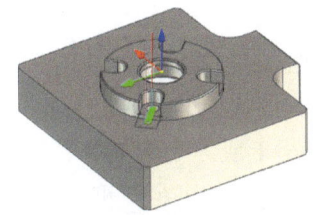

图 7-54 单个 U 形槽的粗加工刀路轨迹

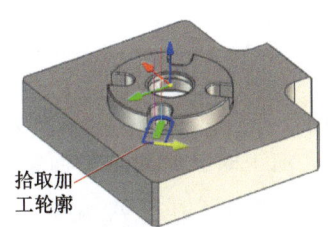

图 7-55 拾取加工轮廓

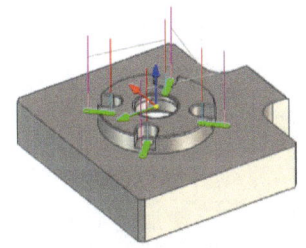

图 7-56 阵列生成 4 个 U 形槽粗加工刀路轨迹

1) 设置阵列参数。"阵列参数"选项卡的设置如图 7-57 所示，"阵列类型"为"圆形阵列"，"圆形阵列参数"中选择"指定数量圆周均布"，"数量"为"4"。单击"圆形阵列参数"中的"拾取"命令，弹出如图 7-58 所示轴心线拾取界面，再选择"轴心线"命令，选择 18mm 内孔圆柱面→单击确定，完成轴心线选择→单击"源轨迹"中的"拾取"命令后，拾取单个 U 形槽加工轨迹，如图 7-59 所示。

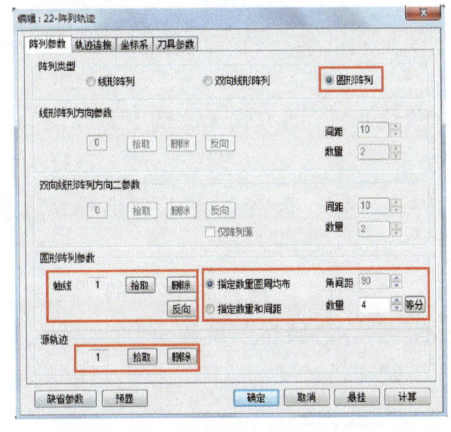

图 7-57 "阵列参数"选项卡

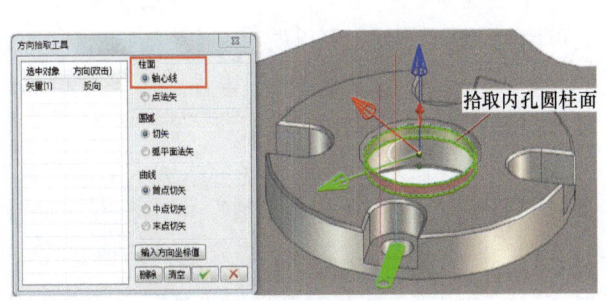

图 7-58 拾取"轴心线"

143

2）设置轨迹连接。"轨迹连接"选项卡的设置如图 7-60 所示，由于此工步是三轴加工，所以"连接类型"应选择"平面连接"，"连接高度"要保证不产生干涉，一般设置为 20～30mm。

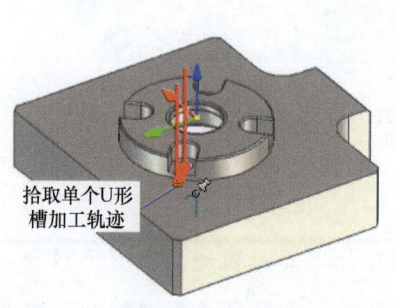

图 7-59　拾取单个 U 形槽加工轨迹

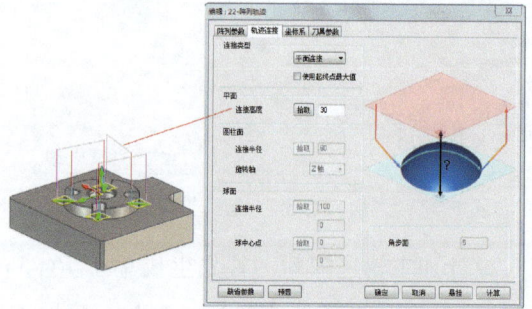

图 7-60　"轨迹连接"选项卡

3）设置其他项目。此处不介绍其他参数的设置。

【任务注意事项】

1. 像壳体这类毛坯是实心材料、加工去除材料非常多且为异形件的零件，应先对零件整体粗加工以消除切削应力，再进行半精、精加工来减小零件变形，保证加工精度。

2. 零件整体粗加工后重新装夹加工时，若要求表面粗糙度值小于或等于 3.2μm，则应安排半精、精加工工步，若要求表面粗糙度值为 6.3μm，则安排半精加工工步即可。另外，若要求表面粗糙度值为 6.3μm，但公差等级要求为 IT8 级或以上，也应安排半精、精加工工步。

3. 为提高加工效率，顶面的粗加工应安排在 52mm×52mm 凸台粗加工之后，这样只要加工 52mm×52mm 区域即可。

4. 各工序装夹零件时，为保证装夹稳定，深度方向应尽可能多夹持，并应避免夹持受力点在空心、刚度差的位置。另外，精加工时夹持力度要适当，防止夹持变形。

5. 精加工前应对夹具进行校正，以免引起装夹误差，如导致零件上下两平面平行度超差或厚度尺寸超差等。

6. 在精加工时，零件设计基准应选在机用虎钳的固定钳口侧，以免活动钳口夹紧时的微量变化引起定位尺寸超差。

7. 创建 $\phi25^{+0.021}_{0}$ mm 孔口倒角边直纹面时，若采用"曲线+点"的方式无法选中 $\phi25^{+0.021}_{0}$ mm 孔口倒角边圆心点时，可以先创建草图绘制出一个"点"。

8. 应用三轴加工中心时，零件在不同方位的加工内容不同，应先创建工件坐标系才能进行多工位加工。

9. CAXA 制造工程师 2022 软件的"自适应粗加工"命令中，"连接参数"的"毛坯余量（层高%）"是指"加工参数"中"行距"的百分比，不是"层高"的百分比。

10. 平面区域粗加工中，若靠近岛屿留有残余部分，则应选择"清根"选项，同时为保证岛屿轮廓顺铣，防止逆铣过切轮廓，岛屿轮廓方向应为顺铣方向。

11. 自适应粗加工是根据三维模型生成高速粗加工轨迹的（"大切深、小切宽"切削方式），拾取几何为"加工曲面"（即拾取要加工的模型），并要拾取毛坯。而平面自适应粗加工是根据二维轮廓生成高速粗加工轨迹的，拾取几何为二维"加工轮廓"。

12. 因"粗加工 $\phi25^{+0.021}_{0}$ mm 台阶孔深 8mm、ϕ18mm 通孔深 30mm，单侧面留 0.3mm 余量"这一工步的铣削区域和螺旋下刀半径相对较小，切削速度（F2）和切入切出连接速度（F1）不能太快，因此应与"粗加工 $96^{0}_{-0.054}$ mm×98mm 外形轮廓深 20.5mm、88mm×72mm 腔体深 17mm，单侧面留 0.3mm 余量"工步分开设计刀路，并且两个工步的铣削深度也不同。

【知识广角】

匠心独运——数控加工领域的"行星"守护者

我国正在全力推动制造业高端化、智能化和绿色化发展，已经建成了 2100 多个高水平数字化车间和智能工厂。然而，在一些关键环节，依然需要技术工人以精湛的技艺和执着的钻研精神去攻克极限难题，实现创新超越。大国工匠马小光就是技术工人中的杰出代表。

在现代化的工厂车间里，一位身穿蓝色工作服的工匠正全神贯注地操作着数控机床。他手中的工件，是装甲车最精密的零部件之一（一体式行星架）。这位工匠就是马小光，一位在数控加工领域深耕了 25 年的工匠大师。

一体式行星架对加工精度的要求极高，5 个圆孔需如行星般均匀分布，无论是垂直度还是平行度公差，都必须控制在 0.01mm 以内。对马小光来说这样的精度要求，既是挑战也是使命。

工厂原先从未用数控机床加工出如此高精度的零件，工人们大多使用半机械的磨床进行手动操作加工，效率极低且不稳定。然而，马小光却提出了一个大胆的想法——用数控机床进行一体式行星架的批量加工。这一想法在当时遭到了许多人的质疑，但马小光坚信，只有不断创新才能推动制造业的发展。

为了实现这一目标，马小光开始逐一测量机床的部件，反复进行试验和调整。他昼夜不停地守在机床旁，记录着不同时间下的车间温度和机床运转情况，终于掌握了其中的变化规律。经过无数次的尝试和修正，一体式行星架终于实现了数控加工，并将精度稳定控制在了 0.01mm 以内。

随着数控科技的飞速发展，马小光不满足于现状，他提出了全新的 U 形数控加工单元，颠覆了沿用了几十年的生产流程，大大提高了数字化生产效率。此外，他还用巧妙的编程方法，破解了奥运特效烟火造型控制角度的难题，为国家的体育盛事贡献了自己的力量。

作为新时代的工人，马小光深知自己肩负着传承老一代"兵工人"精神的职责和使命。他不断学习新知识，挑战新难题，用实际行动诠释了什么是真正的工匠精神。在他的带领下，工厂的加工精度不断提高，产品质量得到了显著提升。

马小光的事迹在行业内广为传颂，他成为了数控加工领域的佼佼者。但他始终保持着谦逊、低调的态度，他说："我只是一个普通的工匠，做着自己喜欢的事情。我相信，只要我们每个人都能够沉下心来钻研技术、积累经验，就能够实现创新超越。"

如今，马小光依然坚守在自己的岗位上，继续着他的创新之路。他的故事激励着更多的年轻人投身到制造业中，为国家的繁荣富强贡献自己的力量。

【任务巩固】

某企业需要加工一个壳体，如图 7-61 所示，通过壳体零件实体造型、设计加工工艺（注意消除切削应力引起变形）和刀路轨迹，生成加工程序，完成壳体上各类凸台、槽（腔）和孔的加工。此任务要求在 FANUC 数控加工中心上完成壳体钻削、攻螺纹和铣削加工，零件材料为 2A12，毛坯尺寸为 120mm×100mm×32mm，加工数量为 1 件。

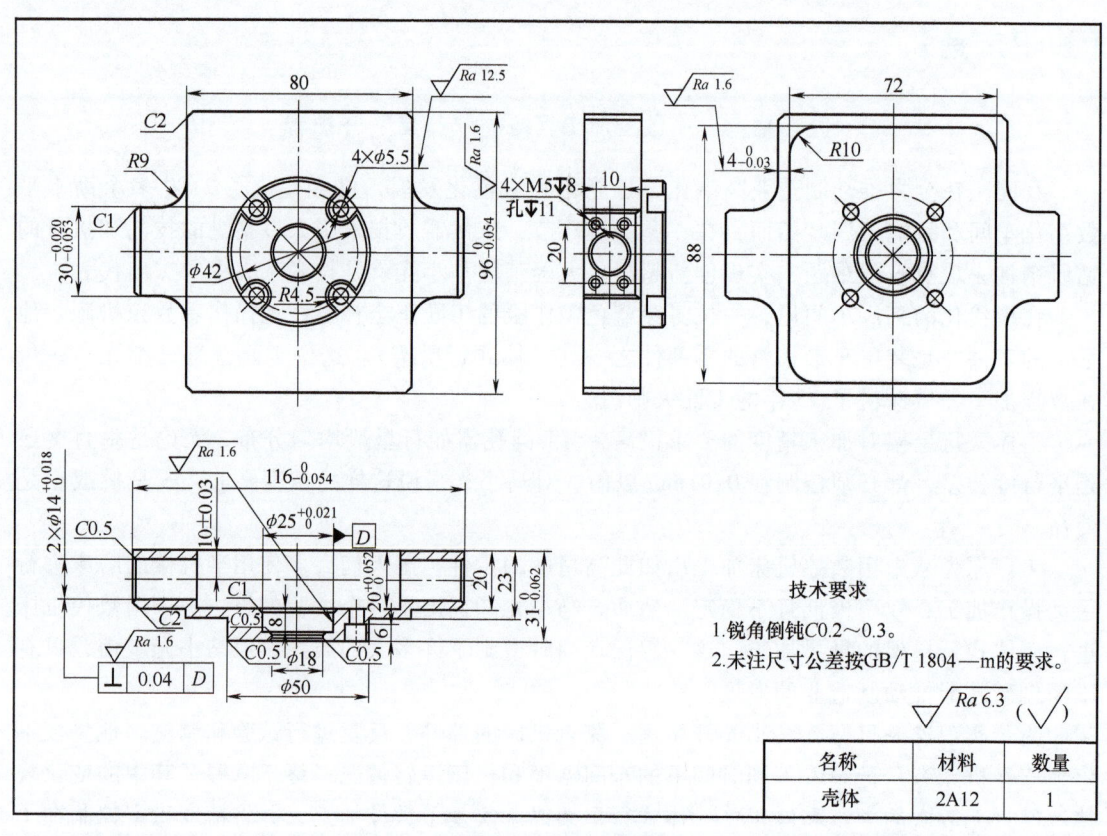

图 7-61　壳体零件图

参 考 文 献

[1] 关雄飞. CAXA CAM 制造工程师实用案例教程：2020 版 [M]. 北京：机械工业出版社，2022：15-28.
[2] 刘玉春. CAXA CAM 制造工程师 2022 项目案例教程 [M]. 北京：化学工业出版社，2023：17-23.